Premiere Pro CC 非线性编辑案例教程

中文全彩铂金版

汪振泽　焦瑾瑾　李海翔 / 主编

中国青年出版社

图书在版编目（CIP）数据

Premiere Pro CC中文全彩铂金版非线性编辑案例教程／汪振泽，焦瑾瑾，李海翔主编. 一 北京：中国青年出版社，2019.10
ISBN 978-7-5153-5697-6

I.①P… II.①汪… ②焦… ③李… III.①视频编辑软件－教材 IV.①TN94

中国版本图书馆CIP数据核字（2019）第142382号

策划编辑　张　鹏
责任编辑　张　军

Premiere Pro CC中文全彩铂金版
非线性编辑案例教程
汪振泽　焦瑾瑾　李海翔／主编

出版发行：中国青年出版社
地　　址：北京市东四十二条21号
邮政编码：100708
电　　话：（010）50856188／50856189
传　　真：（010）50856111
企　　划：北京中青雄狮数码传媒科技有限公司
印　　刷：湖南天闻新华印务有限公司
开　　本：787 x 1092　1/16
印　　张：14
版　　次：2019年10月北京第1版
印　　次：2019年10月第1次印刷
书　　号：ISBN 978-7-5153-5697-6
定　　价：69.90元（附赠2DVD，含语音视频教学+案例素材文件+PPT电子课件+海量实用资源）

本书如有印装质量等问题，请与本社联系　电话：（010）50856188／50856189
读者来信：reader@cypmedia.com　投稿邮箱：author@cypmedia.com
如有其他问题请访问我们的网站：http://www.cypmedia.com

首先，感谢您选择并阅读本书。

软件简介

Premiere Pro是Adobe公司推出的一款视频编辑软件，有较好的兼容性，且可以与Adobe公司推出的其他软件相互协作。作为功能强大的实时视频和音频编辑工具，Premiere Pro以其合理化的操作界面、方便的序列和剪辑管理、精准的音频控制以及广泛的格式支持等优点，现已广泛应用于广告制作和电视节目制作等各个行业中，是视频处理爱好者使用最多的视频编辑软件之一。该软件目前的最新版本为Adobe Premiere Pro 2019。

内容提要

本书以理论知识结合实际案例操作的方式编写，分为基础知识和综合案例两个部分。

基础知识篇共7章，对Premiere Pro CC 2019软件的基础知识和功能应用进行了全面介绍，按照逐渐深入的学习顺序，从易到难、循序渐进地对软件的功能应用进行讲解。在介绍软件各个功能的同时，会根据所介绍功能的重要程度和使用频率，以具体案例的形式，拓展读者的实际操作能力。每章内容学习完成后，还会有具体的案例来对本章所学内容进行综合应用，使读者可以快速熟悉软件的功能和设计思路。此外，通过“知识延伸”和“课后练习”内容的设计，使读者对所学知识进行巩固加深。

综合案例篇共5章内容，通过5个精彩实战案例的详细讲解，对Premiere Pro CC常用和重点的功能进行精讲和操作，有针对性、代表性和侧重点。通过对这些实用案例的学习，使读者真正达到学以致用的目的。

为了帮助读者更加直观地学习本书，随书附赠的光盘中不但包含了书中全部案例的素材文件，方便读者更高效地学习；还配备了所有案例的多媒体有声视频教学影像，详细地展示了各个案例效果的实现过程，扫除初学者对新软件的陌生感。

使用读者群体

本书既可作为了解Premiere Pro CC 2019各项功能和最新特性的应用指南，也可作为提高用户设计和创新能力的指导，适用读者群体如下：

- 大中专院校相关专业及培训班学员；
- 影视后期制作的相关人员；
- 多媒体设计人员；
- 对视频编辑感兴趣的读者。

本书在写作过程中力求谨慎，但因时间和精力有限，不足之处在所难免，敬请广大读者批评指正。读者可以关注“未蓝文化”微信公众平台，直接在对话窗口回复关键字“Premiere全彩铂金”，获取本书更多学习资料的下载地址。

编　者

Part 01 基础知识篇

Chapter 01 视频编辑概述

Chapter 02 软件快速入门

Chapter 03 调色、合成和抠像

Chapter 05 视频效果

Chapter 06 字幕效果

Chapter 07 音频效果

Part 02 综合案例篇

Chapter 08 制作视频片头

Chapter 09 制作水墨风情视频

Chapter 10 制作开机动画效果

Chapter 11 制作宣传动画效果

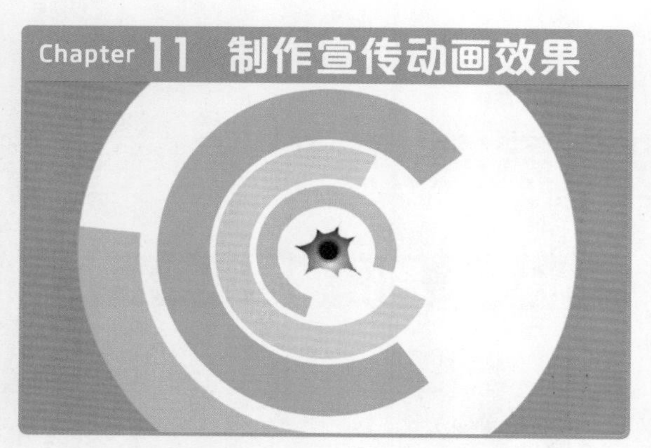

Chapter 12 制作海洋唱片视频

Part 01

基础知识篇

基础知识篇共7章，主要对Premiere Pro CC 2019视频编辑的相关知识和功能应用进行全面地介绍，包括视频编辑的相关概念、软件的入门知识、视频特效的应用、视频效果的设置、字幕效果的创建与添加以及音频效果的应用等。在介绍软件功能的同时，结合丰富的实战案例，让读者全面掌握Premiere Pro CC视频编辑的操作技巧。

Chapter 01 视频编辑概述

本章概述

Premiere Pro是目前最流行的实时视频和音频编辑工具之一，可以精确控制视频作品的每个帧。本章主要介绍的是视频编辑的基础理论知识，包括视频编辑中的一些重要概念等，使读者对视频编辑的相关概念有一个基础的了解。

核心知识点

❶ 了解视频的概念
❷ 熟悉视频编辑的常用术语
❸ 对非线性编辑有初步的认识
❹ 掌握视频处理的基础知识

1.1 视频基础

视频（Video）泛指将一系列静态影响以电信号的方式加以捕捉、记录、处理、储存、传送与重现的各种技术。选择一种易学易用的视频处理软件成为广大数码视频爱好者迫切需要掌握的一项技能。在使用Premiere Pro CC 2019进行视频处理前，应先了解视频的概念及视频编辑相关的理论知识和专业术语，下面将对此进行简要介绍。

1.1.1 视频的概念

所谓视频，是由一系列单独的静止图像所组成，其单位用帧或格来表示，是每秒钟连续播放25帧（PAL制式）或30帧（NTSC制式）的静止图像，利用人眼的视觉暂留现象，在观者眼中产生了平滑而连续活动的影像，如下图所示。

为什么要每秒播放25帧或30帧呢？这是因为当播放速度低于15帧/秒时，画面就会在我们眼里产生停顿感，从而难以形成流畅的活动影像。25帧/秒或30帧/秒的播放速度，是不同国家根据国内行业的实际情况规定的一个视频播放的行业标准。

电视系统是采用电子学的方法来传送和显示活动视频或静止图像的设备。在电视系统中，视频信号是连接系统中各部分的纽带，它的标准和要求也就是系统各部分的技术目标和要求。视频分模拟视频和数字视频两类。模拟视频指由连续的模拟信号组成的视频图像，它的存储介质是磁带或录像带，在编辑或转录过程中画面质量会降低，如下左图所示。而数字视频则把模拟信号变成数字信号，它描绘的是图像中的单个像素，可以直接存储在电脑硬盘中，因为保存的是数字的像素信息而非模拟的视频信号，因此在编辑过程中可以最大限度地保证画面质量，如下右图所示。

我国电视画面传输速率是每秒25帧、50Hz。因为25帧的视频率能以最少的信号容量有效地利用人眼的视觉残留特性，50Hz的场频率隔行扫描能够把一帧分为奇、偶两场，奇、偶的交错扫描相当于遮挡板的作用。这样就可以在其他行还在高速扫描时人眼不易觉察出闪烁，同时解决了信号带宽的问题。

1.1.2 视频的构成

视频是以画面和声音为介质，在运动的时间和空间里创造形象来表现生活的一种艺术。这种艺术以视觉形象为基本因素，既传播连续、活动的图像，也传播声音和文字信息，把形、声、色、文综合在一起，全面、真实地反映生活。

一般来说，视频由画面语言和声音元素两个相辅相成的部分构成。画面语言是指通过DV拍摄的动态画面来传达信息，让画面“说话”。画面语言作为视频的第一元素，是表现视频主题的手段，是叙事论理、表情达意的关键。声音元素包括人声、生活中的各种声音和音乐等，在影片中引入声音，既可展示环境、推动情节，又能创造独特的意境。

1. 画面结构

视频画面的结构一般分为主体、前景、后景和环境等几个要素，如下图所示。

- **主体**：即视频画面中所要表现的主要对象。这既是反映内容与主题的主要载体，也是画面的中心。主体可以是某一个被摄对象，也可能是一组被摄对象；主体可能是人，也可能是物。
- **前景**：在视频画面中，位于主体之前，或靠近镜头位置的人物、景物，统称为前景。前景有时可能是陪衬，但大多数情况下是环境的组成部分。
- **后景**：后景与前景相对应，是指那些位于主体之后的人物或景物。一般来说，后景多为环境的组成部分，或是构成生活氛围的实物对象。
- **环境**：即主体对象周围的景物、人物和空间，包括前景、后景及背景。
- **背景**：指画面中位于背后的景物，属于距镜头最远端的大环境的组成部分。

2. 声音元素

声音是指一切通过振动而产生的声波。视频中的声音主要包括人声、解说、音响和音乐4个部分。

- **人声**：指画面中出现的人物所发出的声音，分为对白、独白和心声等几种形式。人声的音色、音高、节奏、力度等都有助于塑造人物性格的声音形象。
- **解说**：解说一般采用解说人不出现在画面中的旁白形式。旁白可以强化画面信息、补充说明画面，也能串联画面内容和转场，还能表达某种情绪。解说与画面的配合关系分为声画同步、解说先于画面、解说后于画面3种形式。
- **音响**：指与画面相配合的除人声、解说和音乐以外的声音。使用音响有助于揭示事物的本质，增加画面的真实感，扩大画面的表现力。
- **音乐**：音乐具有丰富的表现功能，是视频中不可缺少的重要元素，是一种既适应画面内容需要，又保留了自身某些特征与规律的特殊声音元素。音乐在视频中主要用做背景音乐、段落划分和烘托气氛。音乐应与解说及音响在表达情绪上相配合。

1.1.3 常用视频术语

每一行业都有自己的专用术语，在Premiere Pro CC 2019中制作视频或者影片时也使用一些专业的术语。对于刚接触视频编辑的读者，需要了解一些专业术语，才能更好地阅读和理解本书。下面介绍一些比较常见的术语。

1. 剪辑

所谓剪辑，就是一部电影或者视频项目中的原始素材，可以是一段电影、一幅静止图像或者一段声音文件。对于视频文件而言，可以把它们称为视频剪辑。对于声音文件而言，可以把它们称为音频剪辑。也有人把剪辑称为片段或者素材。

2. 剪辑序列

剪辑序列是由多个剪辑组合而成的复合剪辑。一个剪辑序列可以是一整部视频内容，也可以是其中的一部分。可以由多个剪辑序列组合成一个更大的剪辑序列。

也有人把构成剪辑序列的剪辑成为子剪辑。

3. 电视制作

电视的制作决定视频的传输和存储方式。美国和日本等国家采用NTSC制式，中国和一些欧洲国家则采用PAL电视制式，而法国等国家使用SECAM制式。虽然这些制式不同，但它们所遵循的基本原理都是一致的。

4. 帧

帧（Frame）是传统影视和数码视频中的基本信息单元。任何视频在本质上都是由若干静态画面构成的，每一幅静态的画面即为一个单独的帧。如果按时间顺序播放这些连续的静态画面，画像就会动起来。人类的视觉存在一个暂留现象，当视频按24—30帧/秒的速度播放静态画面时，就能产生平滑且连续的视觉效果。

5. 采集

视频采集是指将模拟原始素材（影像或声音）数字化并将其导入电脑的过程。随着DV的普及，DV输出的数字信号可以直接通过IEEE 1394接口保存到电脑中。

6. 时基和帧速度

我们可以通过指定项目时基确定怎样调节项目内的时间。例如，一个30的时基表示每一秒被分成30单元。帧出现在编辑上的准确时间取决于用户指定的时基，因为一个编辑只能出现在时间分割处。使用不同的时基，可以把时间分割放在不同的位置。

一个源片段的时间增量由源帧速率来确定。例如，当用户使用一个帧速率为30帧/秒的视频摄影机来拍摄片段时，摄影机通过记录1秒的每1/30的一帧来显示动作。注意无论在1秒的1/30秒时间间隔之间发生了什么，都不会被记录下来。因此，一个较低的帧速率（例如15fps）只能记录连续动作的极少信息，而一个较高的帧速率（例如30fps）则可以记录较多的信息。

目前，在国际上一般采用下表所示的时基和帧速率。

视频类型	帧/秒
电影	24fps
PAL和SECAM视频	25fps
NTSC视频	29.97fps
Web或CD-ROM	15fps
其他视频类型，非丢帧视频，E-D动画	30fps

7. 位深

在计算机中，位（bit）是信息存储最基本的单位。用于表示物质的位使用得越多，其描述的细节就越多。位深表示的是像素色彩的bit权量，其作用是用来描述一个像素的色彩。位深越高，图像包括的色彩就越多，就可以产生更精确的色彩和质量较高的图像。例如，一幅存储8位/像素（8位色）的图像可以显示256色，一幅24位色的图像可以显示大约1600万种颜色。

8. 视频压缩

编辑视频包括存储、移动和计算大量的数据，以及其他类型计算机文件的数据。许多个人计算机，特别是比较旧型号的个人计算机不能处理高的数据传输速率（1秒钟内处理的视频信息的数值）和没有压缩视频的较大的文件尺寸。此时可以通过视频压缩来降低视频的数据速率，以适应用户计算机系统可以处理的范围。在捕捉源视频、预览编辑、播放Timeline和输出Timeline时，压缩设置是很有帮助的。在许多情况下，用户确定的设置并不一定适合于所有的情况。

9. 交织和非交织视频

电视上或者计算机显示器上的图像是由水平线组成的，并且有很多种方法来显示这些线条。大部分的个人计算机使用渐进的扫描（非交织）显示，也就是在下一个帧出现之前所有这一帧上的线都会从上端移动到末端，如NTSC，PAL和SECAM等电视制式都是交织的，其中每一帧被分割成两场，每一场都包括该帧中的隔行水平线。电视会显示整个屏幕交替线的第一个场，然后以显示第二场来填充由第一个场留下的交替缝隙。NTSC制式视频帧显示大约每秒的1/30，也包括两个交织场。PAL和SECAM制视频帧是以每秒的1/25来显示并且包括两个以上每秒的1/50来显示的交织场，也包括两个场。当播放或者播出交织视频时，必须保证用户明确场的次序，以适应所接受的视频系统，否则动作看起来会显得迟钝，并且帧内物体的边缘或许会出现断裂的现象。

10. 逐行扫描

逐行扫面就是扫描构成图像中的所有水平线。我们使用的计算机显示器一般都采用逐行扫描，因此在计算机显示器上观看的图片效果要清晰一些。

1.2 数字视频基本概念

本节主要介绍数字视频的基础理论知识，包括数字视频的获取、视频色彩系统等内容。通过对数字视频知识的学习，使读者能够对Premiere Pro软件有更深的了解。

1.2.1 数字视频的获取

在视频编辑工作中，数字视频的采集和非线性编辑系统是息息相关的。视频质量的好坏会影响到输出的作品质量，但获取的视频素材的质量又跟视频采集卡有关。

1. 数字视频的来源

视频的来源主要有以下几种：

- 利用计算机生成的动画。例如：把GIF动画格式转换成AVI视频格式，或利用Flash、3ds Max等多媒体软件与三维软件生成的视频文件或文件序列。
- 静态图形文字序列组合而成的视频文件序列。
- 利用视频采集卡将模拟视频转换而得到的数字视频。

2. 使用视频采集卡采集

视频采集卡又称为视频卡。根据不同的应用环境和不同的技术指标，目前可供选择的视频采集卡有很多种不同的规格，一般的视频卡都能够达到我们的要求。使用视频卡采集有实时采集和非实时采集两种。非实时采集每次只能采集一帧或几帧视频图像，需要反复采集才能完成，目前这种方式几乎已经淘汰不了。现在利用视频采集卡可以进行实时而连续的视频采集，并同时把采集到的视频图像存储在计算机硬盘当中。

在DV摄像机进入家庭的今天，采集DV拍的视频素材是工作生活中经常遇到的。DV的采集是通过IEEE 1394来实现的。IEEE 1394是一种新型外部串行总线界面标准，第一代的传输速率最高可达400Mb/s，主要用于摄像机、高级照相机领域。而创造这一接口技术的APPLE称之为“火线”（Firewire），这也是我们经常说的术语。1394接口伴随着可记录数字视频信号的MINIDV，比家用的模拟视频信号更加清晰，而整体成本的下降，加上采集工作的简单、有效，更加适合家庭用户使用。

数字视频信号的整个采集工作在硬件方面主要由一台数字式摄像机完成，如下左图所示；并且还需要一块1394卡，如下右图所示。1394卡有很多的种类，并且档次很多，一般市面上卖的基本都能满足我们的一般要求。当用户在Premiere Pro CC中进行采集时，需要在计算机上安装采集卡，装上驱动程序，连接上摄像机、DVD机或者录像带之后，执行“文件>捕捉”命令，打开捕捉窗口即可进行采集。

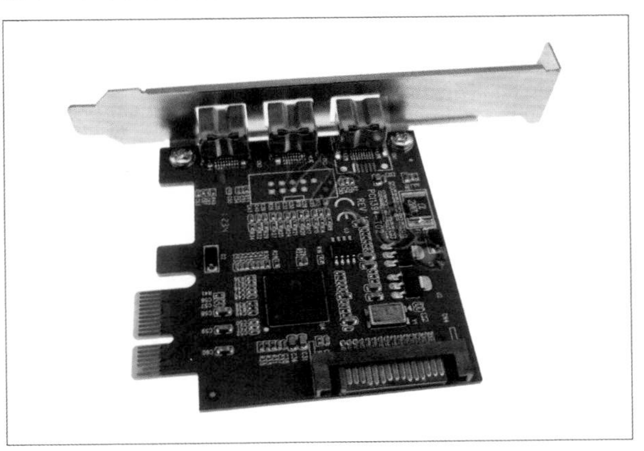

1.2.2 数字视频与电视制式

电视制式就是电视信号的标准，它的区分主要在帧频、分辨率、信号带宽以及载频、色彩空间的转换关系上。不同制式的电视机只能接收和处理相应制式的电视信号。但现在也出现了多制式或全制式的电视机，为处理不同制式的电视信号提供了极大地方便。全制式电视机可以在各个国家的不同地区使用。目前各个国家的电视制式并不统一，全世界目前有三种彩色制式，分别是NTSC制式、PAL制式和SECAM制式。

1. NTSC制式

这是美国在1952年研制成功的兼容彩色电视制式。目前，在世界范围内，包括美国、日本、加拿大和中国台湾等国家和地区采用这种制式。NTSC制式采用的是正交平衡调幅的技术方式，也就是把两个色差信号（R-Y）和（B-Y）分别对频率相差90° 的两个负载波进行正交。平衡调幅是该制式的重要特点，因此也被称为平衡调幅制，如下左图所示。

2. PAL制式

这是德国在1962年制定的彩色电视广播标准制式，它采用的是逐行倒相正交平衡调幅的技术，克服了NTSC制式相应敏感造成色彩失真的缺陷。目前，在世界范围内，包括德国、英国、新加坡和中国等国家和地区采用这种制式。根据不同的参数细节，PAL制式又可以划分为G、I、D等制式，我国采用的是PAL-D制式。

3. SECAM制式

这是法国在1956年制定的彩色电视广播标准制式，SECAM制式也克服了NTSC制式相应敏感造成色彩失真的缺陷。目前，法国、东欧和中东一些国家和地区采用这种电视制式。

NTSC制式和PAL制式都属于同时制，其优点是兼容性好、占用频带比较窄、彩色图像的质量较好，如下左图所示。但是其设备较为复杂，亮度信号和色度信号之间相互干扰较大，色彩不是很稳定，而SECAM制式在亮度信号和色度信号之间互相干扰不大。在正常传输条件下，SECAM制式不如其他两种制式，在传输条件较差的情况下才能显示出SECAM制式的优点，如下右图所示。

NTSC制式、PAL制式和SECAM制式都是彩色电视的制式标准，各有优缺点，它们都与黑白电视相兼容，但是它们之间却不能兼容。如果把一种制式的电视节目换做其他制式的设备来处理，需要对设备做较大的改动。否则，就必须使用兼容多制式的设备来处理，那样需要的成本会高一些。

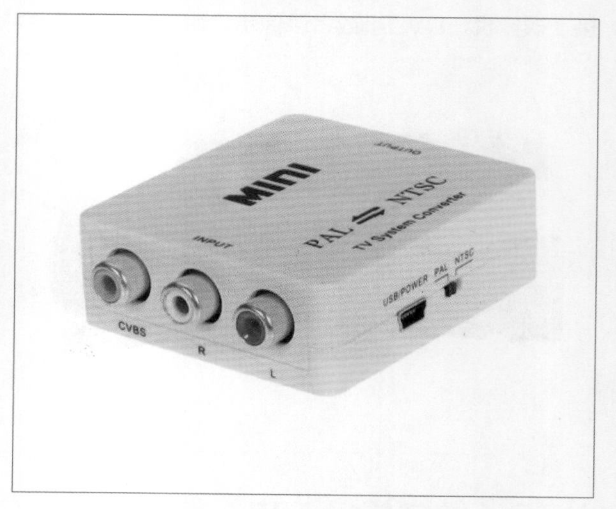

1.2.3 视频制作的概念

视频已经成为当前最为大众化、最具影响力的媒体形式。从好莱坞大片所创造的幻想世界，到电视新闻所关注的现实生活，再到铺天盖地的电视广告，无一不深刻地影响着我们的生活。过去，视频节目的制作是专业人员的工作，对大众来说似乎还笼罩着一层神秘的面纱。十几年来，数字技术全面进入视频制作过程，计算机逐步取代了许多原有的视频设备。以前，视频制作使用的一直是价格极端昂贵的专业硬件和软件，非专业人员很难见到这些设备，更不用说熟练使用这些工具来制作自己的作品了。随着PC性能的显著提高，价格的不断降低，视频制作从以前专业的硬件设备逐渐向PC平台上转移，原先身份极高的专业软件逐步移植到平台上，价格也日益大众化。同时，视频制作的应用也从视频制作扩大到电脑游戏、多媒体、网络、家庭娱乐等更为广阔的领域。许多在这些行业工作的人员与大量视频制作爱好者，现在都可以利用自己手中的电脑来制作自己的视频节目。

随着视频制作的推广，一些视频制作的概念也逐渐被人们所理解。本书是一本讲述视频剪辑的专业教程，学习本教程需要明确以下几个基本概念。

- **音频素材：** 它的主要来源是收音机、录音机、CD机等。由这些机器收集的模拟信号需要进行数字转换处理，以便我们的计算机可以接纳它。转换的设备是声卡，有的视频捕捉卡上带有音频捕捉口，也可用来收集声音素材，音频素材如下图所示。

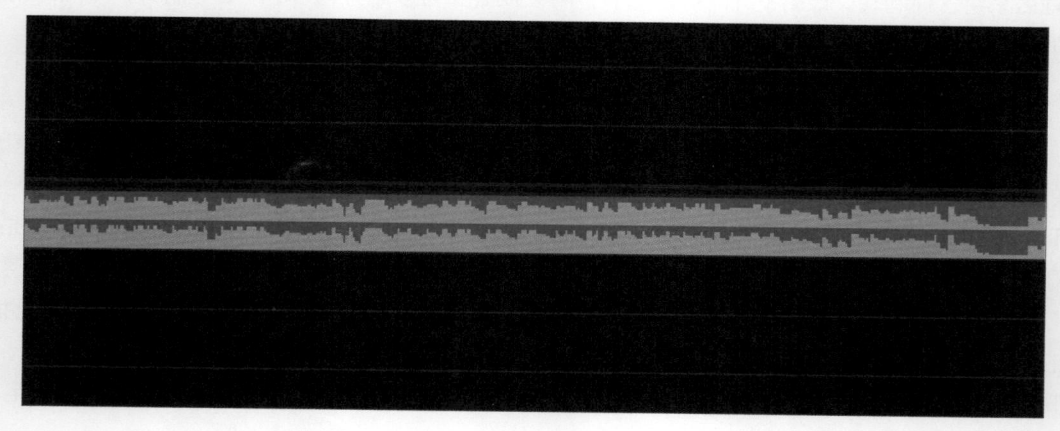

- **视频素材：** 它的主要来源是摄像机、录像带等，视频素材如下图所示。为了使计算机能够处理模拟信号，需要将这些模拟信号数字化，完成该工作的设备是视频采集卡。通过视频采集卡将模拟信号转换为数字信号，保存在计算机硬盘中，以备后用。

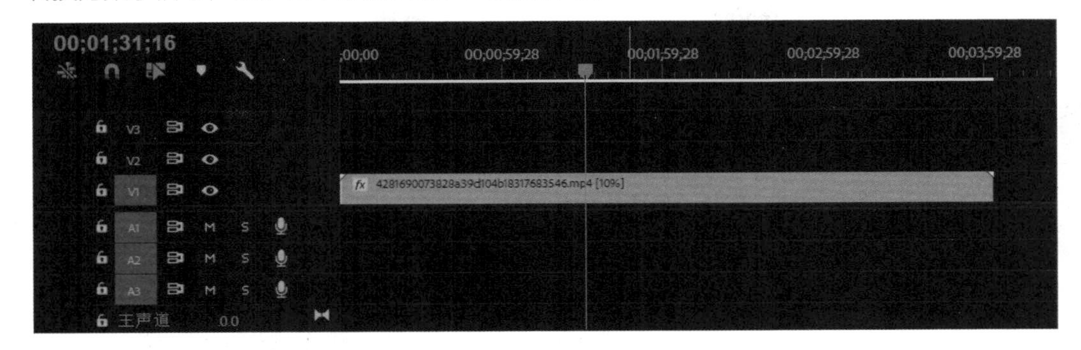

- **图片、图像素材：** 它的主要来源是图库、招贴画、简报及其他的印刷品，用户可以通过扫描仪对它们进行必要的数字化处理，这些素材如下图所示。

1.2.4 视频色彩系统

和我们经常看到的平面图像一样，视频也有颜色的深浅、浓淡、明暗之分。用专业术语解释就是不同的视频具有不同的色彩空间和色彩深度。

1. 视频的色彩空间

视频的色彩空间是色彩的概念，这些概念是为了在不同的应用场合中方便描述色彩，以对应不同的场合和应用。数字图像的生成、存储、处理和显示对应不同的色彩空间，需要做不同的处理和转换。色彩空间主要有下面4种。

- **RGB色彩空间：** 显示器基本都采用RGB（红、绿、蓝）的色彩原理，它的原理是使用不同的电子束附着在屏幕内侧的红、绿、蓝色荧光材料反射出不同的色彩。根据电子束强度的不同使色彩中的红、绿、蓝分量也不同，从而形成不同的颜色。我们把这种色彩的表示方法称为RGB色彩空间表示。红、绿、蓝三色叠加即可产生白色，如下左图所示。
- **CMYK色彩空间：** 我们知道CMYK是一种色彩印刷模式，即一种打印输出的色彩空间。在进行彩色印刷或打印时，彩色印刷或打印的纸张不能发射光线，所以印刷机或打印机只能使用其他介质完成工作，即使用一些能够吸收特定光波而反射其他光波的具有特定颜色的油墨或颜料。这种油墨或颜料的三基色是青（Cyan）、品红（Magenta）和黄（Yellow），简称CMY。青色对应蓝绿色，品红对应紫红色，黄色对应红绿色。从理论上看，任何一种颜料对应的色彩都可以用这三基色按不同比例混合，这种色彩表示方法称为CMY色彩空间表示法。在实际应用中，由于色彩墨水和颜料的化学性质特殊，用等量的CMY混合得不到纯正的黑色，所以在印刷中常常将黑色单独列出来作为一种真正的黑色（K），故CMY又称为CMYK，如下右图所示。彩色打印和彩色印刷系统都采用CMYK色彩空间。

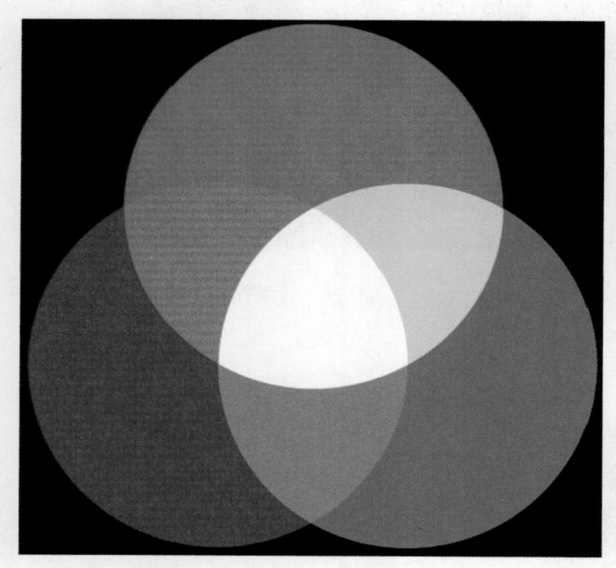
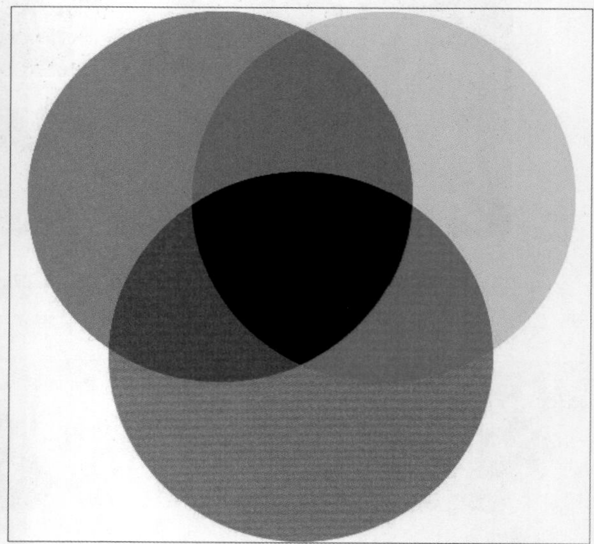

- **HIS色彩空间：** 该色彩空间根据人的视觉特点，用色调、色饱和度和亮度来表达色彩。我们常常把色调饱和度统称为色度，用它来表示颜色的类别与深浅程度。由于人的视觉对亮度比对色彩浓淡更加敏感，为了便于色彩处理和识别，常采用HIS色彩空间。HIS能把色调、色饱和度和亮度的变化情形表现得很清楚，比RGB空间更加适合人的视觉特点。
- **YUV（Lab）色彩空间：** 在彩色电视系统中，通常采用三管彩色摄像机或彩色CCD摄像机，它把得到的彩色图像信号经过分色分别放大校正得到RGB，再经过变换得到亮度信号Y和两个色差信号R-Y和B-Y，最后由发送端将亮度和色差三个信号分别进行编码并用同一信号发送出去，这就是我们常用的YUV色彩空间。

2. 视频的色彩深度

色彩深度是指存储每个像素所需要的位数。色彩深度决定了图像色彩和灰度的丰富程度，即决定了每个像素可能具有的颜色数或灰度级数。常见的色彩深度有以下几种。

- **真彩色：** 指组成一幅彩色图像的每个像素值中，有R、G、B三个基色分量，每个基色分量直接决定其基色的强度，这样合成产生的色彩就是真实的原始图像色彩。我们所说的32位彩色，就是在24位之外还有一个8位的Alpha通道，表示每个像素的256种透明度等级。
- **增强色：** 指用16位来表示一种颜色，它能包含的色彩多于人眼所分辨的数量，功能表示65536种不同的颜色。因此大多数操作系统都采用16位增强色选项。这种色彩空间是根据人眼对绿色最敏感的特性建立的，所以其中红色分量占4位，蓝色分量占4位，绿色分量占8位。
- **索引色：** 指用8位来表示的一种颜色。一些较老的计算机硬件或文档只能处理8位像素，8位的显示设备通常会使用索引色来表现色彩。其图像的每个像素值不分R、G、B分量，而是把它作为索引进行色彩变幻，系统会根据每个像素的8位数值去查找颜色。8位索引色能表示256种颜色。

- **调配色：** 指以每个像素值的R、G、B分量作为单独的索引值分别进行变换，并通过相应的彩色变换表查找出基色强度，用这种变换后得到的RGB强度值所产生的色彩就叫做调配色。

1.3 视频和音频格式

在Premiere Pro CC 2019中，可使用很多的视频和音频文件，常用的文件格式有很多，都是比较流行或者常用的文件格式，视频格式有AVI、MOV和ASF等，音频格式有MP3、WAV、SDI和AU等。下面分别进行简单介绍。

1.3.1 常见视频格式

常见的视频格式有AVI、MPEG、RA/RM、MOV/QT、ASF、WMV、nAVI等几种：

- **AVI格式：** 即音频视频交错格式，这种格式的视频文件兼容性好、调用方便、图像质量好，但文件体积过于庞大。
- **MPEG格式：** MPEG是动态图像专家组的英文缩写，该格式包括MPEG-1、MPEG-2和MPEG-4在内的多种视频格式。MPEG-1被广泛地应用在VCD的制作和一些视频片段下载等网络应用上。MPEG-2主要应用于DVD制作，同时在一些HDTV（高清晰电视广播）和一些高要求的视频编辑、处理上面也有应用。
- **RA/RM格式：** RA/RM格式是一种流式视频文件格式，它是RealNetworks公司所制作的音频/视频压缩规范RealMedia中的一种。RealMedia是目前Internet上最流行的跨平台的客户/服务器结构多媒体应用标准，采用音频/视频流和同步回放技术实现了网上全带宽的多媒体回放。
- **MOV/QT格式：** MOV/QT格式是Apple公司的标准数码视频格式，其画质高，能跨平台使用，具有很好的兼容性。
- **ASF格式：** ASF是“高级流格式”的缩写，是一种在网上即时观赏的视频流格式。
- **WMV格式：** WMV是一种独立于编码方式的在Internet上实时传播多媒体的技术标准。WMV格式具有本地或网络回放、可扩充的媒体类型、部件下载、可伸缩的媒体类型、流的优先级化、多语言支持、环境独立性、丰富的流间关系等特点。
- **AVI（nAVI）格式：** nAVI是一种新视频格式，是由Microsoft ASF压缩算法修改而来的。

1.3.2 常见音频格式

电脑使用的音频文件格式分为“Midi文件”和“声音文件”两大类。“Midi文件”是一种音乐演奏指令的序列，可以利用声音输出设备或与电脑相连的电子乐器进行演奏，由于不包含具体声音数据，所以文件较小。而“声音文件”则是通过录音设备录制的原始声音，直接记录了真实声音的二进制采样数据，文件较大。常见的音频格式，有以下几种。

- **MIDI（MID）格式：** MIDI是乐器数字接口的英文缩写，是数字音乐/电子合成乐器的国际标准。MIDI文件有几个变通的格式，其中CMF文件是随声卡一起使用的音乐文件，与MIDI文件非常相似，只是文件头略有差别；另一种MIDI文件是Windows使用的RIFF文件的一种子格式，称为RMID，扩展名为RMI。
- **WAVE（WAV）格式：** 由Microsoft公司开发的一种WAV声音文件格式，是电脑上最为常见的声音文件，用于保存Windows平台的音频信息资源。

- **MPEG（MP1、MP2、MP3）格式**：MPEG音频文件指的是MPEG标准中的声音部分，即MPEG音频层。MPEG音频文件根据压缩质量和编码复杂程度的不同分为3层。MPEG AUDIO LAYER 1/2/3 分别与MP1、MP2和MP3三种声音文件相对应。MPEG音频编码具有很高的压缩率，目前网络上最为常见的音乐格式为MP3。
- **MP4格式**：MP4采用“知觉编码”的a2b音乐压缩技术，压缩比高且音质好。
- **AU格式**：AUDIO文件是SYN公司推出的一种数字音频格式，是Internet中常用的声音文件格式。
- **VOC格式**：VOICE文件是新加坡创新公司开发的声音文件格式，多用于保存CREA TIVE SOUND BLASTER系列声卡所采集的声音数据。

1.4 线性编辑和非线性编辑

随着计算机技术的发展，视频编辑已经从早期的模拟视频的线性编辑跨入到数字视频的非线性编辑，传统的线性磁带编辑方法已经基本淘汰，取而代之的是一种能对原始视频素材的任意部分进行随机存取、修改和剪辑处理的非线性编辑技术。这对视频编辑工作而言是一种质的飞跃。

1.4.1 线性编辑

在先前的传统电视节目制作中，电视编辑是在编辑机上进行的，如下左图所示。所谓线性编辑，实际上就是让录像机通过机械运动使磁头模拟视频信号顺序记录在磁带上，编辑人员通过放像机选择一段合适的素材，然后把它记录到录像机中的磁带上，再寻找下一个镜头，接着进行记录工作，通过一对一或者二对一的完成带，特点是在编辑时也必须按顺序找寻所需要的视频画面，其工作原理如下右图所示。用这种编辑方法插入与原画面时间不等的画面或者删除视频中某些不需要的片段时，由于磁带记录画面是有顺序的，无法在已有的画面之间插入一个镜头，也无法删除一个镜头，除非把这之后的画面全部重新刻录一遍。这中间完成的诸如出入点设置、转场等都是从模拟信号到模拟信号的转换，转换的过程就是把信号以轨迹的形式记录到磁带上，所以无法随意修改。当需要在中间插入新的素材或改变某个镜头的长度等操作时，后面的整个内容就需要重新制作。 从某种意义上来说，传统的线性编辑是低效率的。工作人员常常会为了一个小细节而前功尽弃，或以牺牲节目质量作为代价省去重新编辑的麻烦。所以传统的线性编辑存在很多缺陷，现在已逐渐不再被使用了。

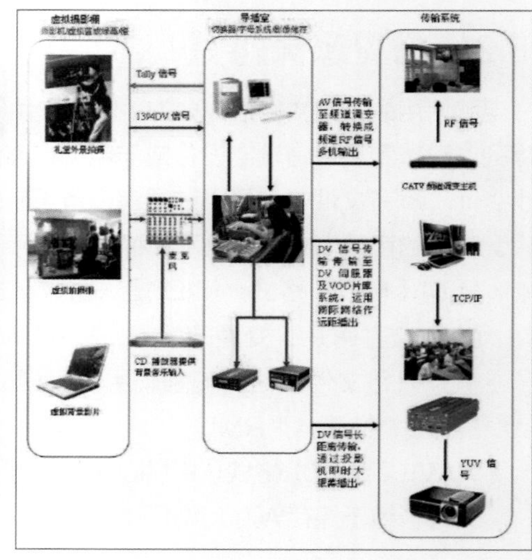

当然，传统的线性编辑也有目前非线性剪辑不可比拟的优点，例如：

- 可以很好地保护原来的素材，能多次使用。
- 不损伤磁带，能发挥磁带随意录、随意抹去的特点，制作成本低。
- 能保持同步与控制信号的连续性，过渡平稳，不会出现信号不连续、图像跳闪的情况。
- 可以迅速而准确地找到最适当的编辑点，正式编辑前可预先检查，编辑后可立刻观看编辑效果，发现不妥可马上修改。
- 声音与图像可以做到完全吻合，还可各自分别进行修改。

1.4.2 非线性编辑

非线性编辑是相对于线性编辑而言的。所谓非线性编辑，就是应用计算机图像技术，在计算机中对各种原始素材进行各种反复的编辑操作而不影响质量，并将最终结果输出到计算机硬盘、磁带、录像机等记录设备上。现在的非线性编辑实际上就是非线性的数字视频编辑。它利用以电脑为载体的数字技术设备，完成传统制作工艺中需要十几套机器才能完成的影视后期编辑合成以及其他特技的制作。由于原始素材被数字化存储在计算机硬盘上，所以信息存储的位置是并列平行的，与原始素材输入到计算机时的先后顺序无关。这样，我们便可以对储存在硬盘上的数字化音频素材进行随意的排列组合，并可以在完成编辑后方便快捷地随意修改而不损害图像质量。非线性编辑实质上就是把胶片或磁带的模拟信号转换成数字信号存储在计算机硬盘上，然后通过非线性编辑软件的反复编辑，再一次性地输出。我们可以在不同的视频轨道上添加或者插入其他的视频剪辑，如下图所示。

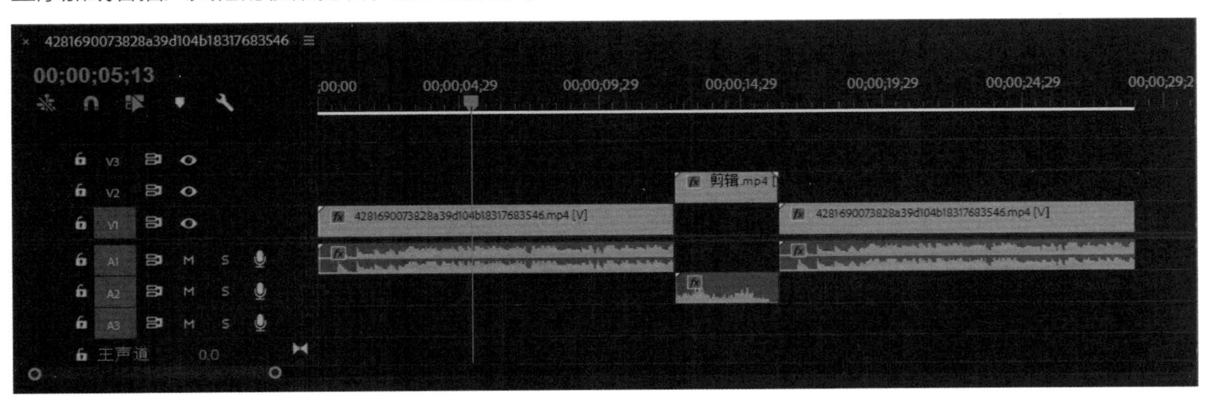

非线性编辑的原理是利用系统把输入的各种视频和音频信号进行从模拟信号到数字信号的转换，并采用数字压缩技术把转换后的数字信息存入计算机的硬盘而不是录入磁带。这样，非线性编辑不用磁带而是利用硬盘作为存储媒介来记录视频和音频信号。由于计算机硬盘能满足任意一张画面的随机读取和存储，并能保证画面信息不受损失，这样就实现了视频、音频编辑的非线性。我们现在所要做的就是如何创作自己的作品，再也不受非线性编辑的限制了。

非线性编辑系统的进步还在于它的硬件高度集成和小型化。它将传统线性编辑在电视节目后期制作系统中必备的字幕机、录像机、录音机、编辑机、切换机和调音台等外部设备集于一台计算机内，用一台计算机就能完成这些编辑工作，并将编辑好的视音频信号输出。能够编辑数字视频数据的软件称为非线性编辑软件，如Adobe公司最新版本的Premiere Pro CC 2019便是一款理想的非线性视频编辑软件。

1.4.3 非线性编辑软件

非线性编辑软件从功能上来分，主要包括两种。一种是实现镜头合成功能的软件，包括视频镜头的采集、整理、处理和合成，直到输出镜头片段；另一种是镜头片段编辑软件，将合成阶段处理后的多个镜头片段引入编辑软件，然后进行裁剪、连接，或在片段之间添加过渡特效，在多片段中间进行透明设置，最后输出完整的动画片段。

在PC平台运行的非线性编辑软件主要有如下几种。

- **Premiere**

Premiere由Adobe公司出品，该软件功能强大、使用简单，是目前国内使用最广的后期编辑软件之一，被许多视频公司选作“捆绑产品”。Premiere采用视频轨道的合成方法，特别是在采用了视频A、B轨道加上叠加S或者叠加视频X轨道的方法后，具有强大的划像功能。

- **After Effects**

After Effects与Premiere系出同门，与Premiere齐名，可以称得上是视频领域的Photoshop，它的性价比非常好，甚至在某些方面可以超过工作站。与Premiere相比，After Effects更侧重于特效的编辑。

- **Vegas Video**

Vegas Video是PC平台上用于视频编辑、音频制作、合成字幕和编码的专业产品，具有直观的界面和功能强大的音、视频制作工具，为DV视频录制、音频录制、编辑和混合、流媒体内容制作和环绕声制作提供完整的集成解决方案。

- **SoftImage/DS**

这是一套无压缩数字影像的非线性制作系统，是完全整合及统一的工具，提供专家级的非线性声音与影像的剪辑、合成、绘画、字幕、特效、影像处理与文件管理工具，并且架构在一个完全开放的平台上。

- **Maya Fusion**

原名Digital Fusion，后来该软件被Alias/WaveFront公司收购，将其更名为Maya Fusion，与该公司的旗舰产品Maya组成强大的视频处理软件包。

Chapter 02 软件快速入门

本章概述

本章将对Premiere CC软件进行初步介绍，使读者了解软件的主要功能，并对界面的组成、项目的创建、素材的基本操作等进行详细介绍。此外，还介绍了Premiere CC中常用的术语以及各种操作面板的功能与应用。

核心知识点

❶ 了解Premiere CC的工作界面
❷ 熟悉Premiere CC项目的创建与设置
❸ 掌握Premiere CC 素材的导入与编排
❹ 掌握Premiere CC 素材的基本编辑操作

2.1 Premiere CC操作界面

在使用Premiere CC进行视频剪辑处理之前，首先要认识下Premiere CC的工作界面，以便于更顺利地学习该软件。首先双击桌面上的Adobe Premiere Pro CC 2019软件图标或单击桌面右下角的开始按钮，在打开的菜单列表中选择Adobe Premiere Pro CC 2019选项，即可启动Adobe Premiere Pro CC 2019，软件启动界面如下图所示。

Premiere CC采用了面板式的操作环境，整个用户界面由多个活动面板组成，包括数码视频的后期处理就是在各种面板中进行的。Premiere CC的工作界面主要由“项目”面板、“时间线”面板、“监视器”面板、工具面板及菜单命令组成，如下图所示。

提示：调整Premiere CC界面亮度

用户可以执行“编辑>首选项>外观”命令，打开“首选项”对话框，然后根据个人需要在“亮度”选项区域中设置工作界面的亮度，即从黑色到浅灰色显示。

2.1.1 “项目”面板

“项目”面板用于对素材进行导入、存放和管理，如下图所示。该面板可以显示素材的属性信息，包括素材的缩略图、类型、名称、颜色标签、出入点等操作，也可以为素材执行新建、分类、重命名等。

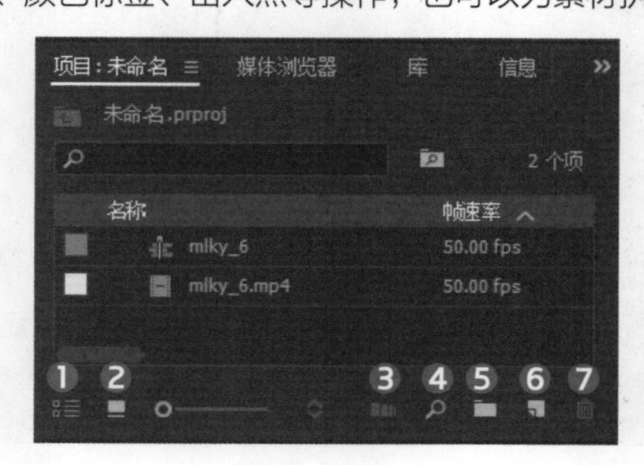

“项目”面板下面有7个功能按钮，从左到右分别为“列表视图”按钮、“图标视图”按钮、“自动匹配序列”按钮、“查找”按钮、“新建素材箱”按钮、“新建项”按钮、“清除（删除）”按钮。各按钮的功能介绍如下。

- “列表视图”按钮❶：单击该按钮，可将素材窗口中的素材以列表形式显示。
- “图标视图”按钮❷：单击该按钮，可将素材窗口中的素材以图标形式显示。
- “自动匹配序列”按钮❸：单击该按钮，可将素材自动调整到时间线。
- “查找”按钮❹：单击该按钮，可快速查找素材。
- “新建素材箱”按钮❺：单击该按钮，可快速建立一个新的素材箱，便于文件的分类与管理。
- “新建项”按钮❻：分类文件中包含多种不同素材的名称文件，单击该按钮可为素材添加分类，便于对文件进行有序管理。
- “清除”按钮❼：选中不需要的文件后，单击该按钮即可清除。

2.1.2 时间线面板

时间线面板是Premiere CC的核心部分，在该面板中，用户可以按照时间顺序排列和连接各种素材，实现对素材的剪辑、插入、复制、粘贴等操作，也可以叠加图层、设置动画的关键帧以及合成效果等。“时间线”面板如下图所示。

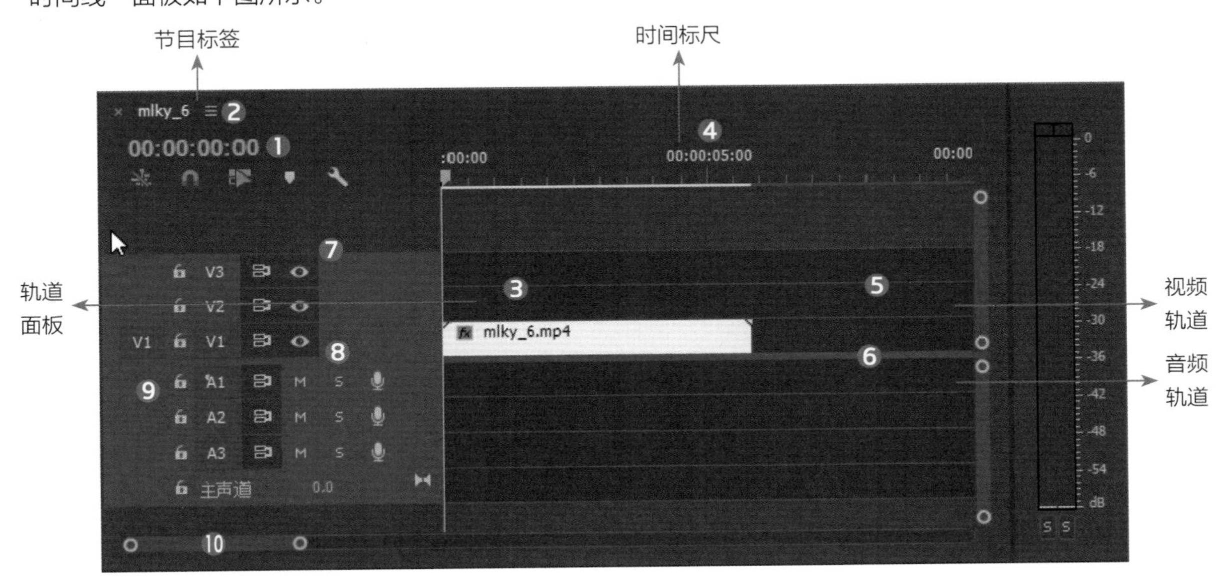

- **时间码❶**：在这里可以显示影片的播放进度。
- **节目标签❷**：单击相应的标签，可以在不同节目之间进行切换。
- **轨道面板❸**：对轨道进行退缩、锁定等参数设置。
- **时间标尺❹**：用于展示一部电影的时间长度。时间尺上的刻度可以代表从单帧到8分钟的时间间隔，这主要取决于用户选择的时间单位。
- **视频轨道❺**：是时间线窗口的重要组成部分，主要用来放置视频、静止图像等影像素材，为影片进行视频剪辑。
- **音频轨道❻**：主要用来放置音频素材，为影片进行音频剪辑。
- **“切换视频轨道输出”按钮❼**：单击此按钮，可以设置是否在“监视器”面板中显示该影片。
- **“静音轨道”按钮❽**：单击该按钮，可以对音频进行静音，反之则播放声音。
- **“轨道锁定开关”按钮❾**：单击该按钮，当按钮变成状态时，当前轨道被锁定，处于不能编辑的状态；反之，则可以进行编辑。
- **滑块❿**：用于设置放大/缩小音频轨道中关键帧的显示程度。

2.1.3 监视器面板

监视器面板用于显示音、视频节目编辑合成后的最终效果，用户可以通过该面板预览视频编辑的效果与质量，以便进行进一步的调整和修改，如下图所示。

- **"添加标记"按钮**❶：设置影片片段中未编号的标记。
- **"标记入点"按钮**❷：设置当前影片位置的起始点。
- **"标记出点"按钮**❸：设置当前影片位置的结束点。
- **"转到入点"按钮**❹：单击该按钮，可将时间标记移动到起始点的位置。
- **"后退一帧"按钮**❺：该按钮用于对素材进行逐帧倒播控制。每单击一次该按钮，播放就会后退一帧；按住Shift键的同时单击该按钮，可每次后退5帧。
- **"播放-停止切换"按钮**/❻：控制"监视器"面板中的素材时，单击此按钮会从"监视器"面板中时间标记当前位置开始播放电影；在"节目"监视器窗口中，播放时按J键可进行倒播。
- **"前进一帧"按钮**❼：该按钮用于对素材进行逐帧播放的控制。每单击一次该按钮，播放就会前进一帧；按住Shift键的同时单击该按钮，可每次前进5帧。
- **"转到出点"按钮**❽：单击该按钮可将时间标记移动到末端位置。
- **"提升"按钮**❾：用于将轨道上入点与出点之间的内容删除，并留有空间。
- **"提取"按钮**❿：用于将轨道上入点与出点之间的内容删除，但是删除后并不保留空间，后面的素材会自动连接前面的素材。
- **"导出帧"按钮**⓫：单击该按钮可导出一阵的影片画面。
- **"按钮编辑器"**⓬：单击该按钮可调出面板中包含但未显示完全的按钮，如下图所示。

2.1.4 工具面板

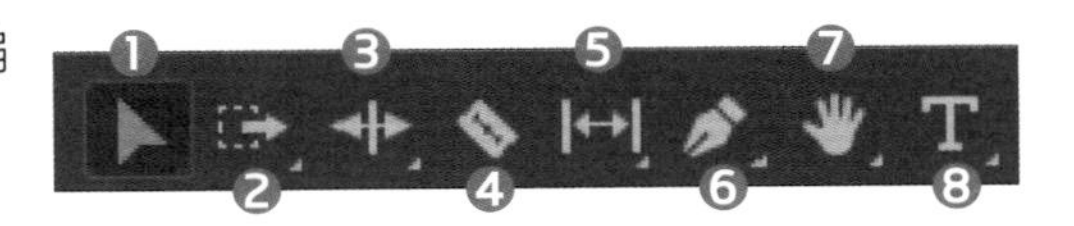

Premiere CC工具面板中的工具主要用于在时间线中编辑素材，如右图所示。在工具面板中单击所需的工具按钮，即可激活该工具。

- **选择工具**❶：该工具用于对素材进行选择、移动，并可以调节素材关键帧或者为素材设置入点和出点。
- **向前选择轨道**❷：使用该工具，可以选择某一轨道上的所有素材。
- **波纹编辑工具**❸：使用该工具，可以拖动素材的出点以改变素材的长度，而相邻的的素材长度不变，项目片段的总长度改变。
- **剃刀工具**❹：该工具用于分割素材。用剃刀工具单击轨道里的片段，则单击处被剪断。按下Shift键单击轨道里的片段，则全部轨道里的片段都在这个时间点被剪断。
- **外滑工具**❺：该工具用于改变一段素材的入点与出点，保持总长度不变，且不会影响相邻的其他素材。
- **钢笔工具**❻：该工具主要是用来设置素材的关键帧。
- **手形工具**❼：使用该工具，可以拖动“时间线”面板里的显示位置，且轨道里的片段不会发生改变。
- **文字工具**❽：使用该工具，可在“监视器”面板中插入文字，并对文字内容和字体等进行编辑。

> **提示：波纹工具详解**
>
> 波纹编辑工具可以改变某片段的入点或出点，在改变该片段长度时，前后相邻片段的出入点并不发生变化，并且仍然保持相互吸合，片段之间不会出现空隙，影片总长度将相应改变。

2.1.5 菜单命令

在Premiere CC界面中单击所需的菜单名，即可打开相应的菜单，从而执行的各种命令，使用这些命令可以完成不同难度的操作。Premiere的菜单栏中包括“文件”、“编辑”、“剪辑”、“序列”、“标记”、“图形”、“窗口”和“帮助”8个主菜单，如下图所示。

文件(F) 编辑(E) 剪辑(C) 序列(S) 标记(M) 图形(G) 窗口(W) 帮助(H)

1.“文件”菜单

“文件”菜单中包含了标准Windows命令，如“新建”、“打开项目”、“关闭项目”、“保存”、“另存为”、“返回”和“退出”等。该菜单中还包含用于载入影片素材和文件夹的命令，例如在“文件”菜单中执行“新建>序列”命令，可将时间线添加到项目中，如下图所示。

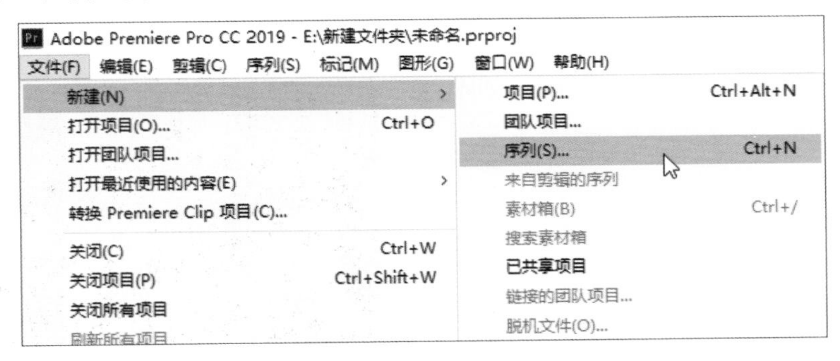

2.“编辑”菜单

“编辑”菜单中包含可以在整个程序中使用的标准编辑命令，如“复制”、“剪切”和“粘贴”等。编辑菜单也包含了用于编辑的特定粘贴功能，以及Premiere CC默认设置的参数。

3.“剪辑”菜单

在“剪辑”菜单中不仅包含了用于更改素材运动和透明度设置的命令，还包含在时间线内用以辅助素材编辑的命令。

4.“序列”菜单

使用“序列”菜单中的命令可以在“时间线”面板中预览素材，并能更改在时间线文件夹中出现的视频和音频轨道。

5.“标记”菜单

“标记”菜单主要用于对“时间线”面板中的素材标记和监视器中的素材标记进行编辑处理。使用标记可以快速跳转到时间线的特定区域或素材中的特定帧。

6.“图形”菜单

“图形”菜单主要用于对打开的图形和文字进行编辑。使用该菜单中的命令可以更改在字母设计中创建的文字和图形。

7.“窗口”菜单

“窗口”菜单主要用于管理工作区的各个窗口，用户可通过该菜单中的命令来打开Premiere CC的各个面板，如“历史”面板、“工具”面板、“效果”面板、“时间线”面板、“源”监视器面板等。

8.“帮助”菜单

“帮助”菜单包含了程序应用的帮助命令、以及支持中心和产品改进计划的相关命令。与其他软件中的“帮助”菜单功能相同。

2.2 创建项目并设置项目信息

在Premiere CC中对影片进行剪辑时，一定会用到新建项目、设置项目信息、新建序列等基本操作。项目新建操作和项目信息的设置对整体的设计而言很重要，我们要认真学习好这些基本的文件操作。

2.2.1 创建项目

当我们需要对影片进行剪辑时，首先需要新建项目来开展接下来的操作。当打开Premiere CC时，会自动弹出“开始”对话框，如右图所示。

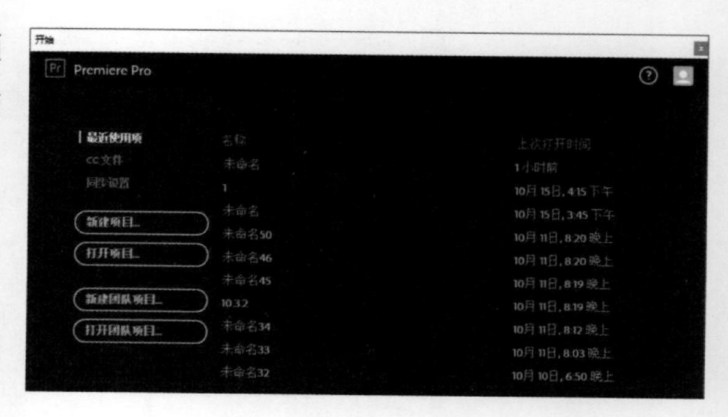

或执行“文件❶>新建❷>项目❸”命令，如下图所示。即可创建一个项目文件。

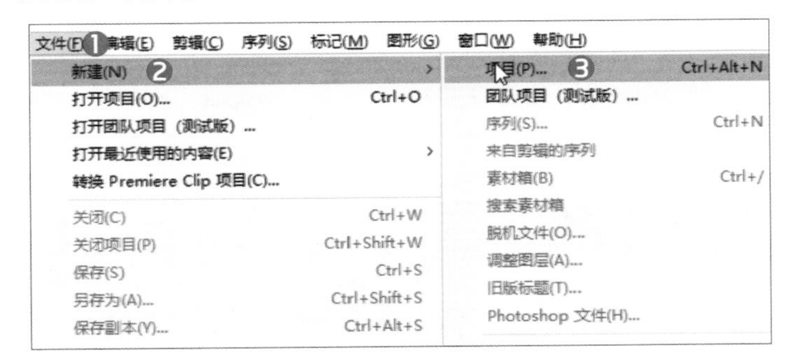

此外，我们还可以打开已有的项目文件，并对该文件进行编辑处理。如在“开始”对话框中单击“打开项目”按钮，或执行“文件>打开项目”命令，弹出“打开项目”对话框，在文件夹中浏览并选择之前保存过的项目即可。

保存项目文件操作与大多数软件类似，对于编辑过的项目，直接执行“文件>存储”命令或按Ctrl+S组合键即可保存。另外，系统还会每隔一段时间自动保存一次项目。

提示：快速打开近期项目文件

选择“文件>打开最近使用的内容”命令，在其子菜单中选择需要打开的项目文件，即可快速打开该文件。

2.2.2 设置项目信息

要使用Premiere CC编辑一部影片，首先应该创建符合要求的项目文件，并将预先准备好的素材文件导入到“项目”面板中备用。设置项目信息应该包含以下几点：首先，在“新建项目”对话框中设置项目参数，如下左图所示。在进入编辑项目之后，可执行“编辑>首选项”子菜单中的命令，来设置软件的工作参数信息，如下右图所示。

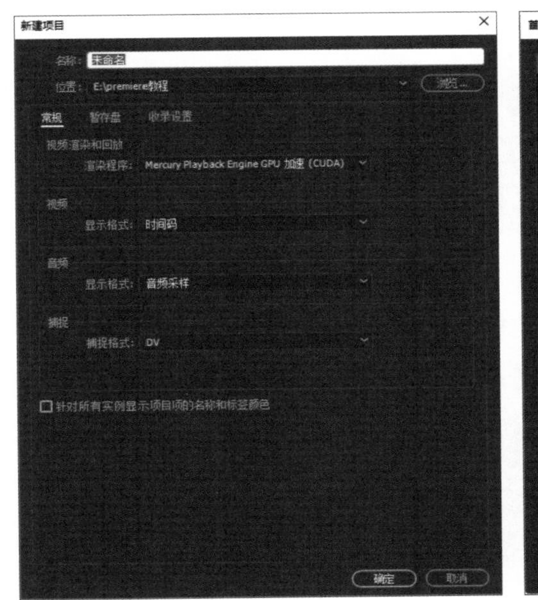

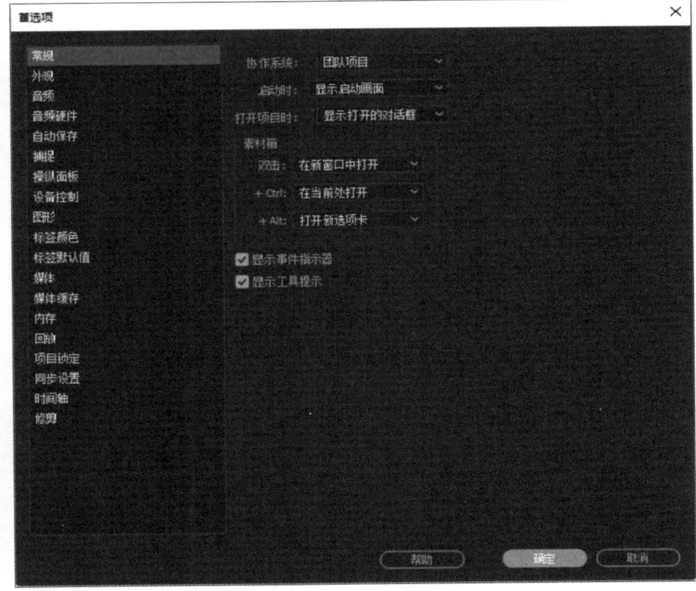

在“新建项目”对话框中，可设置文件名称、文件存储的位置、视频/音频的显示格式以及捕捉的格式等。在该对话框的“暂存盘”选型卡中，还可设置项目文件的暂存位置。

2.2.3 新建序列

序列是Premiere特有的文件格式类型。执行“文件>新建>序列”命令，会弹出“新建序列”对话框，在“序列预设”选项卡中可设置序列的存储名称以及预设参数。常用的序列设置是DV-PAL标准48KHz，如下左图所示。切换到“设置”选项卡，还可对序列进行更为详细的参数设置，如下右图所示。

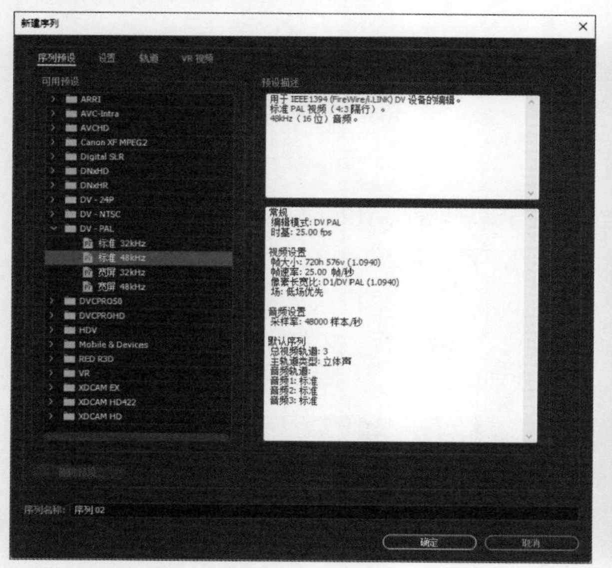

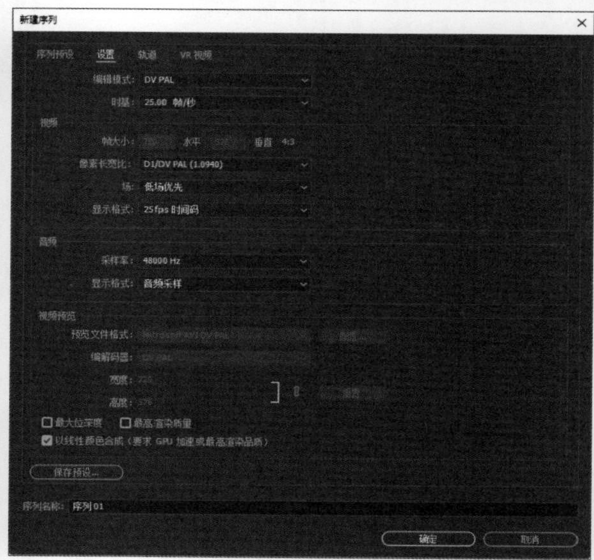

在“设置”选项卡中，选择“编辑模式”为“自定义”时，就可以设置自己专属的序列参数了。“时基”参数用于设置帧数，帧数越高，剪辑的预渲染效果越好，如下左图所示。视频界面画面的大小是由设置画面的宽高数值决定的，如下右图所示。制作节目时，一般场序要设置成无场，否则会出现从上到下或者从下到上的扫描线。

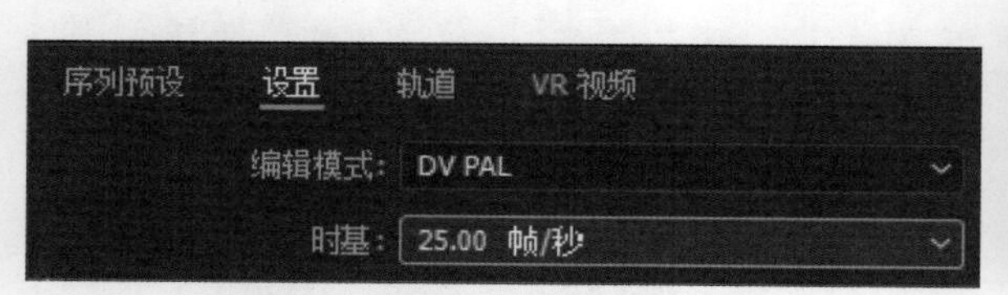

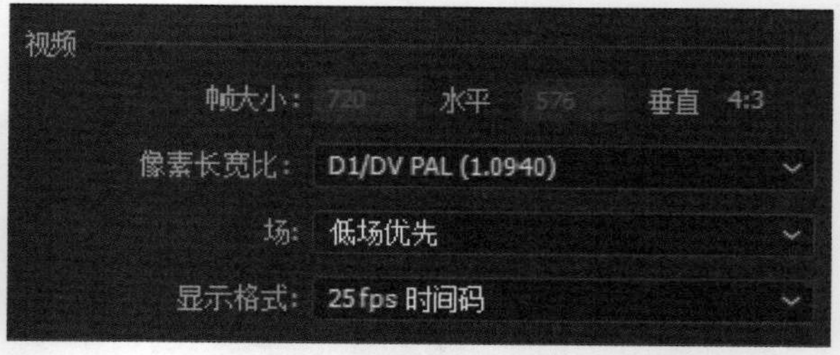

在“音频”选项区域中，可以设置音频采样率，“采样率”选择的数值越高，声音越清晰；而“显示格式”默认选择“音频采样”选项，如下左图所示。视频预览模式设置的是剪辑过程中视频预览的画面参数，包括渲染模式和渲染编码等等，如下右图所示。

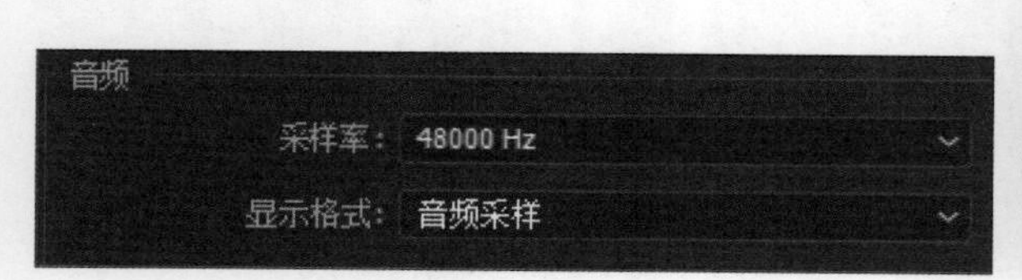

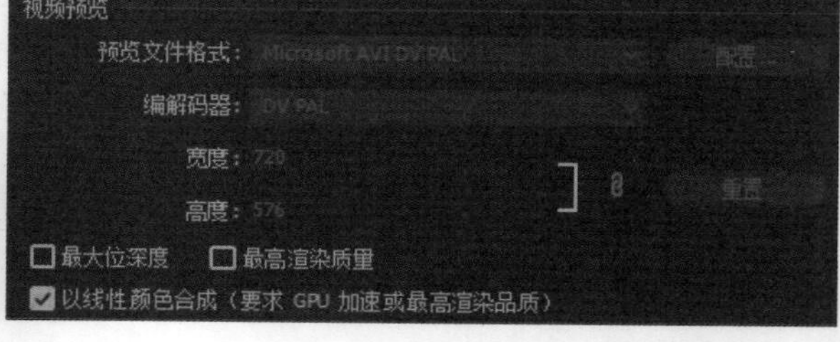

在影片剪辑过程中，也有可能用到多个序列。要创建多个序列，则用户只需在“项目”面板的空白处右击，然后执行“新建>序列”命令，打开“新建序列”对话框，进行相应的参数设置，即可新建一个完

全不同的序列，从而满足视频编辑要求。序列只是工程文件，并不是实际导出效果。要想查看实际导出效果，则需执行“文件>导出>媒体”操作，序列影响的只是用户的剪辑体验，而非最终效果。

2.3 导入素材

在影片的剪辑过程中，需要导入各种素材以丰富作品内容。一般导入素材的方法是执行“文件>导入”命令，通过弹出的“导入”对话框导入素材。在实际操作中，用户也可以直接在“项目”面板的空白处双击，来打开“导入”对话框进行素材的导入。

2.3.1 可导入素材的类型

打开“导入”对话框后，用户可在文件夹中浏览并添加导入的素材文件。单击“文件”右侧的“所有支持的媒体”下拉按钮，如下左图所示。可看到Premiere所支持的导入素材的文件类型，如下右图所示。

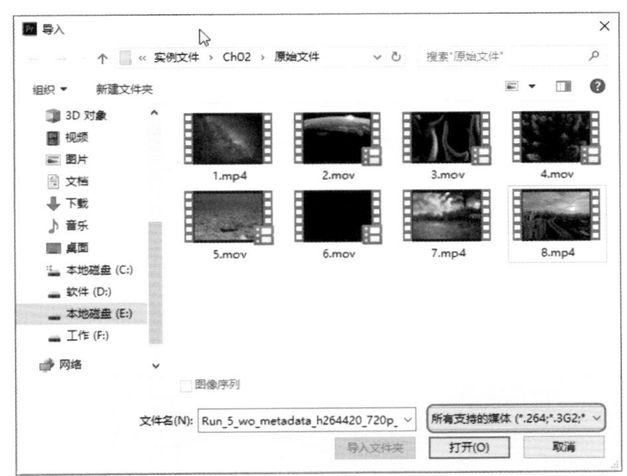

AAF (*.AAF)
ARRIRAW 文件 (*.ARI)
AVI 影片 (*.AVI)
Adobe After Effects 文本模板 (*.AECAP)
Adobe After Effects 项目 (*.AEP;*.AEPX;*.aep;*.aepx)
Adobe Audition 轨道 (*.XML)
Adobe Illustrator 文件 (*.AI;*.EPS)
Adobe Premiere Pro 项目 (*.PRPROJ)
Adobe Title Designer (*.PRTL;*.PTL)
Adobe 声音文档 (*.ASND)
CMX3600 EDL (*.EDL)
Canon RAW (*.RMF)
Character Animator 项目 (*.chproj)
Cinema DNG 文件 (*.DNG)
Cineon/DPX 文件 (*.CIN;*.DPX)
CompuServe GIF (*.GIF)
EBU N19 字幕文件 (*.STL)
Final Cut Pro XML (*.XML)
JPEG 文件 (*.JFIF;*.JPE;*.JPEG;*.JPG)
MP3 音频 (*.MP3;*.MPA;*.MPE;*.MPEG;*.MPG)
MPEG 影片 (*.264;*.3GP;*.3GPP;*.AAC;*.AC3;*.AVC;*.F4V;*.M1A;*.
MXF (*.MXF)
MacCaption VANC 文件 (*.MCC)
Macintosh 音频 AIFF (*.AIF;*.AIFF)
OpenEXR (*.EXR;*.MXR;*.SXR)
PNG 文件 (*.PNG)
Photoshop (*.PSD)
QuickTime 影片 (*.3G2;*.3GP;*.M4A;*.M4V;*.MOV;*.MP4;*.QT)
RED R3D Raw File (*.R3D)

在导入的素材文件类型中，有静态图片格式，如jpeg、png等；也有大多数的影片格式，如avi、mov、mp4等；以及声音文件格式，如mp3、wma等；此外，还有psd、ai等含有图层的文件格式。

2.3.2 素材编排与归类

素材的编排与归类包括对素材文件进行解释、查找、重命名以及文件夹创建等分类管理，本节将详细介绍素材编排与归类的具体内容和操作方法。

1. 解释素材

对于项目的素材文件，用户可以通过解释素材来修改其属性。在“项目”面板中的素材上单击鼠标右键，在弹出的快捷键菜单中选择“修改>解释素材”命令，弹出“修改剪辑”对话框，如下左图所示。

2. 查找素材

在Premiere CC中，用户可根据素材的名称、属性或标签等在“项目”面板中搜索素材，从而找到所有文件名称或格式相同的素材。在“项目”面板中的空白处单击鼠标右键，在弹出的快捷菜单中选择“查找”命令，即可弹出“查找”对话框，如下右图所示。

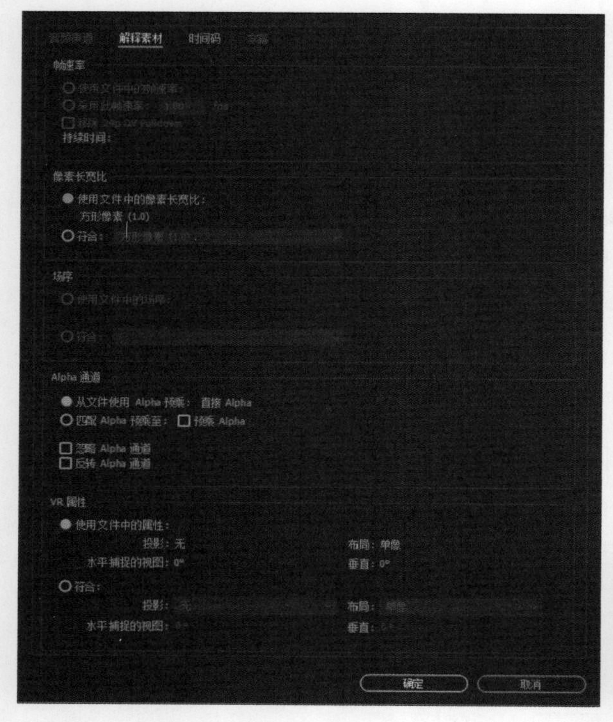

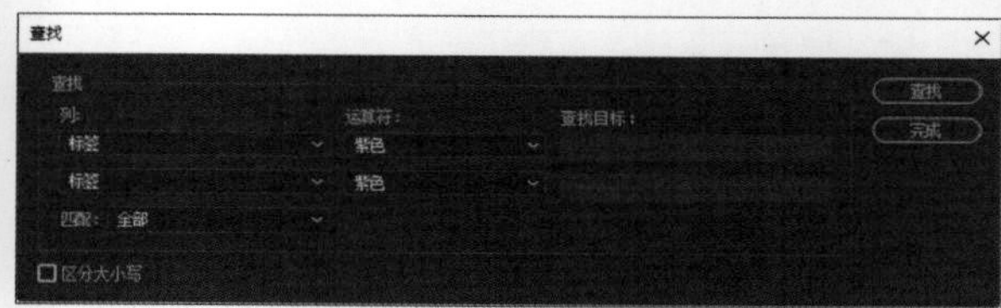

3. 重命名素材

在“项目”面板中的素材上单击鼠标右键，在弹出的快捷菜单中选择“重命名”命令，便可对素材名称进行修改，如下左图所示。

4. 利用素材箱组织素材

在Premiere CC中，用户可以在“项目”面板建立一个素材箱（文件夹）来管理素材。使用素材库，可以将素材分门别类地组织起来，这在组织包含大量素材的复杂节目中非常实用，如下右图所示。

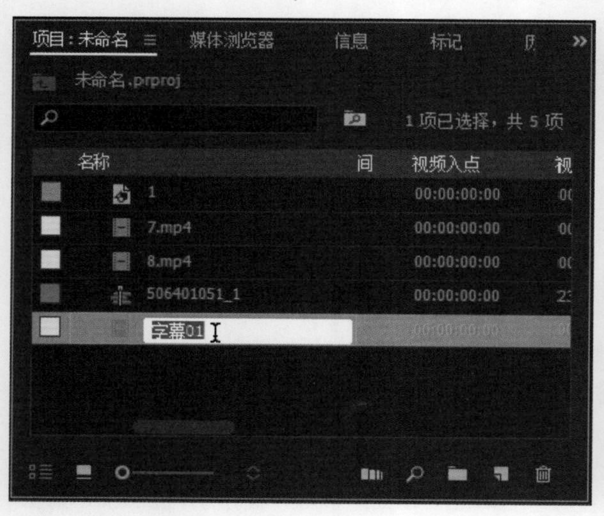

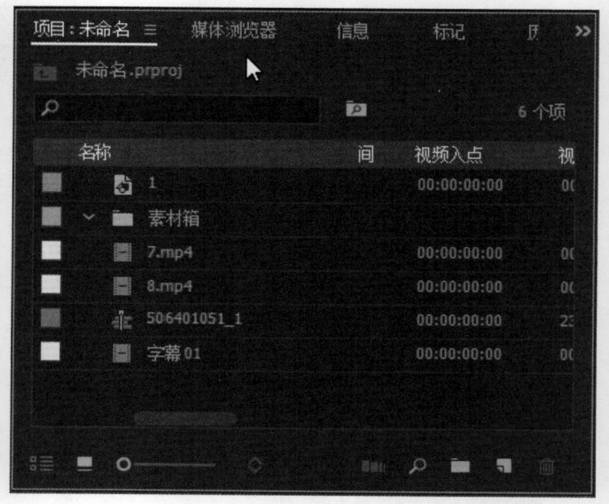

5. 标记素材

标记是一种辅助性的工具，其主要功能是方便用户查找和访问特定的时间点。Premiere CC可以设置序列标记、Encore章节标记和Flash提示标记。在“标记”菜单下，可以设置素材的入点与出点，如下左图所示。章节标记，如下右图所示。除此之外还有许多标记类型，可供用户添加。

如果用户在使用标记过程中发现有不需要的标记，可以将其删除。即在时间线面板中的标尺上单击鼠标右键，在弹出的快捷菜单中选择“清除所有标记”命令，即可将“时间线”面板中的所有标记清除。

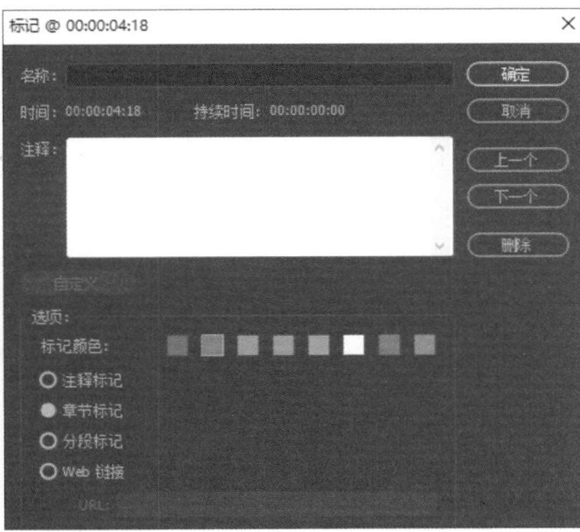

6. 离线素材

在对源文件进行重命名或者移动位置后，系统会提示找不到原素材，如下图所示。此时可建立一个离线文件进行替代，操作方法是找到所需文件后，用该文件替换离线文件即可进行正常编辑。离线素材具有与源文件相同的属性。

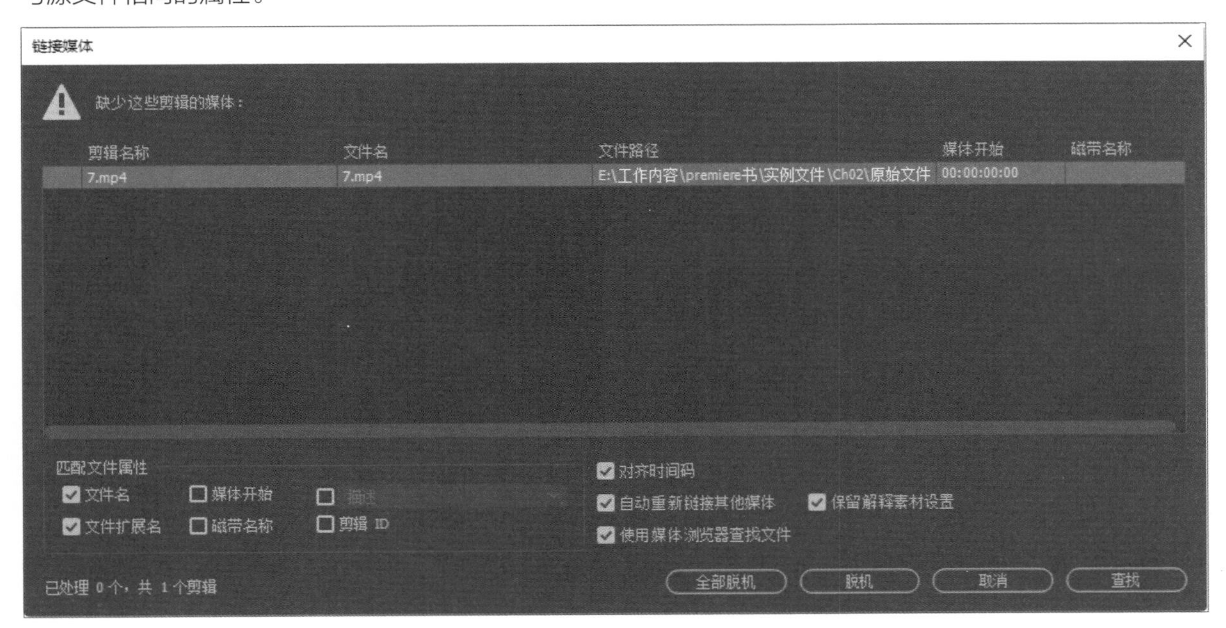

选择“项目”面板中需要脱机的素材，执行“脱机”命令，在弹出的“设为脱机”对话框中选择所需的选项，即可将所选择的素材文件设置为脱机，如右图所示。

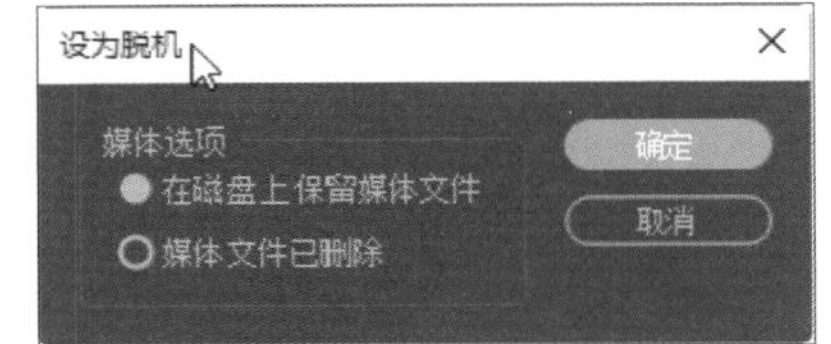

2.3.3 创建新素材

在Premiere CC中，除了运用导入的素材，还可以创建一些新的素材元素来丰富我们的影片。

1. 彩条与黑场视频

在Premiere CC中，用户可以在影片中创建一段彩条或黑场。彩条一般放在片头，其作用是测试各种颜色是否正确。黑场视频一般加在片头或两个素材之间，目的是增加转场效果，使衔接过渡更为自然。

在“文件”菜单中执行“新建>彩条”或“黑场视频”命令，即可创建彩条，如下左图所示。黑场视频如下右图所示。

2. 颜色遮罩

在Premiere CC中，用户可以在影片中创建一个彩色蒙版，在视频编辑中将颜色遮罩当做背景，也可以利用“透明度”命令来设定与其相关色彩的透明度。

执行“文件>新建>颜色遮罩”命令，即可打开“新建颜色遮罩”对话框，如下左图所示。对相应的参数进行设置，并单击“确定”按钮，在弹出的“拾色器”对话框中选择相应的颜色，单击“确定”按钮，即可创建颜色遮罩，如下右图所示。

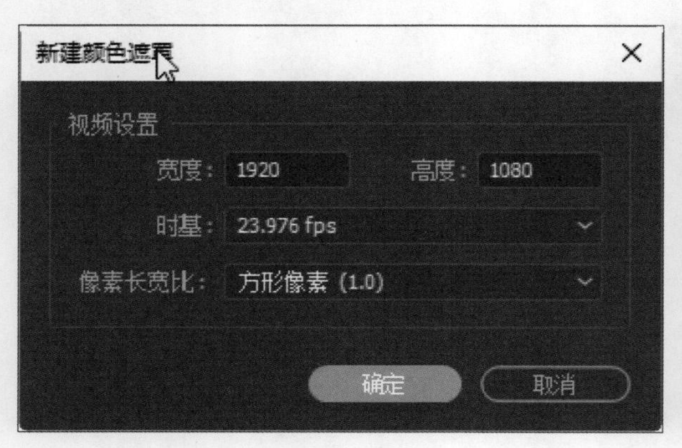

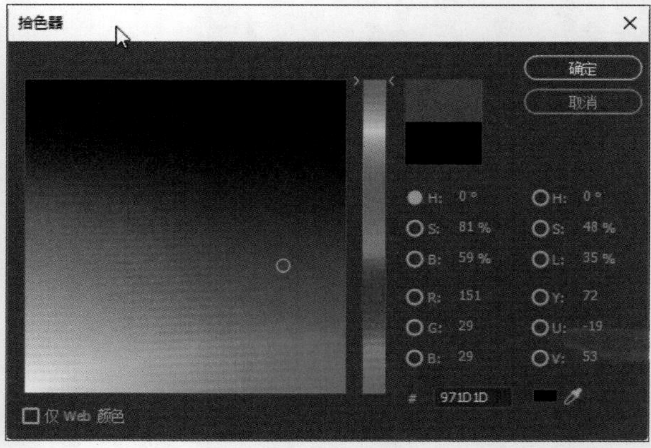

3. 透明视频

在Premiere CC中，用户可以在影片中创建一个透明的视频层，从而应用特效到一系列的影片剪辑中而无需重复地复制和粘贴属性。即只要应用一个特效到透明视频轨道上，特效结果将自动出现在下面所有视频轨道中。

在“文件”菜单列表中选择“新建>透明视频”命令，在打开的“新建透明视频”对话框中对其参数进行设置后，单击“确定”按钮，即可创建透明视频。

4. 通用倒计时片头

倒计时片头是视频短片中经常使用的开场方式，常用来提醒观众集中注意力观看短片。在Premiere CC中，可以方便地创建数字倒计时片头动画，并对其进行画面效果的设置，还可以随时对其修改。

在“文件”菜单列表中选择“新建>通用倒计时片头”命令，打开“新建通用倒计时片头”对话框，并对其参数进行设置，如下左图所示。单击“确定”按钮，打开“通用倒计时设置”对话框，如下右图所示。

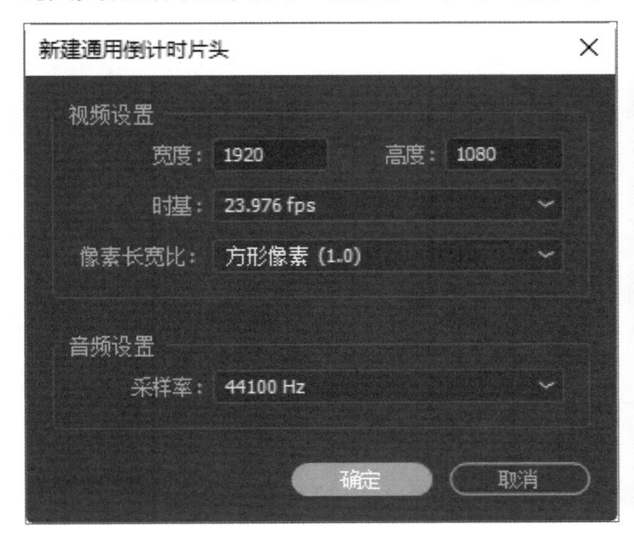

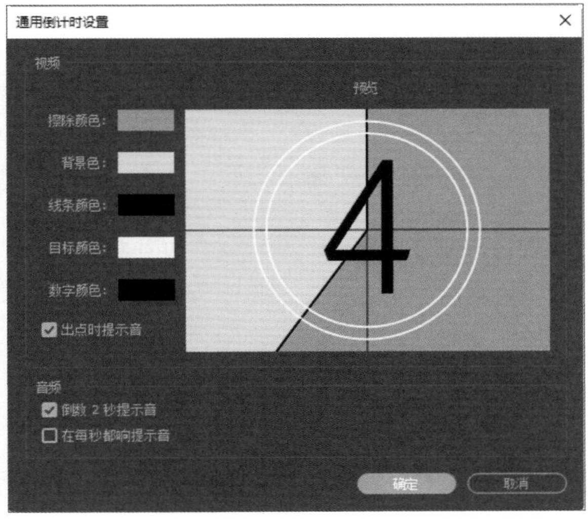

在“通用倒计时”对话框中，用户可对“擦除颜色”、“背景色”、“线条颜色”、“目标颜色”和“数字颜色”等颜色进行设置，也可勾选“在每秒都响提示音”复选框。单击“擦除颜色”后面的色块，在弹出的“拾色器”对话框中设置相应的颜色，如下左图所示。设置完成后，可观看播放效果，如下右图所示。

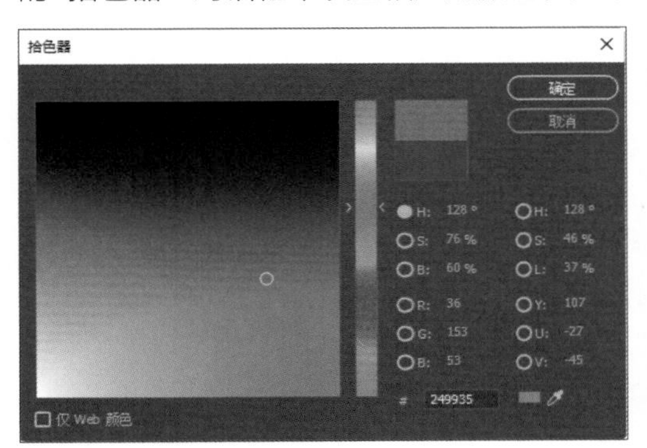

2.4 编辑素材

导入素材后，接下来应在“时间线”面板中对素材进行编辑操作。编辑素材是使用Premiere编辑影片的主要内容，包括设置素材入点与出点、插入和覆盖素材、切割素材、提取与分离素材以及修改素材的播放速率等。

2.4.1 设置素材的入点和出点

在素材中，开始帧的位置是入点、结束帧的位置是出点。“源”监视器面板中入点与出点范围之外的东西与原素材分离开来，在时间线中，这一部分将不会再出现。改变入点与出点的位置就能改变素材在时间线上的长度，具体操作如下。

步骤 01 在“项目”面板中双击素材，被双击的素材会在“源”监视器面板中打开，如下左图所示。

步骤 02 在“源”监视器面板中按空格键或者拖动时间标记来浏览素材，找到开始的位置，如下右图所示。

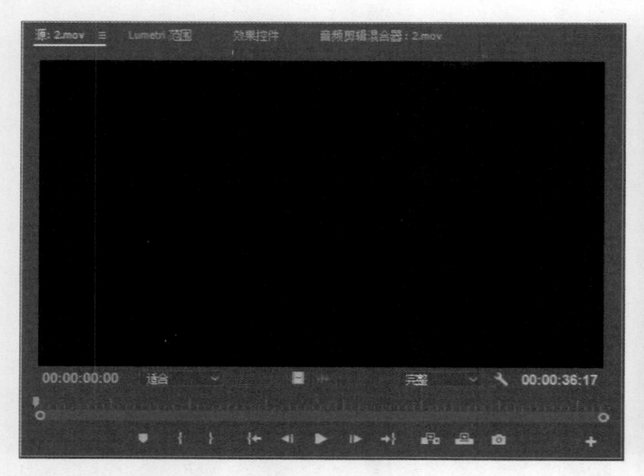

步骤 03 单击“标记入点”按钮，入点位置的左边颜色不变，右边变成灰色，如下左图所示。

步骤 04 浏览影片找到结束的位置，单击“标记出点”按钮，出点位置左边保持灰色不变，出点位置右边不变，如下右图所示。

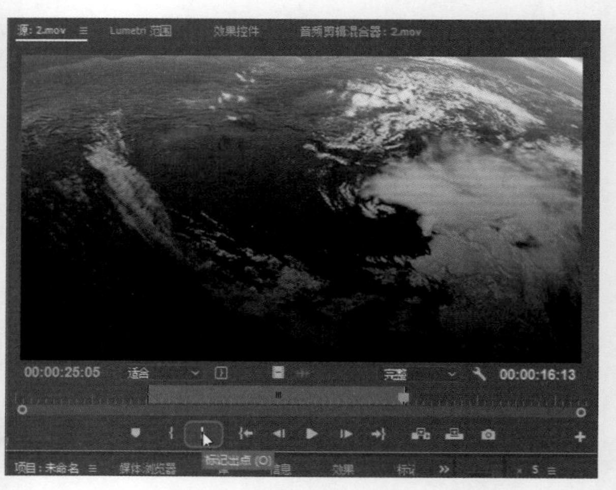

步骤 05 素材的入点与出点设置完成，将“源”监视器面板中的素材画面拖曳到时间线上，在时间线上显示的长度就是在“源”监视器面板设置完入点与出点的灰色部分，如右图所示。

步骤 06 在设置入点与出点的时候，还有一个快捷方式，就是用鼠标右键单击时间标记❶，在弹出的快捷菜单中选择“标记入点”、“标记出点”命令❷，即可快速添加入点与出点，如下图所示。

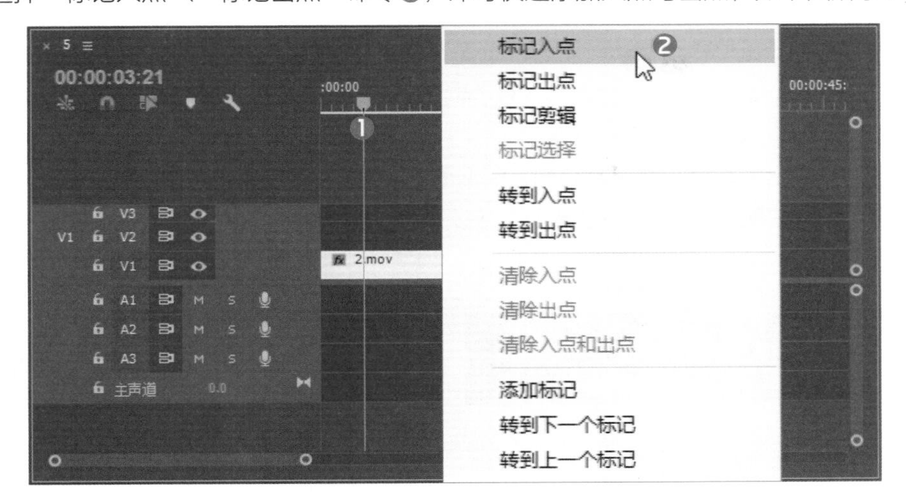

2.4.2 插入和覆盖素材

在影片剪辑中，经常需要执行插入或覆盖操作。用户可以从“项目”面板和“源”监视器面板中将素材放入“时间线”面板。

“插入”按钮和“覆盖”按钮可以将“源”监视器面板中的片段直接置入“时间线”面板的时间标记位置的当前轨道上。

1. 插入素材

使用“插入”工具插入片段时，凡是处于时间标记之后的素材都会向后推移。如果时间标记位于轨道中的素材之上，插入新的素材会把原有素材分为两段。若不想分为两段，则用户可直接将素材插在其中，原有素材的后半部分便会向后推移，接在新素材之后，具体操作方法如下。

在“源”监视器面板中选中要插入“时间线”面板中的素材，并为其设置入点与出点。在“时间线”面板中将时间标记移动到需要插入素材的时间点，如下左图所示。

单击“源”监视器面板下方的“插入”按钮，将选择的素材插入“时间线”面板中，新素材便会直接插入其中。把原有的素材分为两段，原有素材的后半部分会向后移，衔接在新素材之后，如下右图所示。

2. 覆盖素材

使用“覆盖”工具覆盖素材时，插入的素材会将时间标记后面原有的素材覆盖。首先在“源”监视器面板中选中要插入“时间线”面板中的素材，并为其设置入点与出点。在“时间线”面板中将时间标记移动到需要插入素材的时间点，如下左图所示。

然后单击“源”监视器面板下方的“覆盖”按钮，将选择的素材插入“时间线”面板中，加入的新素材便覆盖了原有的素材，如下右图所示。

2.4.3 切割素材

在“时间线”面板中，新添加的素材需要进行分割才能开展后续的操作，用户可以使用剃刀工具对素材进行切割操作。单击“剃刀工具”按钮后，单击“时间线”面板上的素材片段，在哪里单击就从哪里将素材裁切开。当裁切点靠近时间标记时，裁切点会被吸到时间标记所在的地方，素材便会从时间标记处裁切开，如下左图所示。

如果要将多个轨道上的素材在同一点分割，则需同时按住Shift键显示多重刀片，轨道上所有未锁定的素材都在该位置被分割成两段，如下右图所示。

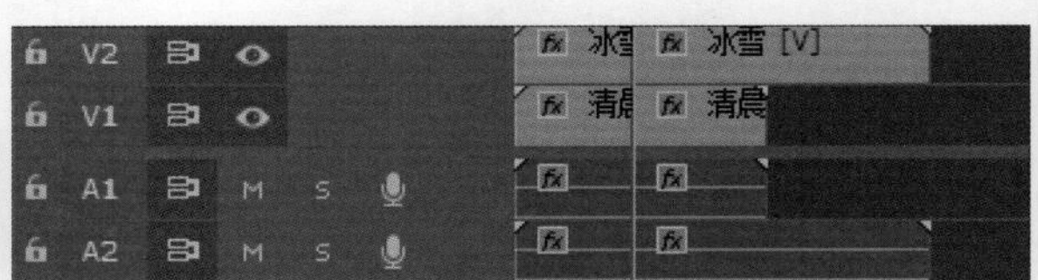

2.4.4 提升和提取素材

单击“提升”按钮或“提取”按钮，可以在“时间线”面板的指定轨道上删除指定的一段节目。该操作与插入或覆盖操作很像，但是这两组按钮功能差别很大。提升和提取只能在节目监视器面板中操作，在“源”监视器面板中没有“提升”和“提取”按钮。

1. 提升素材

使用提升工具修改影片时，只会删除目标轨道上选定范围内的素材片段，对其前、后的素材及其他轨道上的素材位置不会产生影响。首先在“节目”监视器面板中，为素材需要提取的部分设置入点与出点，如下左图所示。

然后在“时间线”面板中选择提升素材的目标轨道，单击“节目”监视器面板下方的“提升”按钮，入点与出点之间的素材将被删除，如下右图所示。

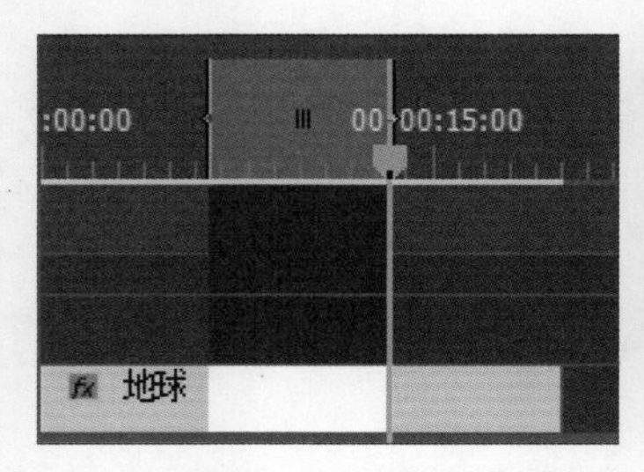

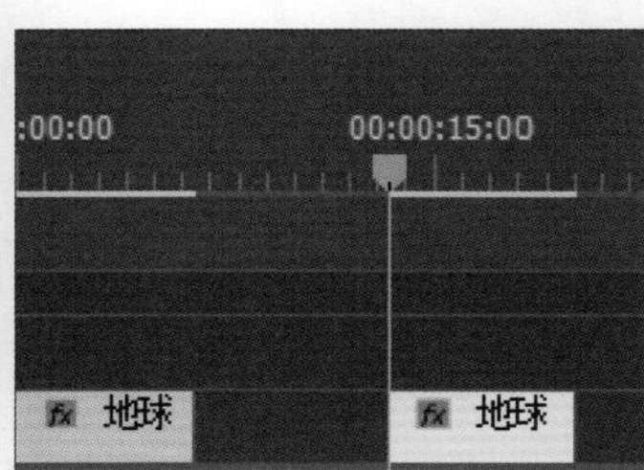

2. 提取素材

使用提取工具修改影片时，会删除目标轨道上选定范围内的素材片段，其后面的素材自动前移，填补空缺。此外，其它未锁定轨道中位于该选择范围内的片段也会被一并删除并将其后面的素材前移，具体操作步骤如下。

步骤 01 在“节目”监视器面板中，为素材需要提取的部分设置入点与出点，如右图所示。

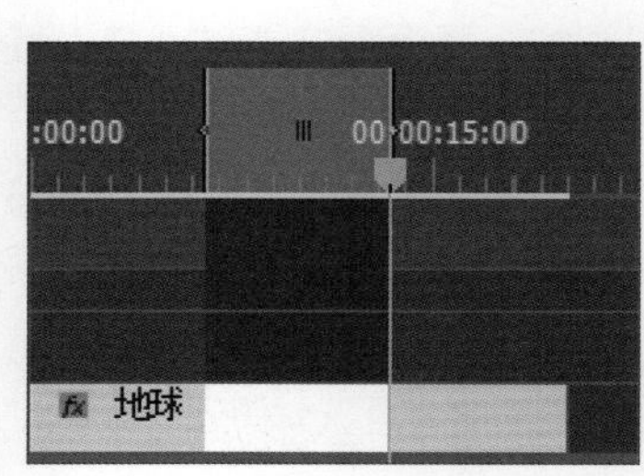

步骤 02 在“时间线”面板中选择提取素材的目标轨道。单击“节目”监视器面板下方的“提取”按钮，则入点与出点之间的素材被删除，其后面的素材自动前移填补空缺，如下图所示。

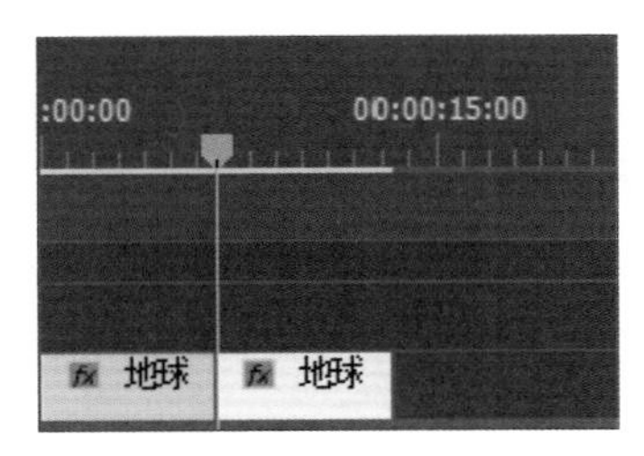

2.4.5 分离和链接素材

使用分离和链接素材操作，可以将素材中的视频和音频进行分离并单独操作，也可以链接在一起进行成组操作。

分离素材时，首先要在“时间线”面板中选中需要分离的音频或视频素材，单击鼠标右键❶，在弹出的快捷菜单中选择“取消链接”命令❷，如下左图所示。即可将该素材的视频和音频分离。

链接素材操作与分离素材操作类似，即在“时间线”面板中选中需要进行链接的音频或视频素材❶，单击鼠标右键，在弹出的快捷菜单中选择“链接”命令❷，如下右图所示。随即该素材的视频和音频便被链接在一起。

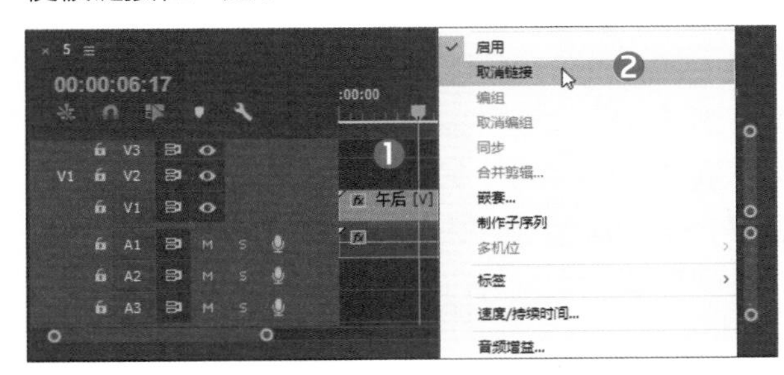

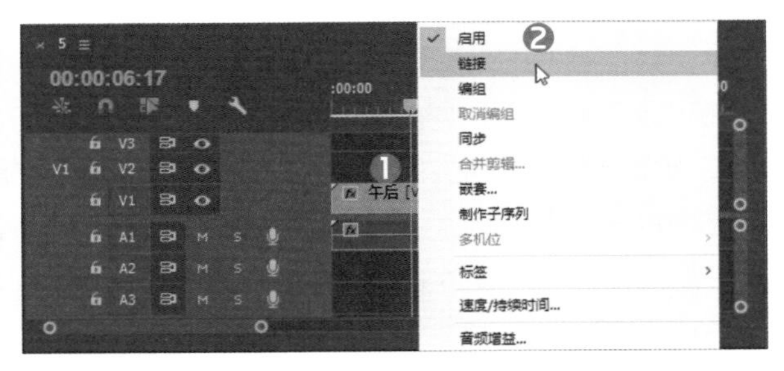

2.4.6 修改素材的播放速率

在编辑素材的过程中，用户可以使用比率拉伸工具来修改其播放速率来加快或者放慢一些内容。首先在“波纹编辑工具”按钮上长按，在弹出的子菜单中选择“比率拉伸工具”按钮，即可调出该工具。

单击“比率拉伸工具”按钮，将光标放到“时间线”面板轨道中一个片段的开始或者结尾处，当光标变成下左图所示的双箭头与红色中括号的组合图标时，按下鼠标左键向左或向右拖动，可使该片段缩短或延长。该片段的入点与出点不变，当片段缩短时，播放速率加快，反之则变慢，如下右图所示。

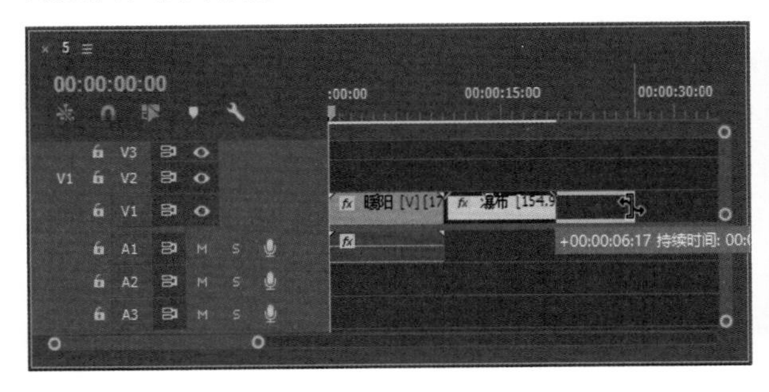

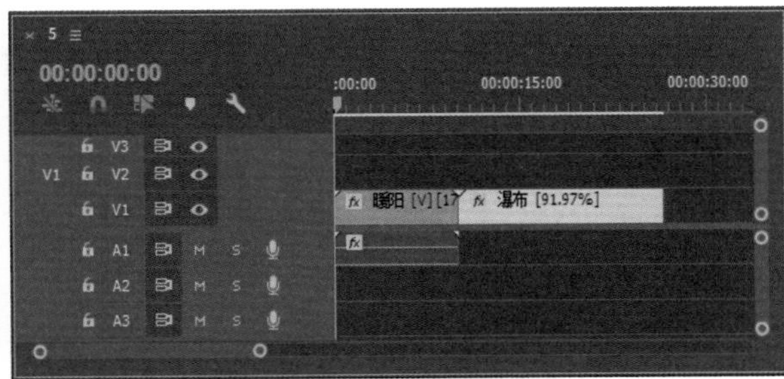

在修改片段播放速率时，还有一种更加精确的方法，即选中轨道中一段素材并右击❶，在弹出的快捷菜单中选择“速度/持续时间”命令❷，如下左图所示。在弹出的“剪辑速度/持续时间”对话框中进行调节，如下右图所示。

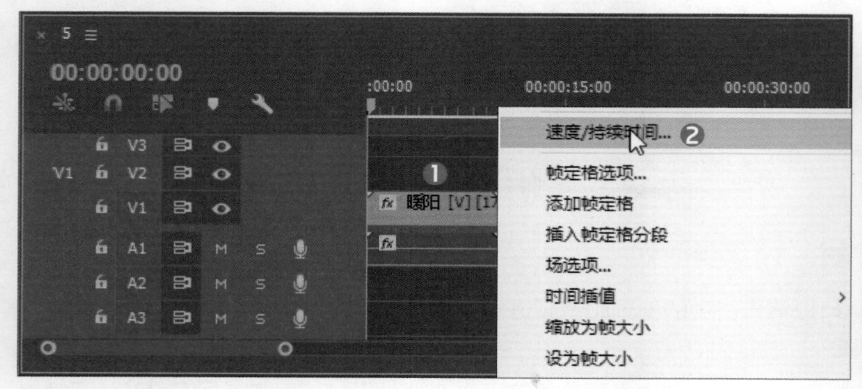

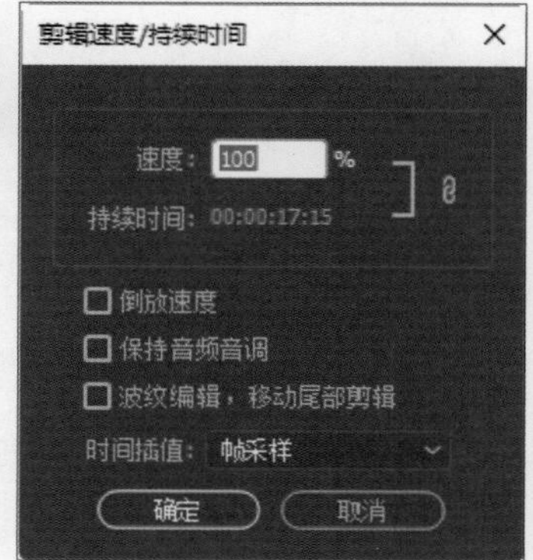

知识延伸：视频编辑中的常用术语

了解视频编辑中的常用术语可以更好地帮助我们学习使用Premiere进行视频编辑操作。传统的视频编辑手段是源片从一端进来，接着作标记、剪切和分割，然后从另一端出去。这种编辑方式被称为线性编辑，因为录像带必须按照顺序编辑。所谓非线性编辑，是以电脑为载体，通过数字技术，完成传统制作工艺中包括编辑控制台、调音机、切换台、实际校准器等，在内的十几套机器才能完成的影视后期编辑合成，以及特技制作任务。而且完成编辑后可以方便快捷地随意修改而不损害图像的质量。虽然在处理手段上运用了数字技术，但是非线性编辑与线性编辑还是密切相关的。

此外，视频编辑中的常见术语还有以下几个。

- **场**：电视信号扫描一般为隔行扫描，扫描一次构成一个场。
- **上场优先**：就是奇场优先。
- **下场优先**：就是偶场优先。
- **帧**：在视频或动画中的单个图像。
- **帧/秒（帧速率）**：每秒被捕获的帧数或每秒播放的视频或动画序列的帧数。
- **关键帧**：一个在素材中特定的帧，它被标记是为了特殊编辑或控制整个动画。创建一个视频时，在需要大量数据传输的部分指定关键帧有助于控制视频回放的平滑程度。
- **动画**：通过迅速显示一系列连续图像而产生动作的模拟效果。
- **转场效果**：一个视频剪辑代替另一个视频剪辑的切换过程。
- **导入**：将一组数据或文件从一个程序置入另一个程序的过程。文件一旦被导入，数据将被改变，以适应新的程序而不改变源文件。
- **导出**：这是在应用程序之间分享文件的过程。导出文件时，要使数据转换为接收程序可以识别的格式，源文件保持不变。
- **渲染**：将各种编辑对象及特效组合成单个文件的过程。

上机实训：制作相册视频剪辑

学习完软件入门的相关知识后，用户应当对视频剪辑的基本操作有了一定的了解，下面通过制作相册视频剪辑的案例操作，巩固所学的知识，具体操作如下。

步骤 01 启动Premiere CC软件，直接按下Ctrl+Alt+N组合键，打开“新建项目”对话框，将文档命名为“相册视频剪辑”，单击“确定”按钮，即可新建文件，如下左图所示。

步骤 02 再按下Ctrl+N组合键，打开“新建序列”对话框，设置项目序列参数，如下右图所示。

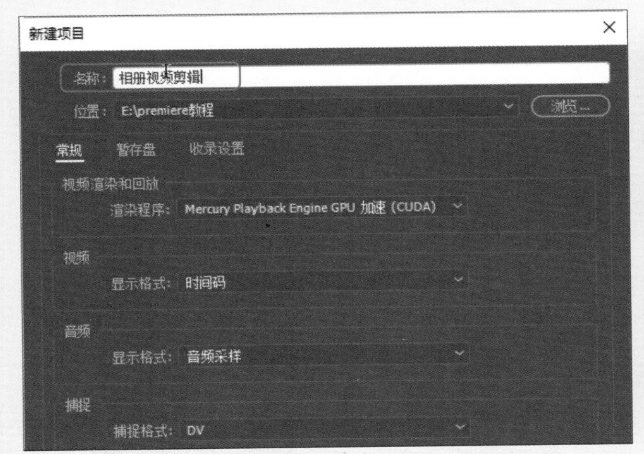

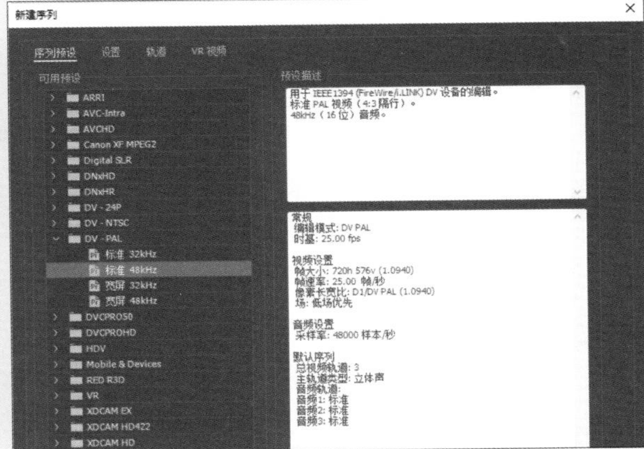

步骤 03 执行“文件>导入”命令，将“静物相册”素材文件夹中的图片和音频导入到“项目”面板中，在“项目”面板中选择所有的图像素材❶，执行“剪辑❷>速度/持续时间❸”命令，如下左图所示。

步骤 04 用户可根据需要在打开的“剪辑速度/持续时间”对话框中对图像素材的展示时间进行调整，如下右图所示。

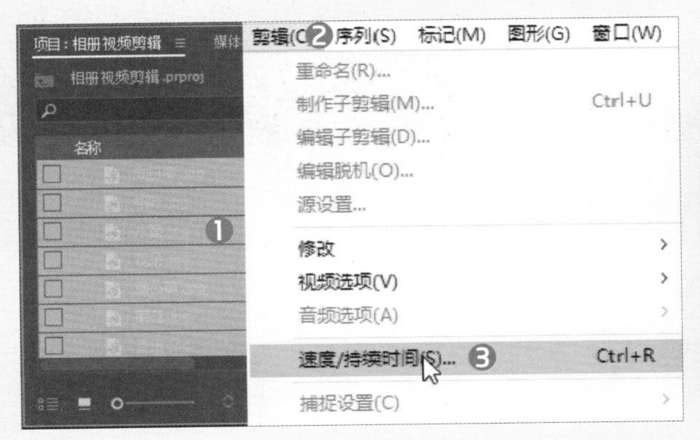

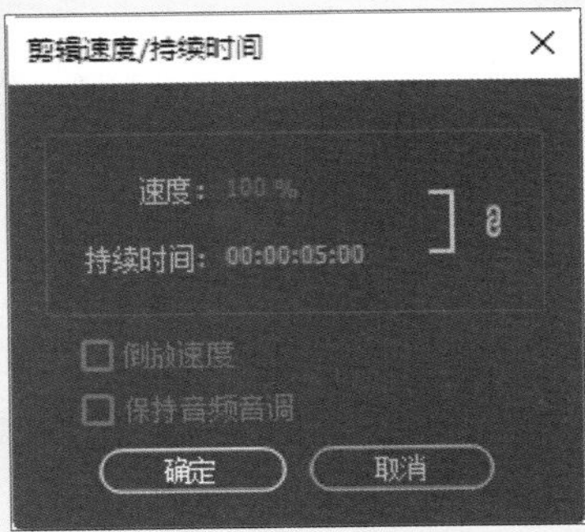

步骤 05 将“项目”面板中的“花朵.jpg”图像素材拖曳到时间轴面板中V1轨道上的开始位置，如右图所示。

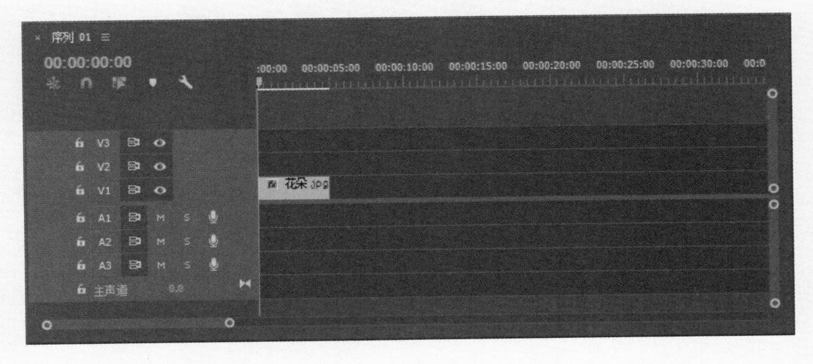

步骤 06 同样的方法将其他图像素材拖曳到时间轴面板的V1轨道上，或者选中“项目”面板中的第一个文件素材，同时按住Shift键，再选中最后一个图片素材，同时将所有素材放入“时间轴”面板的V1轨道中。将素材对齐到“花朵.jpg”的出点位置，如下图所示。

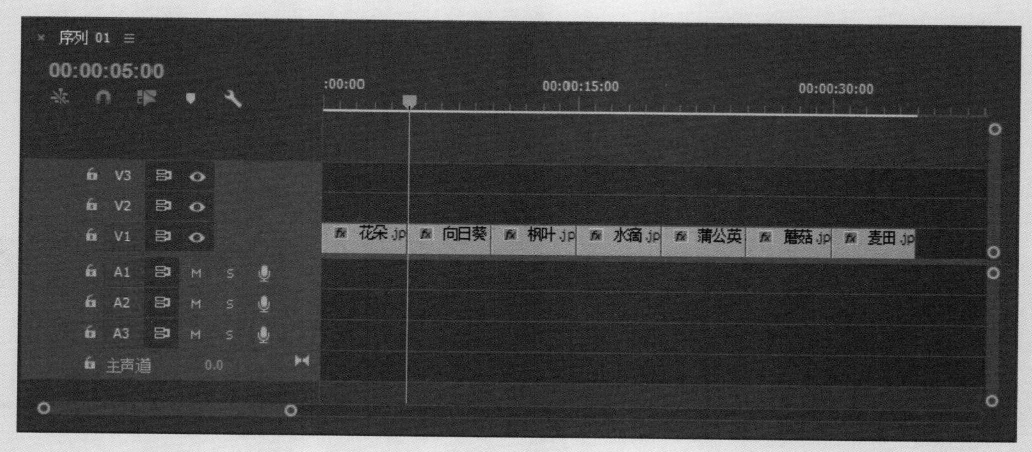

步骤 07 打开节目监视器面板，在00:00:00:00处❶单击“标记入点”按钮❷，即可为视频添加入点，如下左图所示。

步骤 08 在00:00:35:00处❶单击“标记出点”按钮❷，即可为视频添加出点，如下右图所示。

步骤 09 完成操作后查看时间轴面板上的效果，如下图所示。

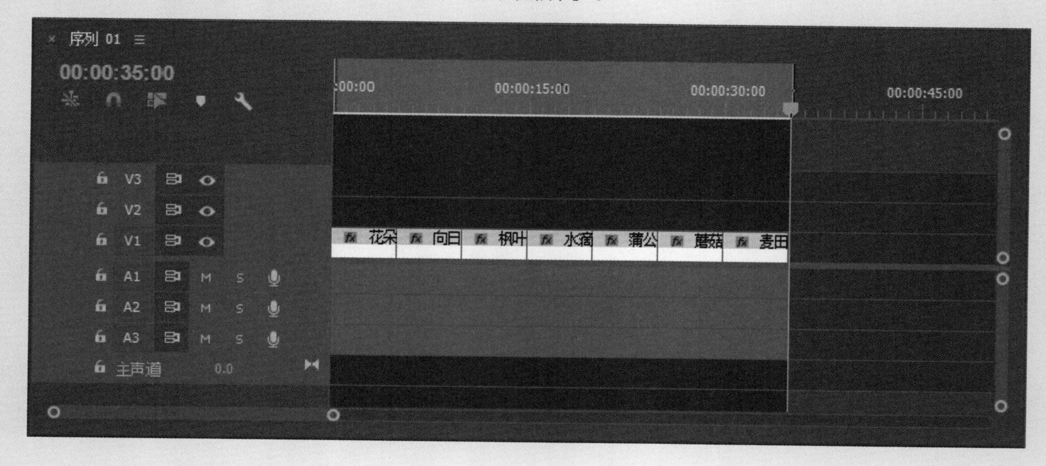

步骤 10 将“项目”面板中的“背景音乐.mp3”音频素材拖曳到时间轴面板中A1轨道上的开始位置，与V1轨道中的视频入点对齐，如下图所示。

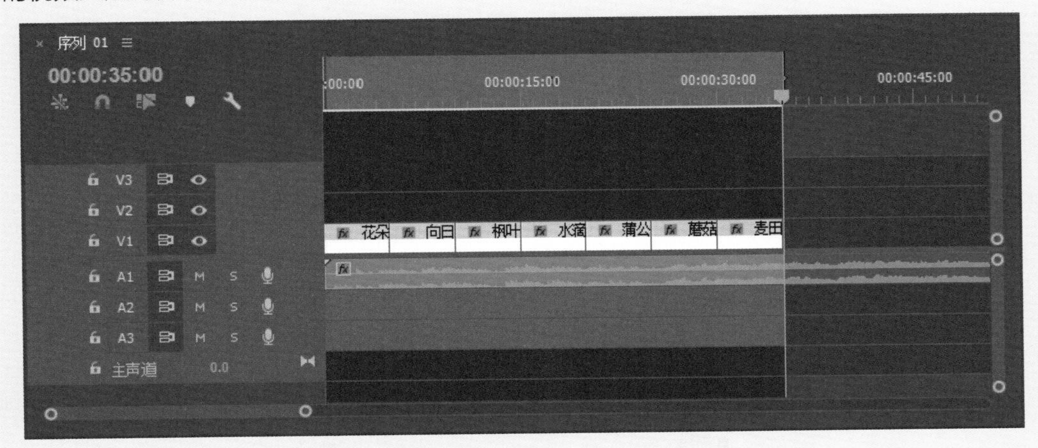

步骤 11 单击“剃刀工具”按钮，对齐V1轨道上视频的出点标记，将A1轨道上的“背景音乐.mp3”剪开，如下图所示。

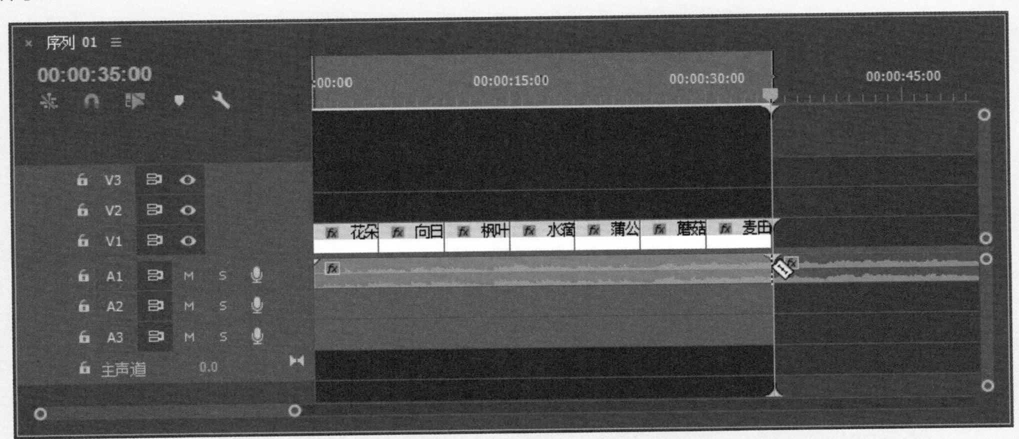

步骤 12 单击“选择工具”按钮后，单击时间A1轨道上指示器右侧的音频素材，即可选中该素材，如下图所示。

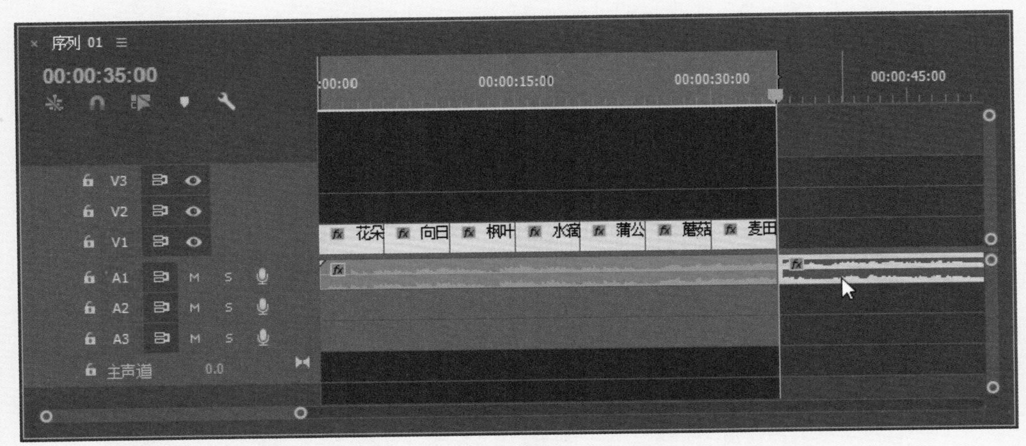

步骤13 选中素材后，执行“编辑❶>清除❷”命令，或是在时间轴面板上单击鼠标右键，选择“清除”命令，删除所选素材，如下图所示。

编辑(E)❶ 剪辑(C) 序列(S) 标记(M) 图形(G) 窗口(W)
撤消(U) Ctrl+Z
重做(R) Ctrl+Shift+Z
剪切(T) Ctrl+X
复制(Y) Ctrl+C
粘贴(P) Ctrl+V
粘贴插入(I) Ctrl+Shift+V
粘贴属性(B)... Ctrl+Alt+V
删除属性(R)...
清除(E) ❷ Backspace
波纹删除(T) Shift+删除
重复(C) Ctrl+Shift+/
全选(A) Ctrl+A
选择所有匹配项
取消全选(D) Ctrl+Shift+A
查找(F)... Ctrl+F
查找下一个(N)
标签(L) >
移除未使用资源(R)
团队项目 >
编辑原始(O) Ctrl+E
在 Adobe Audition 中编辑 >
在 Adobe Photoshop 中编辑(H)

步骤14 至此，本案例制作完成，单击“播放-停止切换”按钮▶或按Space键，即可预览影片效果，如下图所示。

课后练习

1. 选择题

（1）Premiere的菜单栏中包括文件、编辑、__________、序列、标记、图形、窗口和帮助8个主菜单。

A. 项目　　B. 图像　　C. 剪辑　　D. 视频

（2）在导入的素材文件中，以下__________文件类型是Premiere CC不支持的。

A. avi　　B. psd　　C. mkv　　D. jpg

（3）在Premiere CC中，我们可以在影片中创建一个__________，从而应用特效到一系列的影片剪辑中而无需重复地复制和粘贴属性。

A. 颜色遮罩　　B. 黑场视频　　C. 彩条　　D. 透明图层

（4）使用__________，可以通过拖动素材的出点来改变素材的长度，而相邻的素材长度不变，项目片段的总长度改变。

A. 剃刀工具　　B. 波纹编辑工具　　C. 外滑工具　　D. 钢笔工具

2. 填空题

（1）在__________面板中，可以按照时间顺序排列和连接各种素材，实现对素材的剪辑、插入、复制、粘贴等操作，也可以叠加图层、设置动画的关键帧以及合成效果等。

（2）使用__________工具，可改变一段素材的入点与出点，保持其总长度不变，且不会影响相邻的其它素材。

（3）如果要修改某一段素材的播放速率，应该使用__________工具。

（4）使用__________工具插入片段时，凡是处于时间标记之后的素材都会向后推移。如果时间标记位于轨道中的素材之上，插入新的素材会把原有素材分为两段，可直接插在其中，原有素材的后半部分会向后推移，接在新素材之后。

3. 上机题

打开“城市风光”素材文件，利用本章所学知识，制作一个城市风光主题的影片剪辑。效果在光盘文件中的位置：实例文件\Ch02\最终文件\城市风光.mp4。

操作提示

1. 用户可以运用本章所学的文件操作，打开素材文件并在制作完成后将项目文件保存为MP4格式。
2. 使用剃刀工具进行素材的分割，使用“速度/持续时间”命令来控制素材展示的时间长度。

Chapter 03 调色、合成和抠像

本章概述

在Premiere中，系统内置视频效果分类较多，且每个分类下面还包括众多的子视频效果。这些系统内置的视频效果不仅可以调整画面颜色、对图像进行控制，甚至可以进行视频合成或抠像等操作。

核心知识点

❶ 熟悉画面颜色的调整操作
❷ 了解合成的概念
❸ 掌握视频合成的方法
❹ 掌握抠像的方法

3.1 调色

调色主要是对视频素材的各项颜色属性进行调整，使画面颜色的整体效果、鲜艳程度、亮度等达到编辑需要。调整画面颜色的视频效果主要位于“调整”组、“通道”组、“色彩校正”组和“图像控制”组中。下面分别对其进行简要介绍。

3.1.1 “调整”视频特效组

“调整”视频特效组一共包含了5种特效，是使用非常普遍的一类特效。这类特效可以调整素材的颜色、亮度、质感等，在实际应用中，主要用于修复原始素材的偏色及曝光不足等方面的缺陷，也可以通过调整素材的颜色或亮度来制作特殊的色彩效果。“调整”视频特效组如下图所示。

1. ProcAmp视频特效

ProcAmp视频特效是“调整”组中最常用的特效，可以对素材的亮度、对比度、色相和饱和度进行整体控制，同时也是最简单、最方便的调色工具。原始素材效果如下左图所示。为素材应用ProcAmp视频特效后，效果如下右图所示。

2. “光照效果”视频特效

“光照效果”视频特效可以使图像产生三维造型效果或光线照射效果，从而为图像添加特殊的光线。原始素材效果如下左图所示。为素材应用“光照效果”视频特效后，效果如下右图所示。

3. “卷积内核”视频特效

“卷积内核”视频特效是通过改变每一个像素的颜色和亮度值来改变图像的质感。原始素材的效果如下左图所示。为素材应用“卷积内核”视频特效后，素材的显示效果如下右图所示。

4. “提取”视频特效

“提取”视频特效可以提取画面的颜色信息，通过控制像素的灰度值来将图像转换为灰度模式显示。原始素材为彩色图像，效果如下左图所示。为素材添加“提取”视频特效后，画面效果如下右图所示。

5.“色阶”视频特效

“色阶”特效是通过将图像的各个通道的输入颜色级别范围重新映像到一个新的输出颜色级别范围，从而改变画面的质感，该特效与Photoshop中的同名滤镜的作用及使用方法相同。原始素材为彩色图像，如下左图所示。为素材添加“色阶”视频特效之后，画面效果如下右图所示。

3.1.2 “通道”视频特效组

“通道”视频特效组包含了7种视频特效，这些视频特效主要是通过图像通道的转换与插入等方式改变图像，从而制作出各种特殊效果。“通道”视频特效组如下图所示。

1.“反转”视频特效

“反转”视频特效可以将预设的颜色做反色显示，使处理后的图像效果类似照片底片的效果，即通常所说的负片效果。原始素材效果如下左图所示。为素材应用“反转”视频特效后，画面效果如下右图所示。

2.“计算”视频特效

“计算”视频特效是利用不同的计算方式改变图像的RGB通道，从而制作出特殊的颜色效果。原始素材效果如下左图所示。为素材应用“计算”视频特效并设置参数后，画面效果如下右图所示。

3.“混合”视频特效

“混合”视频特效是通过为素材图层指定一个用于混合的参考图层，再利用不同的混合模式来变换图像的颜色通道，以制作出特殊的颜色效果。原始素材效果如下左图所示。为素材应用“混合”视频特效并设置参数后，画面效果如下右图所示。

3.1.3 “颜色校正”视频特效组

Premiere Pro CC 2019在以往版本的基础上，对“颜色校正”组特效进行了优化与调整，将前一版中的其他视频特效组中的部分视频特效调整到了该组中。“颜色校正”组中包含了“亮度与对比度”、“分色”等12种视频特效，该视频特效组如下图所示。

1.“亮度与对比度”视频特效

“亮度与对比度”视频特效通过控制“亮度”与“对比度”两个参数来调整画面的亮度和对比度效果。原始素材效果如下左图所示。为素材应用“亮度与对比度”视频特效后，画面效果如下右图所示。

2.“分色”视频特效

“分色”视频特效是通过保留设置的一种颜色，对其他颜色进行去色处理，以制作出画面中只有一种彩色颜色的效果。原始素材效果如下左图所示。为素材应用“分色”视频特效后，画面效果如下右图所示。

3.“更改颜色”视频特效

“更改颜色”视频特效是通过调整特定颜色的色相，以制作出特殊的视觉效果。原始素材效果如下左图所示。为素材应用“更改颜色”视频特效后，画面效果如下右图所示。

4.“颜色平衡”视频特效

“颜色平衡”视频特效可调整画面的色彩效果。原始素材效果如下左图所示。为素材应用“色彩平衡”视频特效后，画面效果如下右图所示。

提示："颜色平衡"视频特效的应用

在使用"颜色平衡"视频特效调整素材的颜色平衡时，若用户不为参数添加关键帧，那么该视频特效将全局调整素材的颜色平衡。

若用户为该视频特效的参数添加关键帧，可实现视频特效动态调整素材的效果，还可以仅仅调整素材的一部分的颜色平衡。该方法主要用于调整素材局部颜色平衡。

3.1.4 "图像控制"视频特效组

"图像控制"视频特效组中包含了"黑白"、"颜色平衡（RGB）"、"颜色替换"等5种视频特效，该视频特效组中的特效主要是通过各种方法对图像中的特定颜色进行处理，从而制作出特殊的视觉效果。"图像控制"视频特效组的特效如下图所示。

1. "黑白"视频特效

"黑白"视频特效能忽略图像的颜色信息，将彩色图像转为黑白灰度模式的图像。原始素材效果如下左图所示。为素材应用"黑白"视频特效后，画面效果如下右图所示。

“黑白”视频特效没有任何控制参数可供用户进行调整，将该视频特效添加至素材之后，即可将彩色素材调整为灰色素材。

2. “颜色平衡（RGB）”视频特效

“颜色平衡（RGB）”视频特效是通过单独改变画面中像素的RGB值来调整图像的颜色。原始素材效果如下左图所示。为素材应用“颜色平衡（RGB）”视频特效后，画面效果如下右图所示。

提示：“颜色平衡（RGB）”与“颜色平衡”视频特效的区别

这两个视频特效的不同之处在于：“颜色平衡（RGB）”视频特效是通过控制素材的阴影、中值、高光三方面的R、G、B值，调整画面的效果；而“颜色平衡”视频特效直接调整画面的R、G、B值，从而控制画面的颜色平衡效果。

3. “灰度系数修正”视频特效

“灰度系数修正”视频特效通过修正图像的中间色调来调整Camma值。原始素材效果如下左图所示，为素材应用“灰度系数修正”视频特效后，画面效果如下右图所示。

4. “颜色替换”视频特效

“颜色替换”视频特效能将图像中指定的颜色替换为另一种指定颜色，而其他颜色保存不变。在使用“颜色替换”视频特效时，只需要单击“效果控件”按钮，就可以在打开的面板中设置视频特效替换颜色的参数。原始素材效果如下左图所示。为素材应用“颜色替换”视频特效后，画面效果如下右图所示。

在使用“颜色替换”视频特效替换某种颜色时，选择吸管工具，通过在视口中拾取某种颜色，可以快速定义被替换的颜色及目标颜色。

5.“颜色过滤”视频特效

“颜色过滤”视频特效能过滤掉图像中除指定颜色之外的其他颜色，即图像中只保留指定颜色，其他颜色以灰度模式显示。原始素材效果如下左图所示。为素材应用“颜色过滤”视频特效后，画面效果如下右图所示。

3.2 合成概述

在Premiere Pro CC 2019中，不仅能够组合和编辑剪辑，还能够使剪辑或者其他剪辑相互叠加，从而生成合成效果。像一些效果绚丽的复合电影就是通过使用多个视频轨道的叠加、透明，以及应用各种类型的键或者蒙版来实现的。Premiere Pro CC 2019虽然不是专用的合成软件，却有着强大的合成功能。它既可以合成视频剪辑，也可以合成静止图像，或者在二者之间相互合成。

合成一般用于制作效果比较复杂的电影，简称复合电影，通过使用多个视频轨道的叠加、透明，以及应用各种类型的键来实现。在电视制作上所称的键，也常被称作抠像（Keying），在电影的制作中称为遮罩。Premiere Pro CC 2019中建立的叠加效果，是在多个视频轨道中的剪辑实现切换之后，再将叠加轨道上的键叠加到底层的剪辑上，视频轨道编号较高的剪辑会叠加在编号较低的视频轨道剪辑上，并在监视器面板中优先显示出来，也就意味着编号较高的剪辑会在其他的视频轨道剪辑的上面优先播放。

在进一步介绍合成之前，用户需要先了解几个与合成有关的概念与因素，包括透明、Alpha通道、遮罩和键，下面分别对其进行详细介绍。

3.2.1 应用透明叠加

使用透明叠加的原理是因为每个剪辑都有一定的不透明度，在不透明度为0%时，图像完全透明；在不透明度为100%时，图像完全不透明；介于两者之间的不透明度，图像呈半透明。叠加是将一个剪辑部分显示在另一个剪辑之上，它所利用的是剪辑的不透明度，Premiere可以通过对不透明度的设置，为对象制作透明叠加混合效果。

在Premiere Pro CC 2019中，打开一张素材图片，如下左图所示。用户可以向叠加轨道中（Video 2轨道或者更高的轨道）添加剪辑，如下中图所示；然后设置透明度或淡入淡出，从而使得“时间线”面板中放置于较低轨道中的剪辑局部显示效果较好，如下右图所示。如果不对放置在最高轨道中的剪辑应用透明度设置，则在预览或者播放最终电影时，在正下方的剪辑就完全无法显示。

用户可以使用Alpha通道、遮罩、蒙版和键来定义影像中的透明区域和不透明区域，通过设置影像的透明度并结合使用不同的混合模式，可以创建出绚丽多彩的视频视觉效果。

3.2.2 应用Alpha通道

影像的颜色信息都被保存在3个通道中，这3个通道分别是红色通道、绿色通道和蓝色通道。另外，在影像中还包含一个看不见的第4个通道，那就是 Alpha通道。Alpha 通道可用来将图像及其透明度信息存储在一个文件中，而不会干扰颜色通道。

当用户在“After Effects合成图像”面板或Premiere Pro监视器面板中查看 Alpha通道时，白色表示完全不透明，黑色表示完全透明，灰色阴影表示部分透明。

3.2.3 应用蒙版

蒙版是一个层（或者是它的任意一个通道），用于定义层的透明区域。白色区域定义的是完全不透明的区域，黑色区域定义的是完全透明的区域，两者之间的区域则是半透明的，这一点类似于Alpha通道。通常Alpha通道被用作蒙版，但是使用蒙版定义影像的透明区域比使用Apha通道的效果更好一些。因为在很多的源影像中不包含有Alpha通道。

很多格式的影像都包含Alpha通道，比如TGA、TLF、EPS、PDF、Quick time等。在使用 Adobe Illustrator EPS和PDF格式的影像时，After Effects会自动把空白区域转换为Alpha通道。

实战练习 使用蒙版放大人物头像

学习了Premiere合成的相关知识后，下面将以具体的案例介绍使用蒙版放大视频中人物头像的操作方法，具体如下。

1. 导入并编辑视频

步骤 01 首先启动Premiere CC软件，执行“文件>新建>项目”命令，在打开对话框的“名称”文本框中输入Why，单击“确定”按钮，如下左图所示。

步骤 02 在菜单栏中执行“文件>新建>序列”命令，在打开的对话框中选择HDV 720P25预设选项，序列名称为Why，如下右图所示。

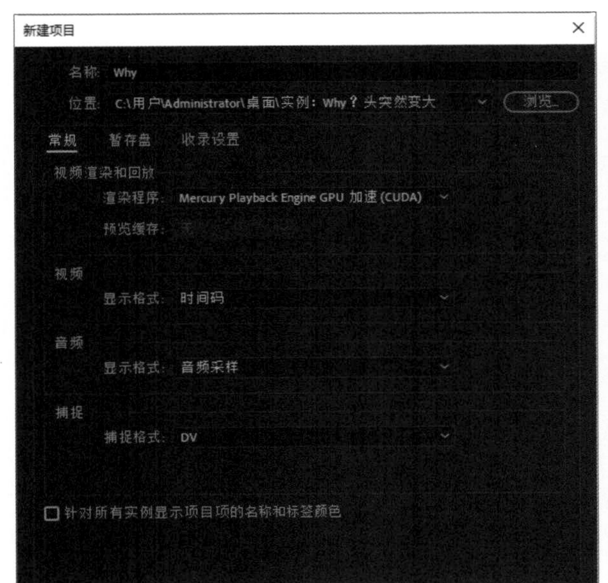

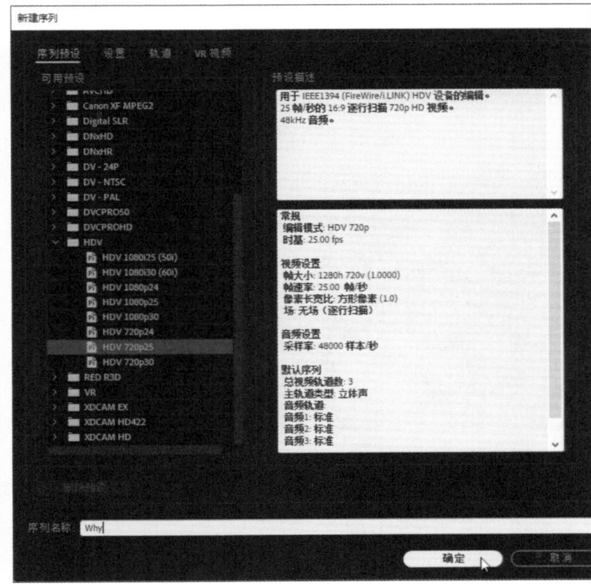

步骤 03 导入“实习素材.mp4”视频素材，将其拖放到时间轴面板的V1轨道上，若选择的素材大小不能与设置的序列匹配，就会弹出提示对话框，单击“保持现有设置”按钮，如下左图所示。

步骤 04 该素材所用的是一段有声视频片断，系统会自动将音频和视频区分开，在“效果控件”面板中设置“缩放”与“位置”参数，使素材与监视窗口的大小匹配，设置“缩放”为143.5，设置“位置”为640.0、360.0。拖动时间指示器进行预览，找到适合的00:00:02:05位置❶。为方便点选素材工作，按Ctrl+L组合键将音频与视频分开，用剃刀工具在时间帧裁剪，将其定位在00:00:03:12处❷，用剃刀工具将音视频在轨道上裁剪，如下右图所示。

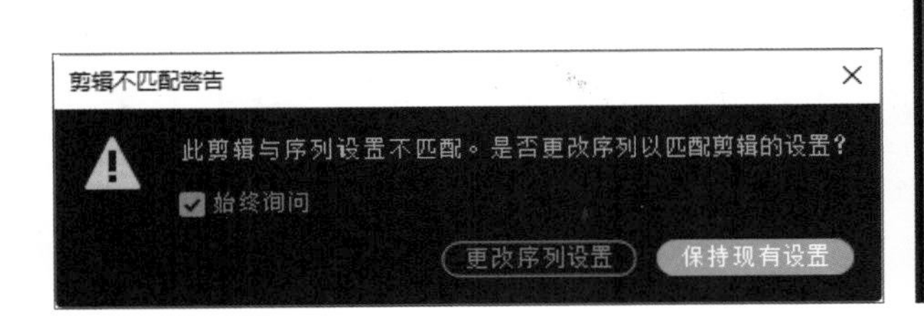

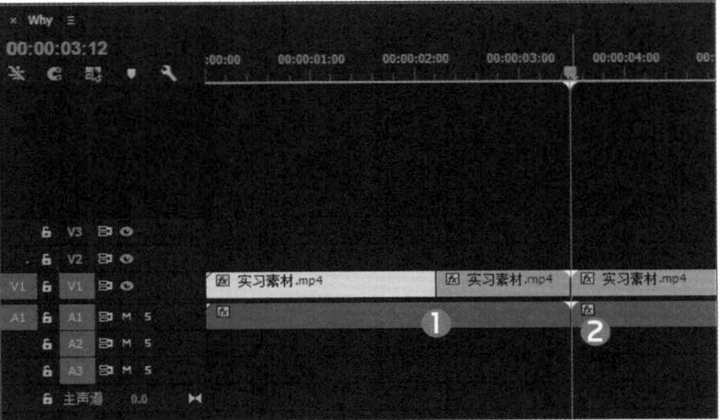

步骤 05 再将时间指示器移到00:00:32:06的位置，用剃刀工具剪下视频与音频，如下左图所示。

步骤 06 然后选择剪下的中间部分❶，单击鼠标右键，在快速菜单中选择“清除”命令❷，将其删除，如下右图所示。

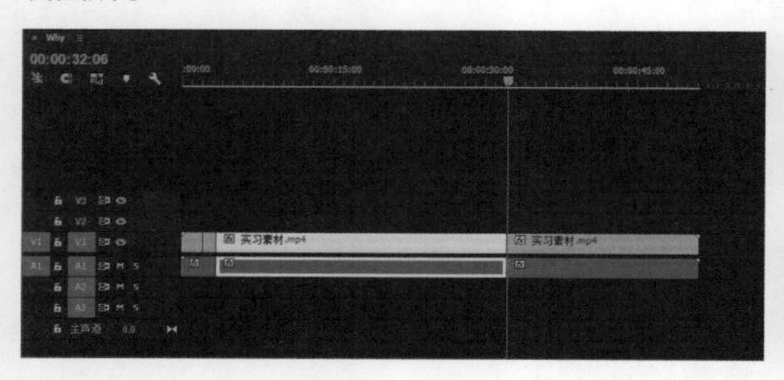

步骤 07 使用选择工具将后面的视频向前移动与前面的视频对接，然后将先前剪好的片段拖到V2轨道上（片段的位置不能变），如下左图所示。

步骤 08 选择滚动编辑工具，在V1轨道视频的剪点位置向后拖曳，使其与V2轨道上的视频对齐，再将剪下的视频补上，如下右图所示。

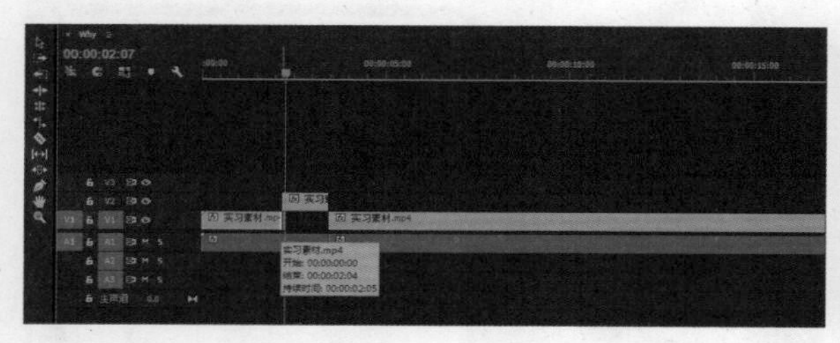

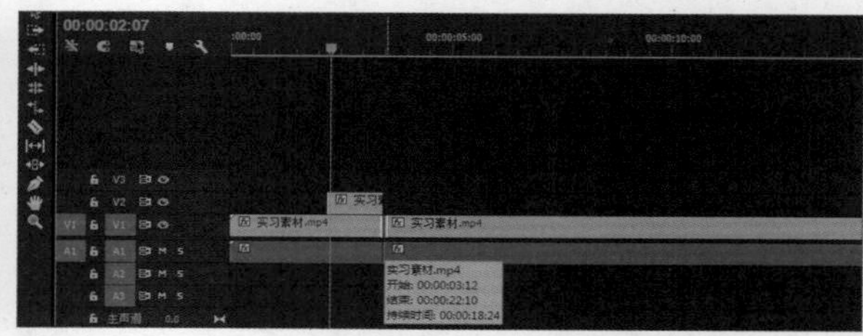

2. 制作头部放大效果

步骤 01 使用选择工具选择V2轨道上的视频，打开“效果控件”面板，单击“不透明度”选项区域中“创建椭圆形蒙版”按钮，即可为V2轨道创建椭圆形蒙版，如下左图所示。

步骤 02 关闭V1轨道右侧的“切换轨道输出”按钮，隐藏V1轨道的视频。使用光标在监视窗口上直接调整蒙板上四个点的位置，进行大小的调节，如有需要可以在两点间的弧线上增加节点，对人物的头进行覆盖，如下右图所示。

步骤 03 如果蒙板的边点消失，单击添加的蒙板，即可自动显示。将蒙板的范围进行调整后，在“效果控件”面板中单击位于“蒙板路径”左侧的“切换动画”按钮，添加关键帧，再单击“向前跟踪所选蒙板”按钮，如下右图所示。

步骤 04 把时间指示器移到V2轨道中素材的起点，选择V2素材并添加缩放关键帧，将00:00:02:08和00:00:03:08处的“缩放”值设置为210；再将其移到00:00:03:12处，设置“缩放”值为143.5，如下右图所示。

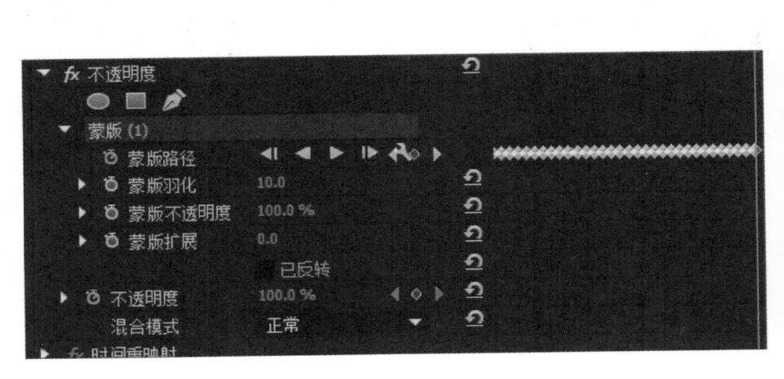

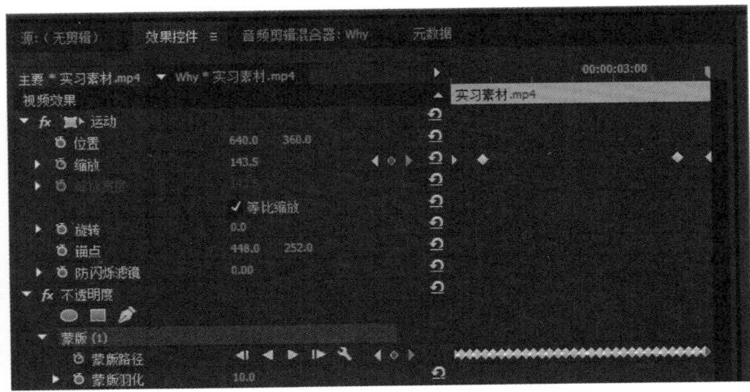

步骤 05 然后按空格键预览设置男主角头部变大的效果，来查看头变大之后的画面是否协调。如果不协调，可以根据需要再设置缩放关键帧的值大小，调整放大的效果，或者调整椭圆形蒙版的范围。头部放大后的效果如下左图所示。

步骤 06 接着显示V1轨道上的视频，并定位在00:00:06:14处，使用剃刀工具两次剪修视频，然后清除视频，并对接后面的视频。移至00:00:07:06处❶，使用剃刀工具裁剪后移至00:00:07:16处再裁剪，将剪出的视频拖曳到V2轨道上，片段的时间点不能改变。再使用滚动编辑工具将右侧的视频与前方视频补好❷，如下右图所示。

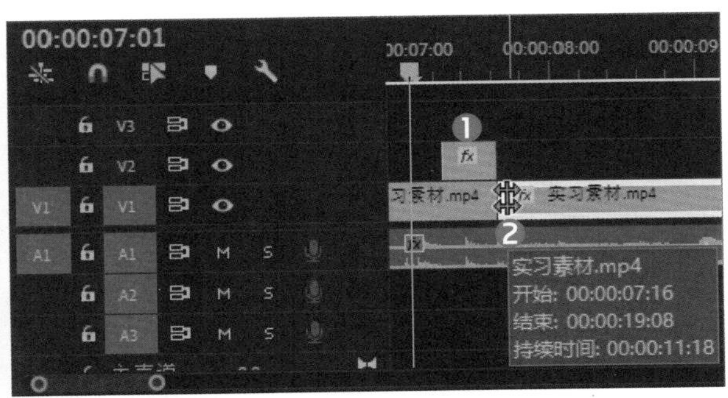

步骤 07 选择V2轨道上的视频，定位素材起点00:00:07:06，在“效果控件”面板中为其添加椭圆形不透明度蒙板，并调整蒙板的大小和位置，以此调节女主角头部蒙板的大小，如下左图所示。

步骤 08 添加“蒙板路径”的关键帧，并单击“向前跟踪所选蒙板”图标▶，自行成蒙板移动关键帧，观察女子的头在蒙板中。再将时间帧移到素材的起点，同时添加“缩放”和“位置”关键帧，定位在00:00:07:07处，然后设置“缩放”为230，设置“位置”为452.0、452.0；移到00:00:07:14处，设置“缩放”为230，设置“位置”为431.0、425.0，如下左图所示。

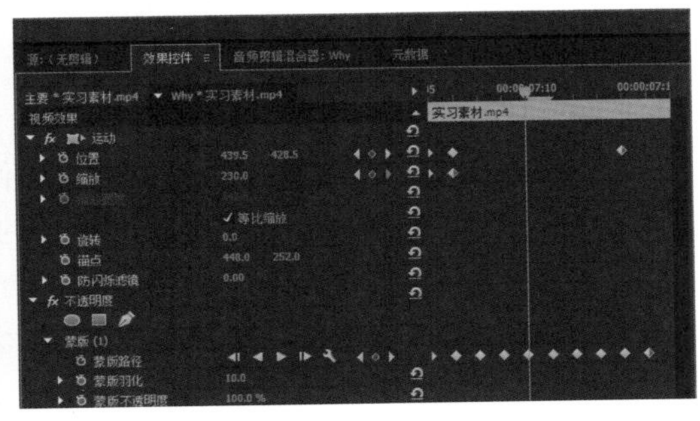

步骤 09 设置完成后，按空格键预览视频，可见人物的头变大了。对制作的视频满意后再导出视频文件，如右图所示。

3.2.4 应用键

键是使用特定的颜色值（颜色键或色度键）和亮度值（亮度键）来定义影像中的透明区域。当断开颜色值时，颜色值或者亮度值相同的所有像素都将变成透明的。

使用键可以很容易为一幅颜色或亮度一致的影像替换背景，这种技术一般称为蓝屏或绿屏技术，也就是背景色完全是蓝色或者绿色，当然也可以使用其他纯色的背景。

3.3 合成视频

在Premiere中，用户可以通过把多个剪辑放在“时间线”面板不同的视频轨道中，并设置上层轨道剪辑的透明度，实现视频的合成，如下图所示。

3.3.1 合成视频说明

在对视频进行合成操作之前，需要对叠加的使用说明以下几点：

（1）叠加效果的产生前提是必须有两个或者两个以上的剪辑，有时候为了实现透明效果可以创建一个字幕或颜色蒙版文件。

（2）只能对可重叠轨道上的剪辑应用透明叠加设置，在默认设置下，每一个新建项目都包含一个可重叠轨道—Video 2轨迹，当然也可以另外增加多个可重叠轨道。

（3）Premiere合成叠加特技的过程是，首先合成视频主轨上的剪辑，包括过渡效果，然后将被叠加的剪辑叠加到背景剪辑中去。在叠加过程中首先合成叠加较低层轨道的剪辑，然后再以合成叠加后的剪辑为背景来叠加较高层的剪辑，这样在叠加完成后，最高层的剪辑就位于叠加画面的顶层。在视频轨道中，Video 1为最低层的轨道，按数字顺序排列，数字越大，轨道层越高。

（4）透明的剪辑必须放置在其他剪辑之上，也就是将想要叠加的剪辑放在叠加轨道上—Video 2或者更高的视频轨道上。

（5）背景剪辑可以放在视频主轨Video 1、Video 2轨道上（过渡过程也可以作为背景），也就是说较低层叠加轨道上的剪辑可以作为较高层叠加轨道上剪辑的背景。

（6）注意要对最高层轨道上的剪辑设置透明度，否则位于其下方的剪辑不能显示出来。

（7）叠加分为两种：混合叠加和淡化叠加。混合叠加是将剪辑的一部分叠加到另一个剪辑上，因此作为前景的剪辑最好具有单一的底色，并且与要保留的部分对比明显，这样很容易将底色变为透明，再叠加到作为背景的剪辑上。背景剪辑在前景剪辑的透明处可见，该效果可以使得前景剪辑的保留部分好像本来就属于背景剪辑似的，这便形成了一种混合；淡化叠加是通过调节整个前景剪辑的透明度，让它整个变得暗淡而使背景剪辑逐渐显现出来，达到一种梦幻或者朦胧的效果。

（8）如果对一个轨道中的所有剪辑应用同等数量的透明度，则只需在效果控制面板中调整剪辑的透明度即可。

3.3.2 调整剪辑的透明度

在Premiere Pro CC 2019的默认设置下，轨道中的所有剪辑都是100%不透明的，当然除了遮罩、蒙版或者Alpha通道之外。不过用户可以通过调整“时间线”面板来改变轨道中所有剪辑的透明度。“时间线”面板中视频轨道上的每个视频或者图像素材都可以被当作一个图层，最终合成的画面实质上就是每个图层以不同的不透明度叠加多个图层混合后的效果。

用户可以对每个图层的不透明度进行单独操作，通过控制单个素材或者轨道的不透明度，来调整剪辑的不透明度。在“时间线”面板中选择一个剪辑，然后打开“效果控制”面板，展开“不透明度”参数设置区域，如下图所示。然后拖动滑块或改变数值，来改变所选剪辑的不透明度。

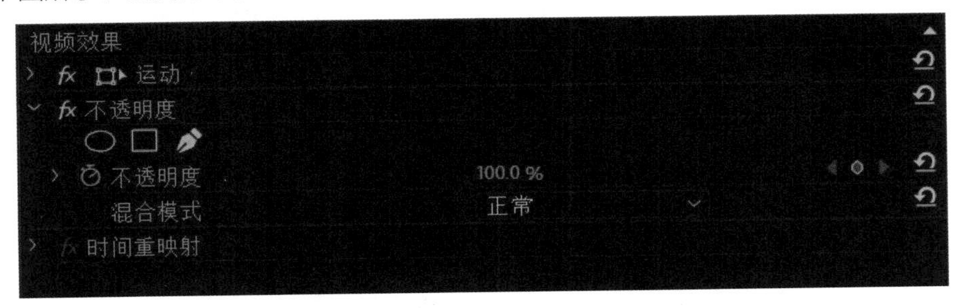

“不透明度”选项的参数决定剪辑视频中的显示效果，“不透明度”参数值为100时，剪辑视频完全显示，如下左图所示；“不透明度”参数值为0时，剪辑视频则完全不显示，如下右图所示。

参数值中的100与0，是“不透明度”参数设置的两个极端，即最大与最小，且该参数不能为负值。当“不透明”的参数值在0~100时，视频为不同程度的半透明状态，对比效果如下图所示。

除了通过直接设置素材的“不透明度”参数来控制素材的不透明度属性外，用户还可以通过为该参数添加关键帧，实现“不透明度”参数的动态变化效果。

实战练习 使用关键帧控制画面的透明度

下面介绍使用关键帧控制画透明度的操作方法，具体如下。

步骤 01 启动Premiere Pro CC 2019并新建一个项目，项目参数设置如下左图所示。

步骤 02 执行“导入”命令，将“素材”文件夹中的“图片1.jpg”和“图片2.jpg”图像文件导入至“项目”面板中，如下右图所示。

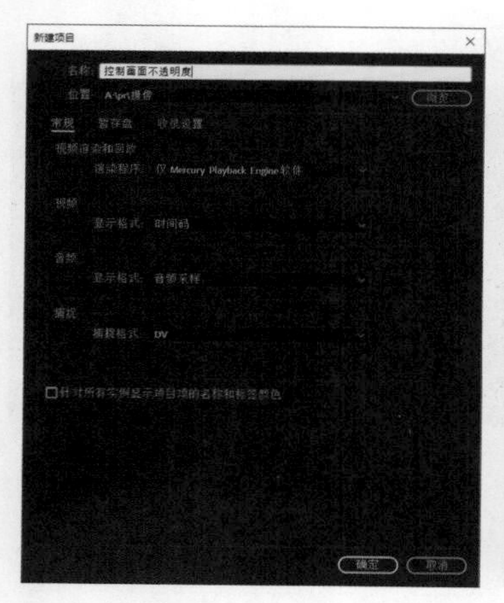

步骤 03 将“图片1.jpg”插入至“时间线”面板中的“视频1”轨道中，如下左图所示。

步骤 04 将“图片2.jpg”文件插入至“视频2”轨道中，使两个图层重合，然后将素材插入“时间线”面板，如下右图所示。

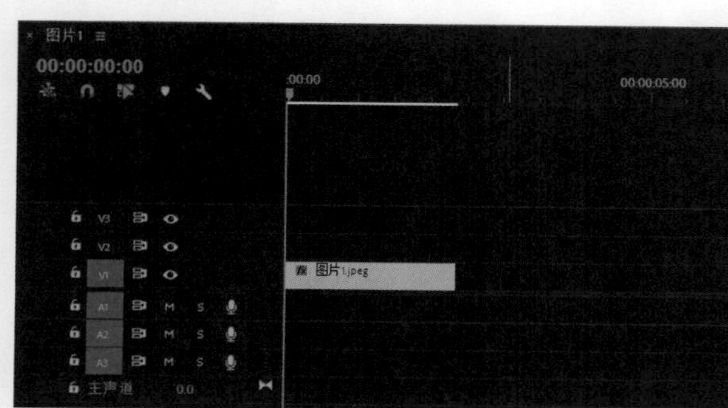

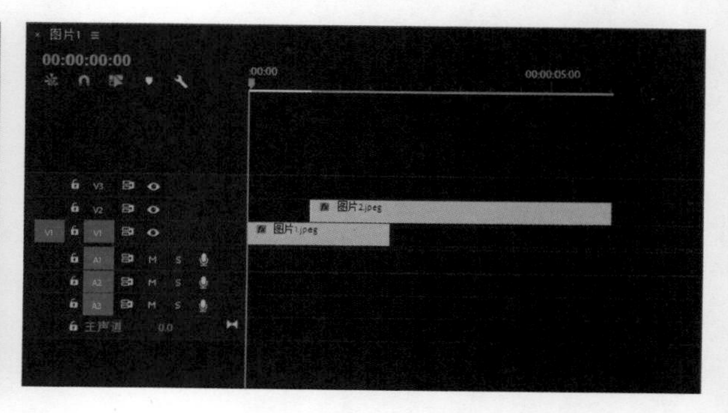

步骤 05 在“效果控制”面板中，将“图片2.jpg”素材00:00:01:05处关键帧的“不透明度”参数设置为0，如下图所示。

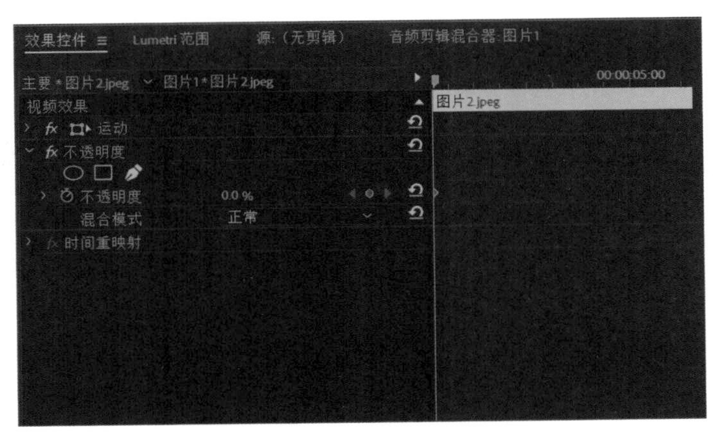

步骤 06 打开“节目监视器”面板，在该面板中可预览设置的画面效果，如下图所示。

步骤 07 在“效果控制”面板中，将“图片2.jpg”素材00:00:04:19处关键帧的“不透明度”参数设置为100%，如下左图所示。

步骤 08 打开“节目监视器”面板，此时的画面效果如下右图所示。

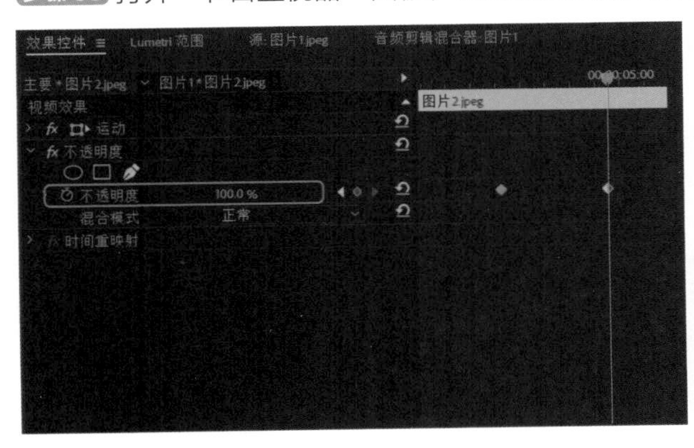

步骤 09 设置关键帧参数操作完成后，在“节目监视器”面板中拖动时间滑块，可以看到画面淡入淡出的效果，如下图所示。

3.4 使用键设置剪辑的透明区域

在Premiere Pro CC 2019中，键（key）是基于颜色值或者亮度值来定义剪辑中的透明区域的，在很多影视或者天气预报的电视节目中，就经常使用键来合成多种特效，比如天气预报电视节目的合成效果，如下图所示。根据键的特性可以将其功能分为多种类型，使用基于颜色的键，可以去除剪辑中的背景；使用亮度键，可以为剪辑添加纹理或者特殊效果；使用Alpha通道键，可以修改剪辑素材的Alpha通道；使用蒙版键，可以设置移动的蒙版，或者应用其他的剪辑作为蒙版。

3.4.1 为剪辑添加键

键控又称为抠像，是一种分屏幕的特技，其分割屏幕的分界线多为规则形状，如文字、符号、复杂的图形或某种自然景物等。“抠”与“填”是键控技术的实质所在。正常情况下，被抠的图像是背景图像，填入的图像为前景图像。用来抠去图像的电信号称为键信号，形成这一信号的信号源为键源。一般来说，键控技术包括自键、外键和色键三种。实际拍摄的素材不带Alpha通道是为了能够将这些素材与其他素材完美结合，就需要进行“键出操作（Keying）”。通过“键出操作”，可以为素材定义Alpha通道，只保留需要的画面元素。

键控是作为一类视频特效出现的，因此与其他视频特效一样可以在“效果”调板中添加。添加方法也非常简单，把键直接拖曳到“时间线”面板中的剪辑上即可。

要为剪辑添加键，则需要在“效果”面板中“视频效果”中展开“键”项。选择一个键类型，然后直接拖曳到“时间线”面板中的剪辑上即可，如下左图所示。

此时，在“效果控制”面板中就可以看到它的控制选项，如下右图所示。使用这些选项可以设置键的特性。

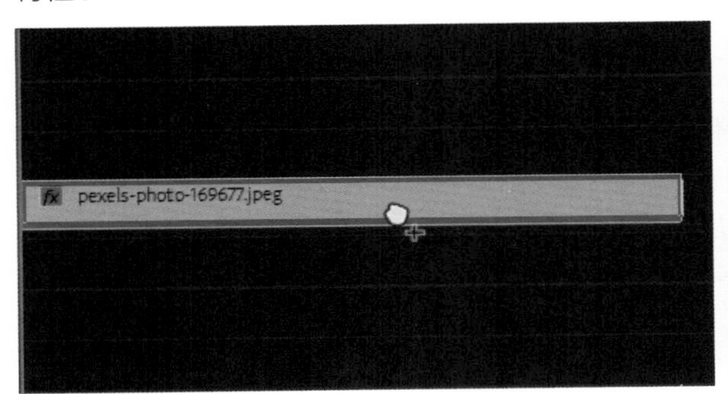

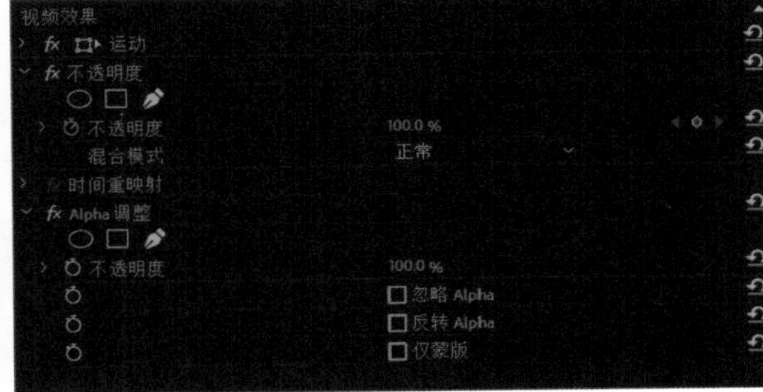

3.4.2 键类型

键位于“效果”面板中，在“视频效果”中展开“键控”选项，即可看到所有的键控类型，如下图所示。从图中可以看出，Premiere Pro CC 2019自带了9种键控效果，下面将简要地介绍几种常用的键类型。

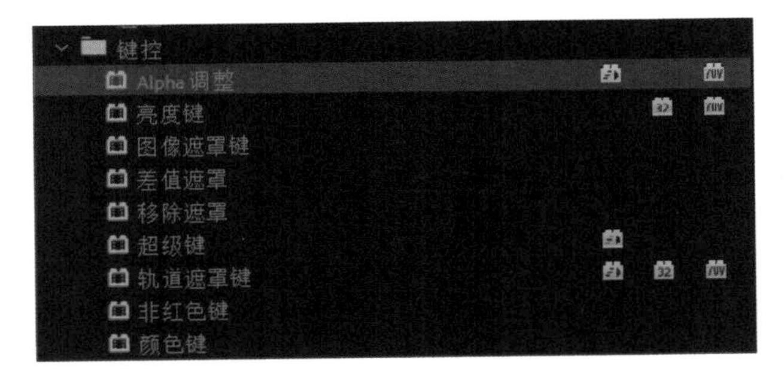

1. Alpha调整

Alpha通道上的黑色区域为透明区域，白色区域为不透明区域，灰度区域依灰度值做渐变透明。使用该键可以转换剪辑中的透明区域，也就是说可以把透明区域转换成不透明区域，同时把不透明区域转换成透明区域。许多软件都可以产生具有Alpha通道的图像，然后引入Premiere Pro CC 2019中使用。

2. 亮度键

该键依画面中的亮度值创建透明效果，屏幕亮度越低，则像素点越透明。该键适合用于含有高对比度区域的图像。利用“阈值”及“屏蔽度”滑块，可以调节画面中的对比细节。下面介绍亮度键在“效果控制”调整区域中的控制选项，如下图所示。

- **阈值：** 用于把灰度级图像或彩色图像转换成高对比度的黑白图像。
- **屏蔽度：** 调整被叠加剪辑阴暗部分的细节（加黑或者加亮）。

3. 差值遮罩

该键是通过将指定的图像与剪辑做比较，然后删除剪辑中与图像匹配的点做透明处理，而留下差异的区域。也可以将该键用于剔除剪辑中杂乱的静止背景。

差值遮罩键是通过蒙版与键对象进行比较，然后将键对象中的位置及颜色与蒙版中相间的像素变为透明键出。例如制作一个运动员进行体操表演节目时，可以将像机固定拍摄，在运动员表演结束后，让摄像机再拍摄一会儿静止的场景，这样在后期制作过程中便能够以静止的场景作为对比蒙版。因为前后两段的背景是一样的（都是静止的场景）所以就可以通过差值遮罩键准确地将背景像素键出，而只留下运动员的前景。由此可以知道使用差值遮罩效果是如何和前期的拍摄紧密相关的，同时应尽量保持背景与前景剪辑的颜色差异。当然，如果键剪的背景是简单的白色或者其他单一的颜色，也可以制作出静止的场景部分，然后对其使用蒙版。

4. 超级键

通常，超级键用在纯色为背景的画面上。创建透明时，屏幕上的纯色变成黑色，它的用法和“颜色键”类似，该键通常可以制作像我们经常看到的天气预报播音员播音的效果。

5. 非红色键

非红色键是在蓝、绿色背景的画面上创建透明，使剪辑中的非红（蓝色和绿色）像素变为透明的。

6. 轨道遮罩键

该键可以建立一个运动遮罩，而任何剪辑都可以作为遮罩。遮罩中的黑色区域为透明，白色区域为不透明，灰度区域为半透明。要获得精确效果，应该选择灰度图像做遮罩。若选择彩色图像做遮罩，则会改变剪辑颜色。

轨道遮罩键是把当前上方轨道的图像作为透明用的遮罩，它可以使用任何剪辑或者静止图像作为轨道遮罩，可以通过素材的亮度值定义轨道的透明度。屏幕中的白色区域为不透明，黑色区域可以创建透明，灰色则生成半透明。

包含有运动的遮罩称为运动遮罩，用于包含动画的素材。该功能也可以为静止图像遮罩设置运动效果，即把运动效果应用到静止图像遮罩中即可，但是要考虑使遮罩的帧尺寸比项目的帧尺寸更大一些，这样可以在动画时不致于使遮罩的边缘进入到视图中。

3.5 抠像

从Photoshop的抠图到Premiere的抠像，“抠像”作为一门实用且有效的特殊手段，被广泛地应用在影视处理的很多领域。通过蒙版、Alpha通道、抠像特殊滤镜等手段，达到两个或两个以上图层或视轨重叠的效果。这个效果可以得到很多意想不到的特效，如人在天上飞等效果。下面将对抠图的相关知识进行介绍。

3.5.1 抠像视频特效

在Premiere Pro CC 2019中，系统为用户提供了大量的抠像视频特效，这些视频效果位于“效果”面板的“键控”视频特效组中，下面介绍“图像遮罩键”和“颜色键”的抠图方法。

1. “图像遮罩键”视频特效

“图像遮罩键”视频特效可在当前图层上叠加另外的图像素材，被叠加图像自身的白色区域将完全透明，黑色区域为不透明，而介于黑白之间的颜色将按照亮度值的大小呈现不同的半透明效果。原始素材效果如下左图所示。为素材应用“图像遮罩键”视频特效之后，画面效果如下右图所示。

提示：控制图层的不透明度

在使用“图像遮罩键”视频特效抠像之后，两个图层上的素材会叠加在一起，若前素材在画面中过渡明显，则可通过调整该素材的“不透明度”参数来调节画面效果。

2. “颜色键”视频特效

“颜色键”视频特效是Premiere中高级抠像视频特效。该视频特效提供了用于选择抠像颜色的控件，之后再将“颜色键”特效指定的颜色变为黑色，并且通过调整颜色的容差范围，来增大或者缩小特效影像范围，最终实现任意颜色的抠像操作。“颜色键”视频特效的参数面板如右图所示。

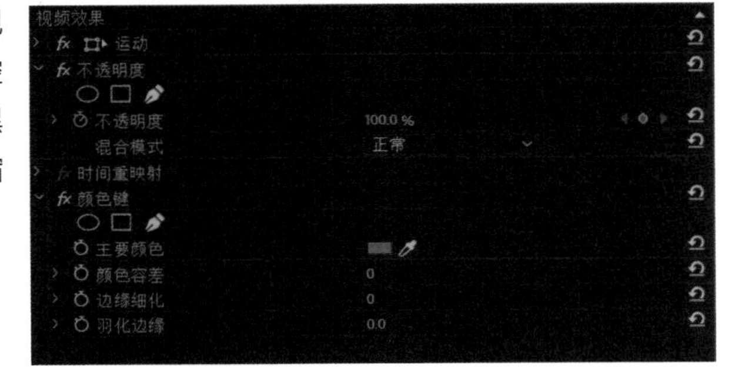

下面对“颜色键”视频特效面板中的参数进行详细介绍。

- **主要颜色：** 该参数用于定义“颜色键”视频特效抠像的颜色。单击该控件之后的色块，在弹出的

“拾色器”对话框中设置任意参数，即可将设置的参数定义为视频特效抠像的颜色。在设置该参数时需要注意，设置的参数必须为素材中所包含的参数，否则添加“颜色键”视频特效将是徒劳之举。

为了方便用户快速设置抠像参数，Premiere在色块之后还设置了一个吸管工具。用户选择该工具之后，可吸取桌面任意位置的颜色为抠像颜色。

- **颜色容差：**该用于控制抠像效果的偏差。默认参数为0，表示视频特效不进行抠像；该参数最大为255，虽然能较好地抠像，但是会产生抠像过度现象，效果如下图所示。

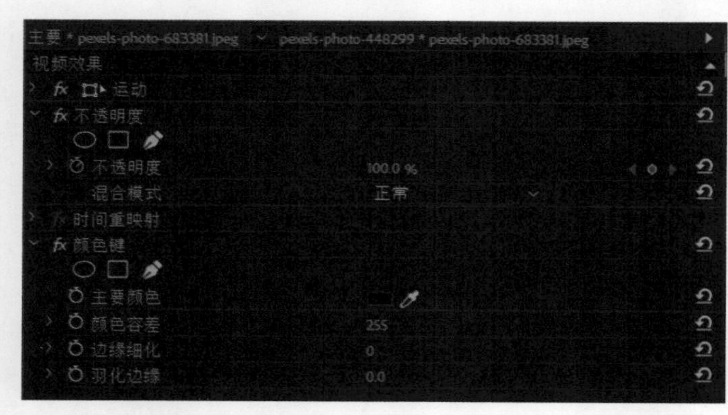

- **边缘细化：**该参数用于控制被抠像素材的边缘减淡效果。该参数值的取值范围为-5~5，参数值越低，素材边缘减淡效果越小，素材的损失也就越低；该参素值越高，素材边缘减淡效果越明显，素材的损失就越高。
- **羽化边缘：**该参数用于控制素材边缘的羽化、模糊效果，其取值范围为0~10。若参数值为0，表示不对素材的边缘进行羽化处理，素材边缘棱角比较明显，如下左图所示；若参数值为10，表示羽化素材的边缘羽化度达到最大，如下右图所示。

3.5.2 抠像在影视中的应用

“抠像”是影视制作中常用的技术，特别是很多影视视频特技场面，都使用了大量的“抠图”处理。“抠图”的好坏，一方面取决于前期对人物、背景、灯光等的准备和拍摄的原素材，另一方面则依赖后期合成制作中的“抠像”技术。

后期合成中抠像的应用非常广泛，我们在影视作品中看到的惊险、奇幻的画面，大多是后期工作人员利用抠像技术，将多个轨道的画面进行合成制作出来的。比如《黑客帝国》《指环王》和《星球大战》这些大片，就大量应用了蓝屏和绿屏的拍摄抠像技术。科幻题材的故事都是在现实中不可能实现的，比如“英俊的精灵王子如何手持弓箭站在雄伟的城堡上，俯瞰护城河下的千万士兵呢？”这种效果大多是先由演员站在一个蓝布前面做一些动作，然后进行抠像。再通过后期合成软件将单独拍摄的演员画面与计算机制作出来的奇幻场景天衣无缝地合在一起，展现出一个现实中不存在的魔幻世界，如右图所示。

不光是一些电影大片的制作利用了抠像技术，现在很多电视广告、MV的制作也应用了大量的“多层画面合成”技术，这些都是利用了不同轨道中的透明信息的原理实现的，可见对抠像的理解与应用是非常重要的。

知识延伸：Alpha通道在Premiere中的应用

通道本质上就是选区，听起来好像很简单，无论通道有多少种表示选区的方法，无论用户看过多少种有关通道的解释，至少从现在开始，它就是选区。

1. 通道的作用

在通道中记录了图像的大部分信息，这些信息从始至终与它的操作密切相关。具体来说，通道的作用主要如下：

- 表示选择区域，也就是要代表的部分。利用通道，用户可以建立像头发丝这样的精确选区。
- 表示墨水强度，利用信息面板可以体会到这一点，通道可以用256种灰度来表示不同的亮度，比如，在Red通道里有一个红色的点，在其他的通道上显示的就是纯黑色，即亮度为0。
- 表示不透明度，其实这是我们平时最常使用的一个功能。

2.通道的分类

通道作为图像的组成部分，与图像的格式是密不可分的。图像颜色、格式的不同决定了通道的数量和模式，在“通道”面板中可以直观的看到。在 Photoshop中涉及的通道主要如下。

- **复合通道**

复合通道不包含任何信息，实际上它只是同时预览并编辑所有颜色通道的一个快捷方式。复合通道通常被用来在单独编辑完一个或多个颜色通道后使“通道”面板返回它的默认状态。对于不同模式的图像，其通道的数量是不一样的。在Photoshop 中，通道涉及三个模式，对于一个RGB模式的图像，有RGB、R、G、B四个通道；对于一个CMYK模式的图像，有CMYK、C、M、Y，K五个通道；对于一个Lab模式的图像，有Lab、L、a、b四个通道。

- **颜色通道**

当用户在 Photoshop中编辑图像时，实际上就是在编辑颜色通道。这些颜色通道把图像分解成一个或多个色彩部分，图像的模式决定了颜色通道的数量。RGB有3个颜色通道，CMYK有4个颜色通道，灰度只有一个颜色通道，它们包含了所有将被打印或显示的颜色。在一幅图像中，像素点的颜色就是由这些颜色模式中原色信息来进行描述的，那么所有像素点所组成的某一种原色信息，便构成一个颜色通道，例如一幅RGB图像的红色通道，便是由图像中所有像素点的红色信息所组成，绿色通道和蓝色通道也是如此，这些颜色通道的不同信息配比便构成了图像中不同颜色的变化。

每个颜色通道都是一幅灰度图像，它只代表一种颜色的明暗变化。所有的颜色通道混合在一起时，便可形成图像的彩色效果，也就是构成了彩色的复合通道。对于RGB模式的图像来说，颜色通道中较亮的部分表示这种颜色用量大，较暗的部分表示该颜色用量少；而对于CMYK图像来说，颜色通道较亮的部分表示该颜色的用量少，较暗的部分表示该颜色用量大。所以当图像中存在整体的颜色偏差时，可以方便地选择图像中的一个颜色通道，并对其进行相应的校正。如果RGB原稿色调中红色不够，我们对其进行校正时，就可以单独选择其中的红色通道来对图像进行调整。红色通道是由图像中所有像素点为红色的颜色信息组成的，我们可以选择红色通道来提高整个通道的亮度，或使用填充命令在红色通道内填入具有一个透明度的白色，便可增加图像中红色的用量，达到调节图像的目的。

- **专色通道**

专色通道是一种特殊的颜色通道，它可以使用除了青色、洋红、黄色、黑色以外的颜色来绘制图像。专色通道一般用得较少且多与打印相关。

- **Alpha通道**

Alpha通道是计算机图形学中的术语，指的是特别的通道。有时它特指透明信息，但通常的意思是“非彩色”通道。这是我们真正需要了解的通道，可以说我们在Photoshop中制作出的种种特殊效果都离不开Alpha通道，它最基本的用处在于保存选取范围，且不会影像图像的显示和印刷效果。

Alpha通道具有以下的属性：每个图像（16位图像除外）最多可包含24个通道，包括所有颜色通道和Alpha通道。所有通道具有8位灰度图像，可显示256灰级，用户可以随时增加或删除Alpha通道，可为每个通道指定名称、颜色、蒙版选项、不透明度，不透明度影响通道的预览，但不影响原来的图像。所有的新通道都具有与原图像相同的尺寸和像素数目。使用工具进行编辑后，将选区存储在Alpha通道中可使其永久保留，可在以后随时调用，也可用于其他图像中。也有一些图像是不带Alpha通道的，这就需要为其制作Alpha通道。

编辑及删除通道：在讲颜色通道时曾经涉及过了，对图像的编辑实质上就是对通道的编辑。因为通道是真正记录图像信息的地方，无论色彩的改变、选区的增减、渐变的产生，都可以追溯到通道中去。

- **单色通道**

这种通道颜色比较特别，也可以说是非正常的。如果用户在“通道”面板中随便删除其中一个通道，就会发现所有的通道都变成“黑白”的，原有的彩色通道即使不删除也会变成灰度的。

上机实训：制作风景展示遮罩视频

学习了Premiere遮罩效果应用的相关知识后，下面将通过制作一个风景展示的视频，来详细介绍“添加遮罩”、“嵌套序列”、“颜色键”等功能的具体应用，步骤如下。

步骤 01 启动Premiere CC软件，新建一个项目，执行“文件>新建>序列”命令，在打开的“新建序列”对话框中设置序列参数，如下左图所示。

步骤 02 然后在案例文件文件夹中将“图片素材”文件夹拖入“项目”面板，如下右图所示。

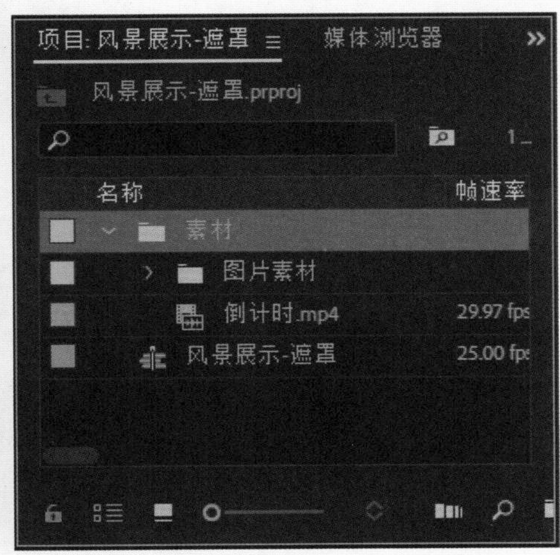

步骤 03 在“项目”面板中将“倒计时.mp4”文件拖到视频轨道V3上，此时时间轴界面如下左图所示。

步骤 04 为“倒计时.mp4”文件添加“颜色键”效果，抠掉视频背景。在“效果”面板搜索框中输入“颜色键”，即可查找到“颜色键”效果，再将效果拖到视频上即可。打开“效果控件”面板，编辑“颜色键”参数。使用“吸管工具”单击视频背景颜色，将“颜色容差”值设为70，如下右图所示。至此，视频背景被去除，接着再将其“缩放”值设为140即可。

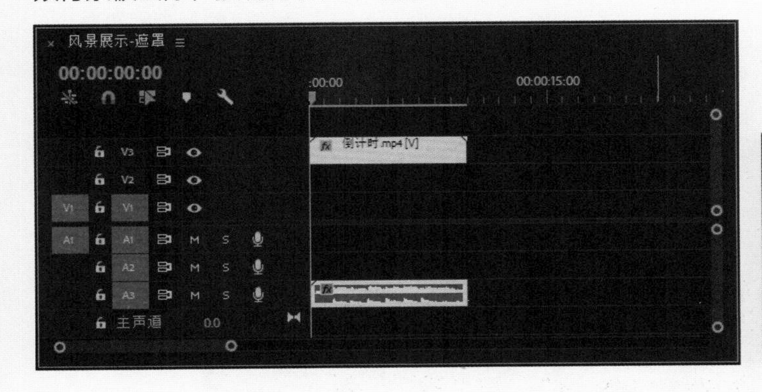

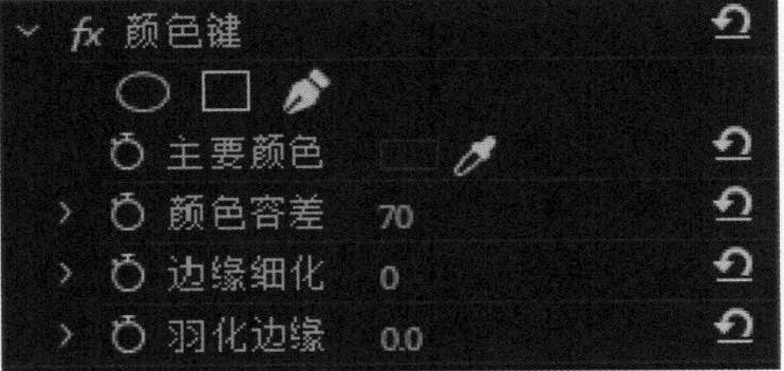

步骤 05 选中“项目”面板“图片素材”文件夹中的5张图片并右击，在快捷菜单中选择“速度/持续时间”命令，打开“剪辑速度/持续时间”对话框，设置“持续时间”为2秒❶，单击“确定”按钮❷，如下左图所示。

步骤 06 选中这5张图片，单击“项目”面板右下角的“自动匹配序列”按钮，打开“序列自动化”对话框，设置“剪辑重叠”为0帧，单击“确定”按钮，此时时间轴面板如下右图所示。

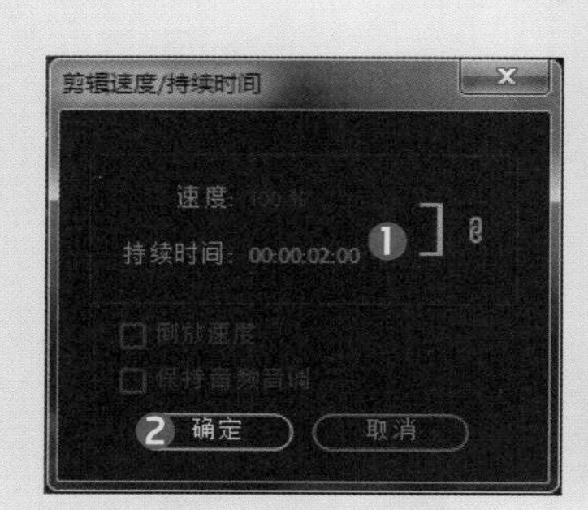

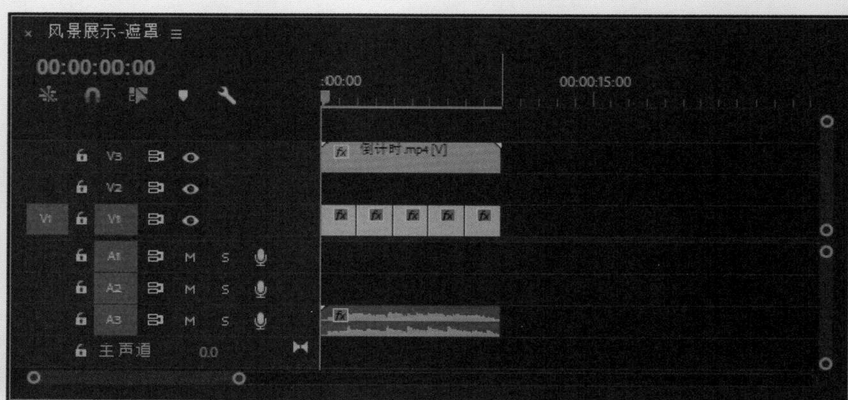

步骤 07 接着选择V1轨道上的5张图片素材并右击，在快捷菜单中选择“嵌套”命令，在弹出的“嵌套序列名称”对话框中设置序列名称，单击“确定”按钮，此时时间轴面板如下图所示。

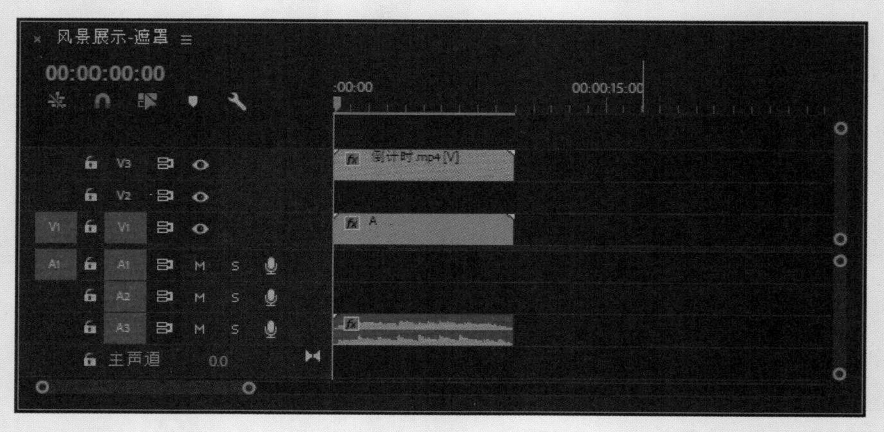

步骤 08 复制A序列到V2轨道（按住Alt键拖动A序列到V2轨道）并对齐，设置V1轨道A序列的“不透明度”为10，此时时间轴面板如下图所示。

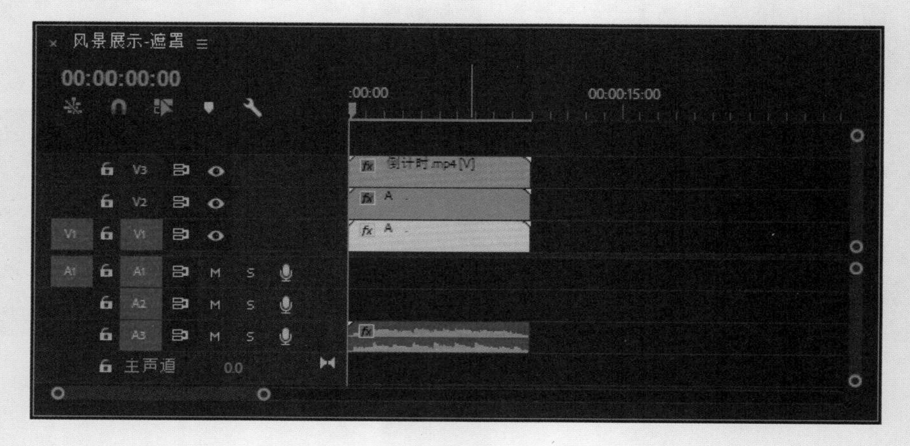

步骤 09 在“效果”面板搜索框中输入“轨道遮罩键”文本，将效果添加到V2轨道素材上。然后在时间轴上选中V2轨道素材，打开“效果控件”面板，修改“轨道遮罩键”参数，单击“遮罩”下三角按钮，选择“视频3”选项，如下左图所示。

步骤 10 最后，在“项目”面板中把视频中最后一张图片素材拖放到V1轨道，将光标放置在图片素材左端，当变为▶时右击，在弹出的快捷菜单中选择“应用默认过渡”命令。至此，视频处理完毕，此时时间轴面板如下右图所示。

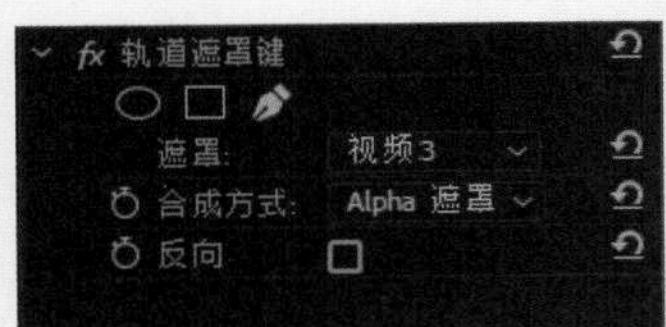

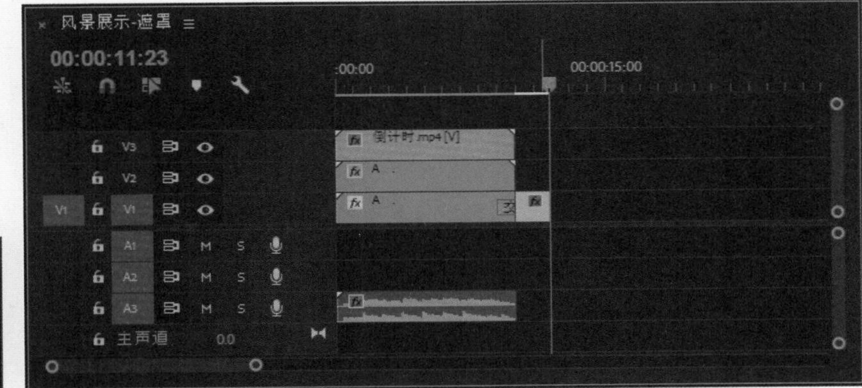

步骤 11 对应的视频效果如下图所示。

课后练习

1. 选择题

（1）在Premiere Pro CC 2019中，“图像控制”包含了“黑白”、“颜色平衡（RGB）”、“颜色替换”、________、“颜色过滤”5种视频特效。

A. 灰度系数校正　B. 位移　C. 旋转　D. 椭圆

（2）亮度键依画面中的亮度值创建透明，屏幕上亮度越________的像素点越透明。

A. 高　B. 强　C. 低　D. 透明

（3）每个图像（16位图像除外）最多可包含________个通道，包括所有颜色通道和Alpha通道。

A. 16　B. 24　C. 64　D. 4

（4）在使用“颜色替换”视频特效时，只需要单击________按钮，就可以在打开的面板中，快速设置视频特效替换颜色的参数。

A. 源　B. 效果控件　C. 时间线　D. 元数据

（5）“更改颜色”视频特效通过调整特定颜色的________，制作出特殊的视觉效果。

A. 饱和度　B. 亮度　C. 对比度　D. 色相

2. 填空题

（1）合成一般通过使用多个视频轨道的__________、透明以及应用各种类型的键来实现。

（2）“提取”视频特效可提取画面的颜色信息，通过控制像素的__________将图像转换为灰度模式。

（3）__________基于颜色值或者亮度值来定义剪辑中的透明区域，而且在很多影视特效或者天气预报的电视节目中经常使用，来合成多种特效。

（4）“颜色键”特效指定的颜色会变为黑色，并且通过调整颜色容差、__________和羽化边缘的参数，最终实现任意颜色的抠像操作。

（5）通道分为颜色通道、专色通道、__________、复合通道和单色通道5种类型。

3. 上机题

打开给定的素材，如下左图所示。由于受时间、光照等环境的影响较大，需要使用Premiere在后期编辑时进行调整，最后的效果如下右图所示。

操作提示

1. 使用调整画面颜色有关的视频效果特效；
2. 应用“颜色校正”与“调整”视频特效组中的特效。

Chapter 04 视频过渡效果

本章概述

在Premiere CC中，用户可以利用一些视频过渡效果在影片素材或静止图像素材之间建立丰富多彩的切换特效，使素材剪辑在影片中出现或消失，从而使影像间的切换变得平滑流畅。本章节将详细介绍为视频的片段与片段之间添加过渡效果的操作方法。

核心知识点

1. 了解视频的过渡方式
2. 知道视频过渡的作用
3. 熟悉各个视频过渡效果的设置
4. 熟练运用各视频过渡效果

4.1 视频过渡概述

一部完整的影视作品是由很多个镜头组成的，镜头之间组合显示的变化称为过渡。视频过渡可以使剪辑的画面更加富有变化、生动多彩。在视频过渡过程中，需要采用一定的技巧，如滑像、溶解、卷页等，令场景或情节之间过渡平滑，使作品更加流畅生动。

4.1.1 过渡的基本原理

对于视频制作人员来说，合理地为素材添加一些视频过渡特效，可以使两个或多个原本不相关联的素材在过渡时能够更加平滑、流畅，使编辑画面更加生动和谐，也能大大提高影片编辑的效率。

为“时间线”面板中两个相邻的素材添加某种视频过渡效果后，可以在“效果”面板中展开该类型的文件夹，然后将相应的视频过渡效果拖动到“时间线”面板中相邻的素材之间即可，如下图所示。

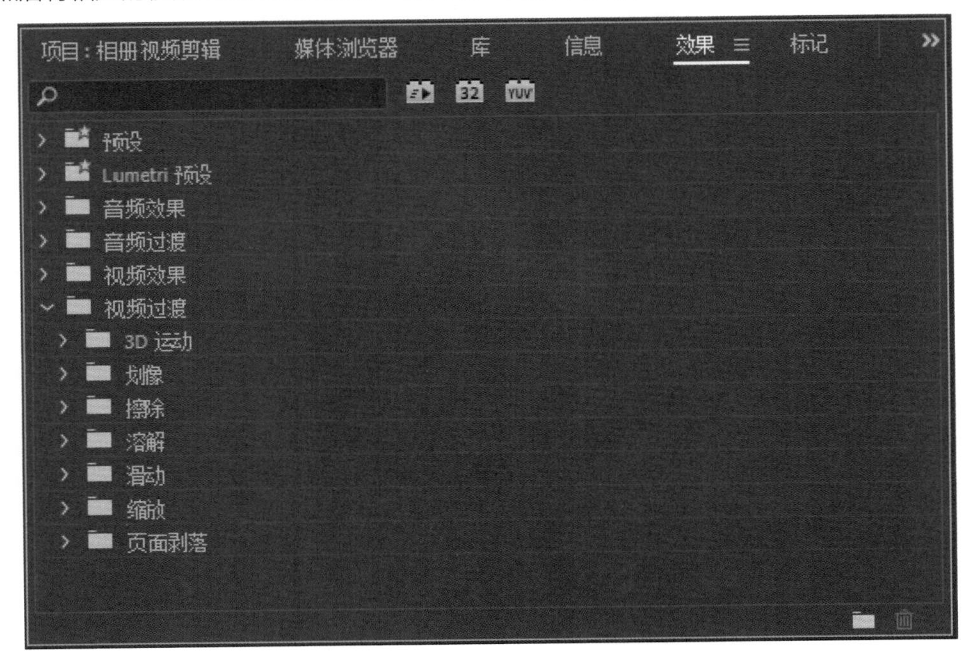

添加视频过渡特效的方法非常简单，只需在“效果”面板中选中需要添加的视频过渡特效，如下左图所示。然后按住鼠标左键将其拖动到“时间线”面板中的目标素材上即可，如下右图所示。

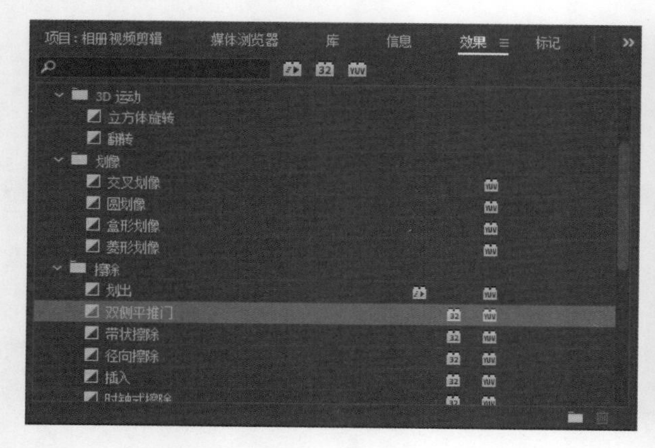

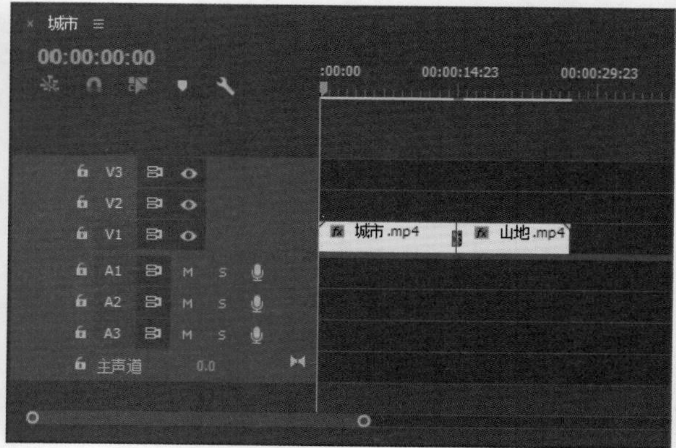

4.1.2 编辑视频过渡

用户可以将视频过渡特效添加到两个素材的连接处后，在“时间线”面板中选择需要添加的视频过渡特效，如下左图所示。即可设置该视频过渡特效的参数，如下右图所示。

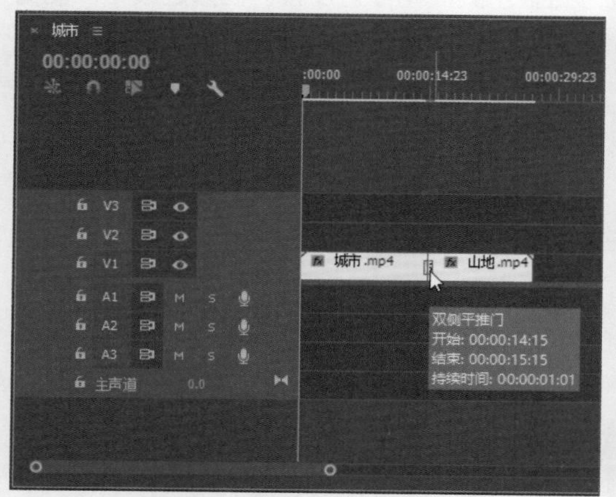

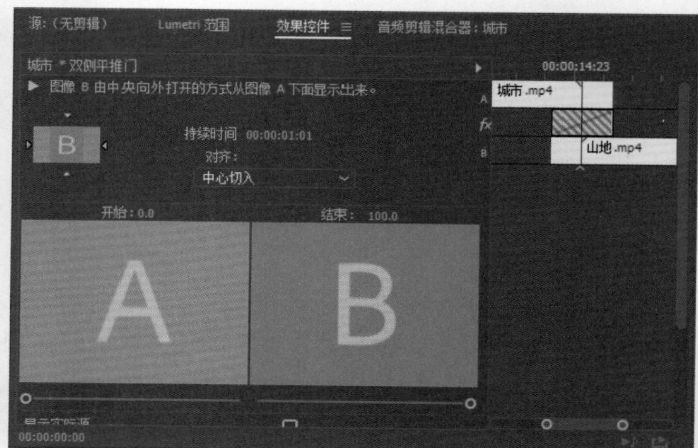

1. 设定持续时间

在“效果控件”面板中，用户可通过设置“持续时间”参数，来控制视频过渡特效的持续时间。数值越大，视频过渡特效持续时间越长，反之则持续时间越短，如下左图所示。效果如下右图所示。

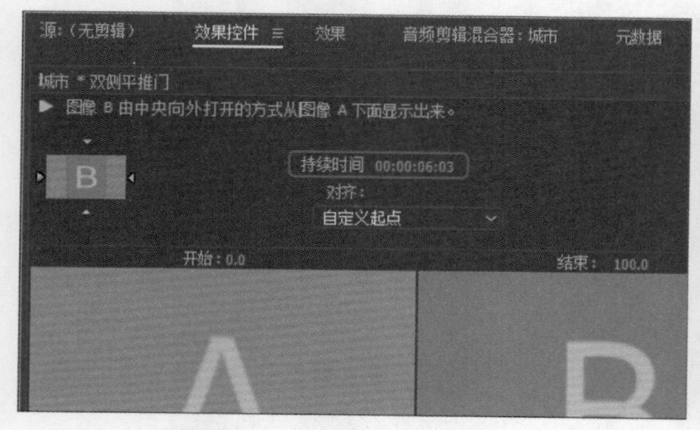

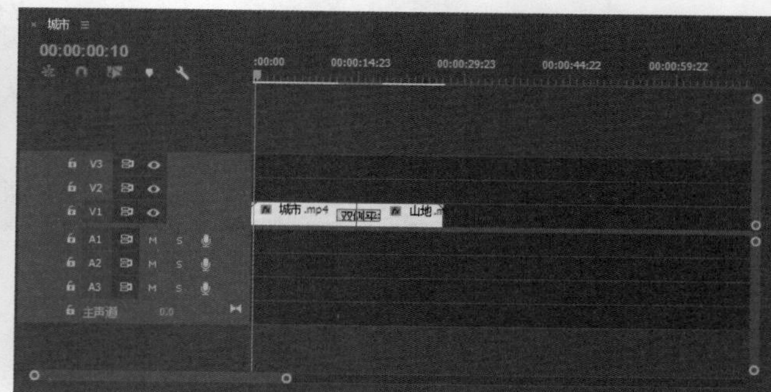

2. 编辑初始位置

单击“效果控件”面板左边的灰色三角形，选择“自西向东”选项为视频过渡特效开始位置，如下左图所示。完成上述操作后，可观看视频过渡效果，如下右图所示。

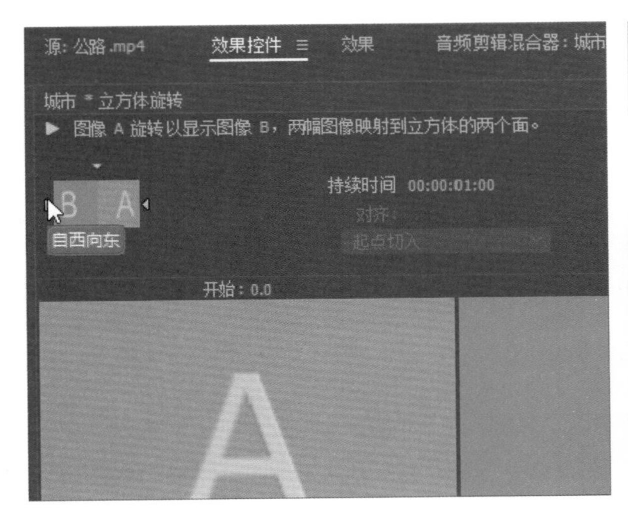

3. 编辑对齐参数

在“效果控件”面板中，“对齐”参数用于控制视频过渡特效的切割对齐方式，包括“中心切入”、“起点切入”、“终点切入”以及“自定义起点”4种方式，如下左图所示。

- **中心切入：** 用户将视频过渡特效插入到两个素材中心位置时，在“效果控件”面板的“对齐”下拉列表中选择“中心切入”对齐方式，视频过渡特效便位于两个素材的中心位置。在“时间线”面板中添加的视频过渡特效如下左图所示，切换效果如下右图所示。

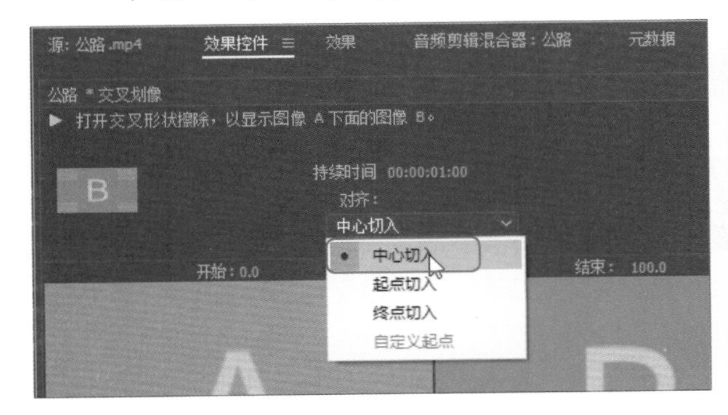

- **起点切入：** 用户将视频过渡特效添加到某素材开端时，在“效果控件”面板中的“对齐”选项中，选择显示视频过渡特效的对齐方式为“起点切入”，如下左图所示，切换效果如下右图所示。

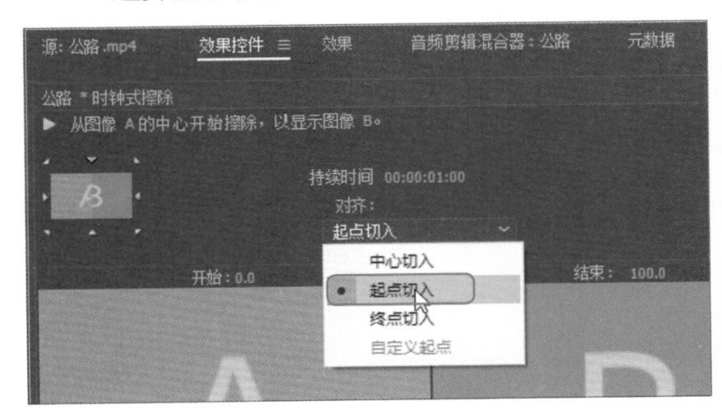

- **终点切入：** 用户将视频过渡特效添加到某结束位置时，在“效果控件”面板的“对齐”选项中，选择显示视频过渡特效的对齐方式为“终点切入”，如下左图所示，切换效果如下右图所示。

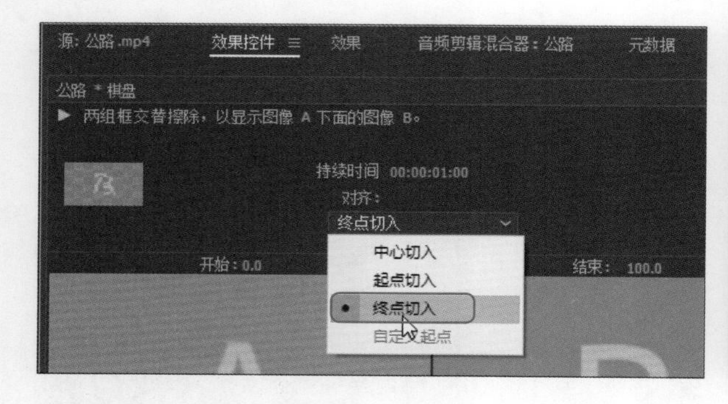

4. 设置开始、结束位置

在视频过渡特效预览区上端，有两个控制视频特效过渡开始、结束的控件，即“开始”、“结束”选项参数。

- **开始：** 该参数用于控制视频过渡特效开始的位置，其默认参数为0，表示视频过渡特效将从整个视频过渡过程的开始位置开始视频过渡。若将该参数设置为20，如下左图所示。则表示视频过渡特效以整个视频过渡特效的20%位置开始视频过渡，效果如下右图所示。

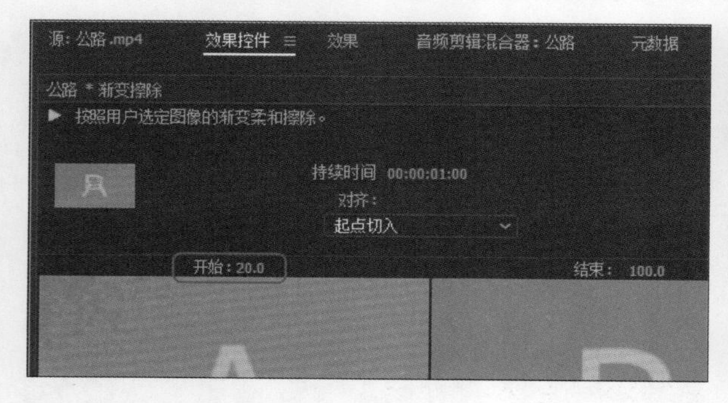

- **结束：** 该参数用于控制视频过渡特效结束的位置，其默认值为100，表示视频过渡特效将从整个视频过渡过程的结束位置结束视频过渡。若将该参数设置为90，如下左图所示。则表示视频过渡特效以整个视频过渡特效的90%位置开始视频过渡，效果如下右图所示。

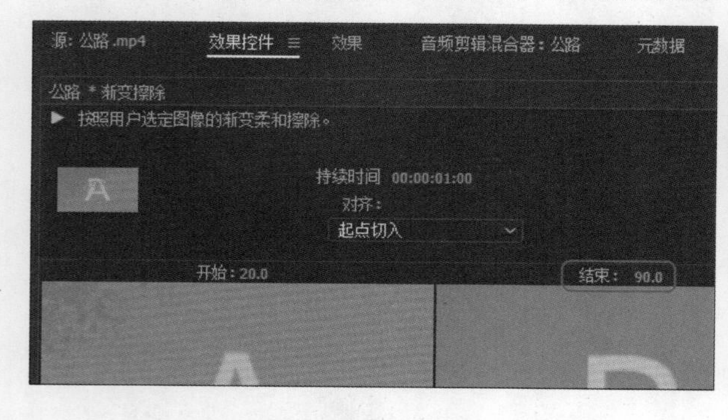

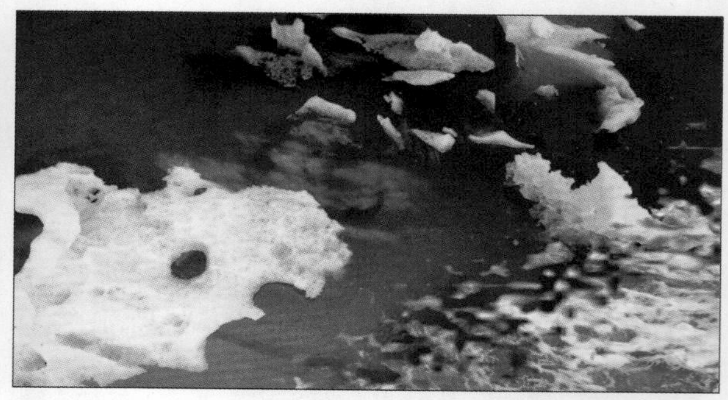

5. 显示素材实际效果

在“效果控件”面板中，有两个视频过渡特效预览区域，分别为A和B。它们分别用于显示应用于A和B两个素材上面的视频过渡效果。为了能更好地根据素材来设置视频过渡特效参数，需要在这两个预览区域中显示出素材的效果。“显示实际源”复选框用于在视频过渡特效预览区域中显示出实际的素材效果，其默认状态为不勾选状态，如下左图所示。若勾选“显示实际源”复选框，则会在视频过渡特效的预览区中显示出素材的实际效果，如下右图所示。

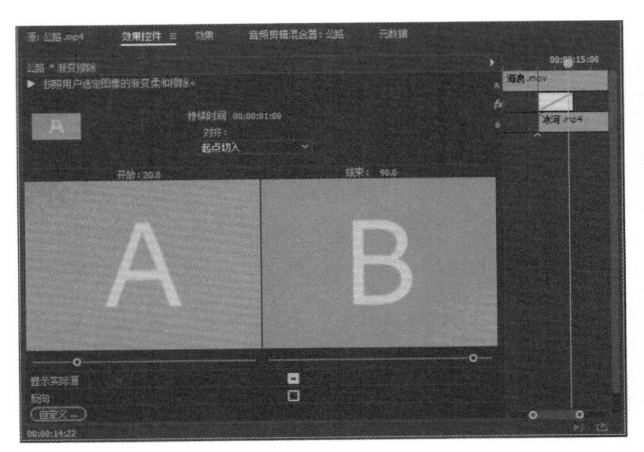
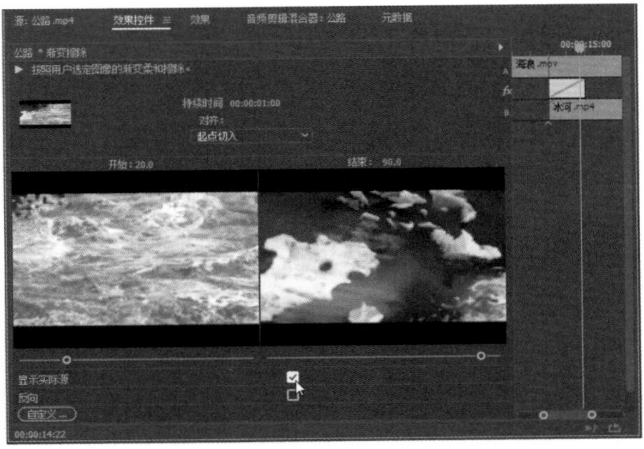

提示：设置视频过渡效果的边框颜色及大小

部分视频过渡特效在过渡过程中会产生一定的边框效果，而在“效果控件”面板中，就有控制这些边框效果宽度和颜色的参数，如“边框宽度”和“边框颜色”等，用户可根据自己的喜好进行调节。

4.2 应用视频过渡效果

作为一款优秀的视频编辑软件，Premiere CC内置了许多视频过渡特效供用户使用。熟练并恰当地运用这些过渡效果可使影片衔接更为自然流畅，并能增加影片的艺术性。下面将对软件内置的视频过渡特效进行简要介绍。

4.2.1 “3D运动”特效组

“3D运动”特效组的视频过渡特效可以模仿三维空间的运动效果，其中包含了“立方体旋转”、“翻转”等视频过渡特效。

- **立方体旋转：** 该特效可以使影片A和影片B如同立方体的两个面一样过渡转换，如下左图所示。
- **翻转：** 该特效能使影片A和影片B组成纸片的两个面，在翻转过程中一个面离开，另一个面出现，如下右图所示。

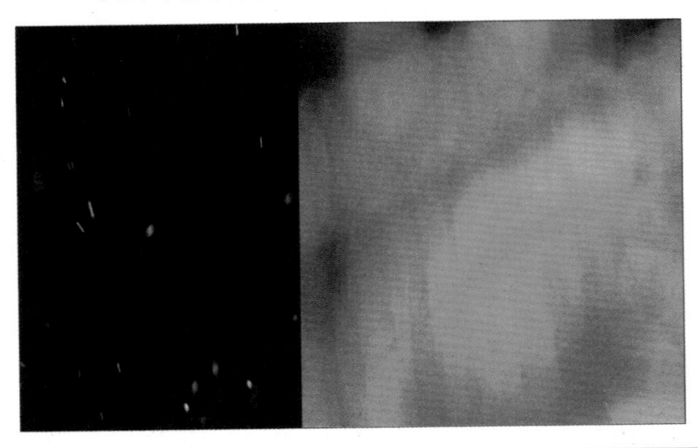
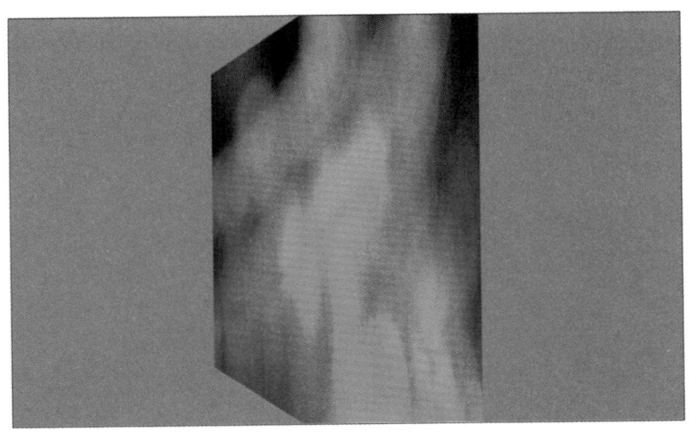

提示：视频“翻转”特效自定义设置

应用“翻转”特效后，在“特效控制台”面板中单击“自定义”按钮，可以在弹出的“翻转设置”对话框对翻转效果进行详细设置。“带”是设置翻转的影像数量；“填充颜色”是设置空白区域的颜色。

4.2.2 “划像”特效组

“划像”特效组中的过渡特效是通过分割画面来完成场景切换的，该组包含了“交叉划像”、“圆划像”、“盒形划像”、“菱形划像”等特效选项。

- **交叉划像：** 在该视频过渡特效中，影片B以一个十字形出现，且图形越来越大，以至于将影片A完全覆盖，如下左图所示。
- **圆划像：** 在该视频过渡特效中，影片B以圆形出现，并在影片A上展开，以至于将影片A完全覆盖，如下右图所示。

- **盒形划像：** 在该视频过渡特效中，影片B以盒子的形状出现，并从中心划开，盒子的形状逐渐增大，以至于将影片A完全覆盖，如下左图所示。
- **菱形划像：** 在该视频过渡特效中，影片B以菱形出现，并在影片A的任意位置展开菱形形状，以至于将影片A完全覆盖，如下右图所示。

4.2.3 “擦除”特效组

“擦除”特效组的视频过渡特效主要是以各种方式将影片擦除来完成场景的切换。该组包含了“带状擦除”、“径向擦除”、“时钟式擦除”、“棋盘擦除”等视频过渡特效。

- **带状擦除：** 在该视频过渡特效中，影片B以带状的形式出现，并从画面的两边插入，最终组成完整的影像并将影片A完全覆盖，如右图所示。

- **径向擦除：** 在该视频过渡特效中，影片B从画面的某一角以射线扫描的状态出现，并将影片A擦除，如右图所示。

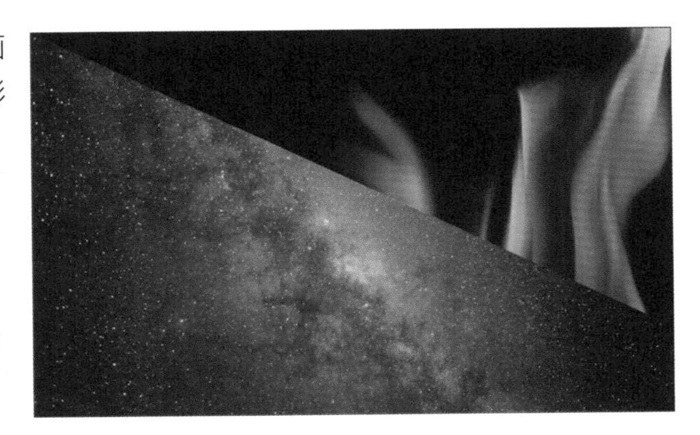

- **时钟式擦除：** 在该视频过渡特效中，影片B以时钟转动的形式将影片A擦除，如下左图所示。
- **棋盘擦除：** 在该视频过渡特效中，影片B呈多个板块在影片A上出现，并逐渐延伸，最终组合成完整的影像并将影片A覆盖，如下右图所示。

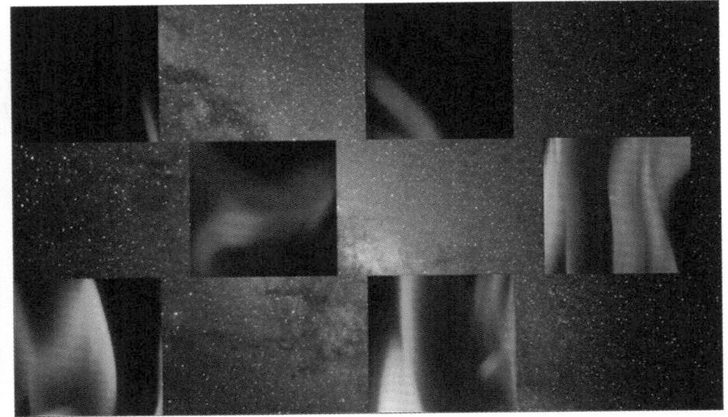

- **楔形擦除：** 在该视频过渡特效中，影片B从影片A的中心处以楔形旋转划入，如下左图所示。
- **油漆飞溅：** 在该视频过渡特效中，影片B以泼墨的方式出现在影片A上，随着墨点越来越多，最终将影片A覆盖，如下右图所示。

提示："油漆飞溅"效果说明

"油漆飞溅"视频过渡特效具有强烈的艺术感，适用于一些高雅艺术素材之间的视频过渡。

- **百叶窗：** 在该视频过渡特效中，影片B以百叶窗的形式逐渐展开，最终覆盖影片A，效果如下左图所示。
- **随机擦除：** 在该视频过渡特效中，影片B沿选择的方向呈随机块逐渐擦除影片A，如下右图所示。

4.2.4 “溶解”特效组

“溶解”视频过渡特效组主要是以淡化、渗透等方式产生过渡效果，包括“交叉溶解”、“叠加溶解”、“胶片溶解”等视频过渡特效。

- **交叉溶解：** 在该视频过渡特效中，影片A的不透明度逐渐降低至画面的两边，最终组成完整的影像并将影片A完全覆盖，如下左图所示。
- **叠加溶解：** 在该视频过渡特效中，影片A和影片B以亮度叠加方式相互融合，影片A逐渐变亮的同时影片B逐渐出现在屏幕上，如下右图所示。

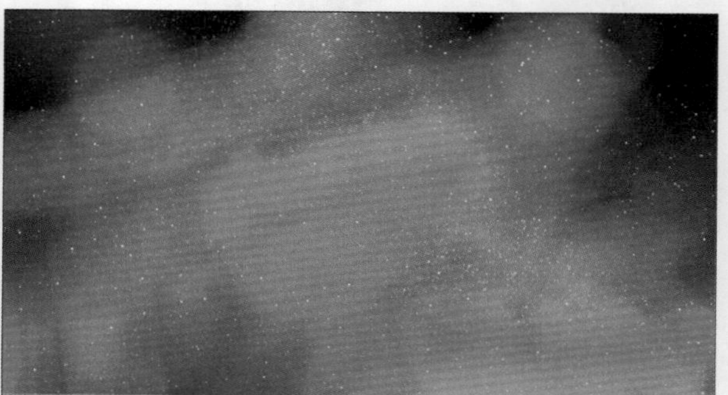

- **渐隐为白色：** 在该视频过渡特效中，影片A逐渐变白，而影片B则从白色中逐渐显现出来，如下左图所示。
- **渐隐为黑色：** 在该视频过渡特效中，影片A逐渐变黑，而影片B则从黑暗中逐渐显现出来，如下右图所示。

- **胶片溶解：** 在该视频过渡特效中，影片A逐渐变色为胶片反色效果并逐渐消失，同时图像B也由胶片反色效果逐渐显现并恢复正常色彩，如下左图所示。

- **非叠加溶解：** 在该视频过渡特效中，影片A从黑暗部分消失，而影片B则从最亮部分到最暗部分依次进入屏幕，直至最终完全占据整个屏幕，如下右图所示。

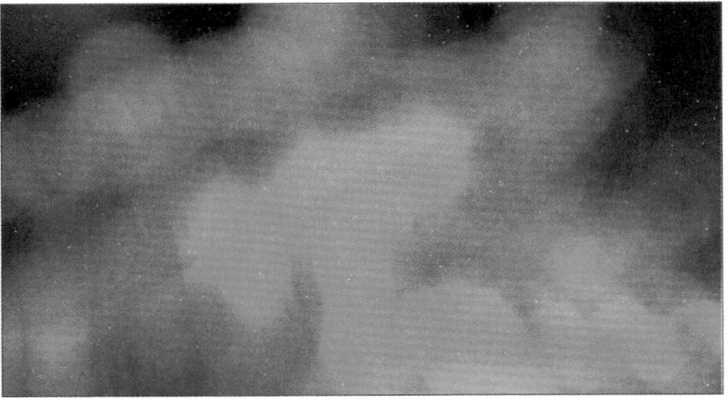

实战练习 制作镜头淡入淡出效果

淡入淡出效果是影片展示过程中经常会使用到的视频过渡效果，本案例将通过制作镜头的淡入淡出效果，来向读者介绍“交叉溶解”效果的运用。

步骤 01 打开Premiere CC软件，新建一个项目，并在“新建序列”对话框中设置项目序列参数，如下左图所示。

步骤 02 执行文件导入操作，打开“导入”对话框，将文件夹中所有图片素材导入到“项目”面板中，如下右图所示。

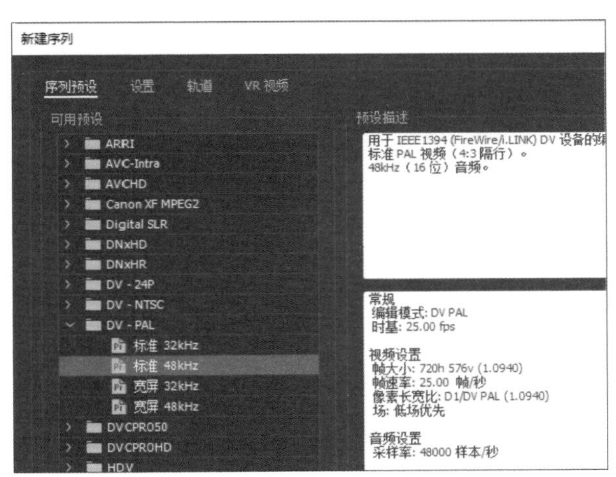

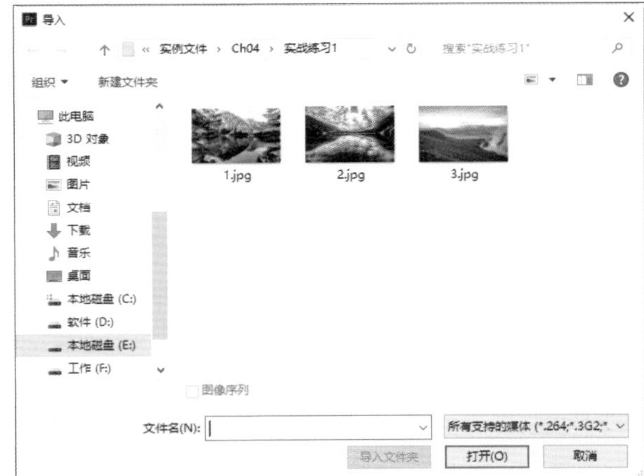

步骤 03 在“项目”面板中的空白处右击，在弹出的快捷菜单中执行“新建项目>颜色遮罩”命令，如右图所示。

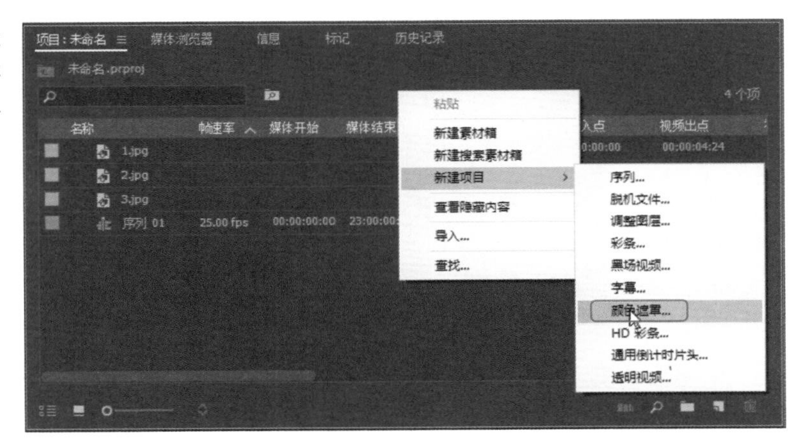

步骤04 在弹出的“新建颜色遮罩”对话框中设置相关参数，如右图所示。

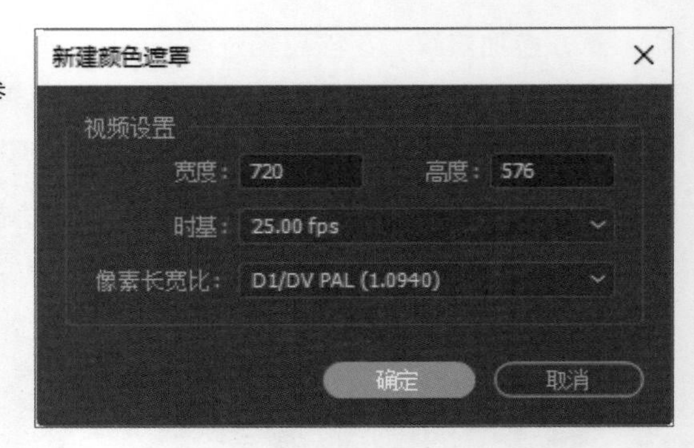

步骤05 打开“拾色器”对话框，将颜色设置为白色❶，单击“确定”按钮❷，如下左图所示。

步骤06 在弹出的“选择名称”对话框中输入遮罩名称❶后，单击“确定”按钮❷，如下右图所示。

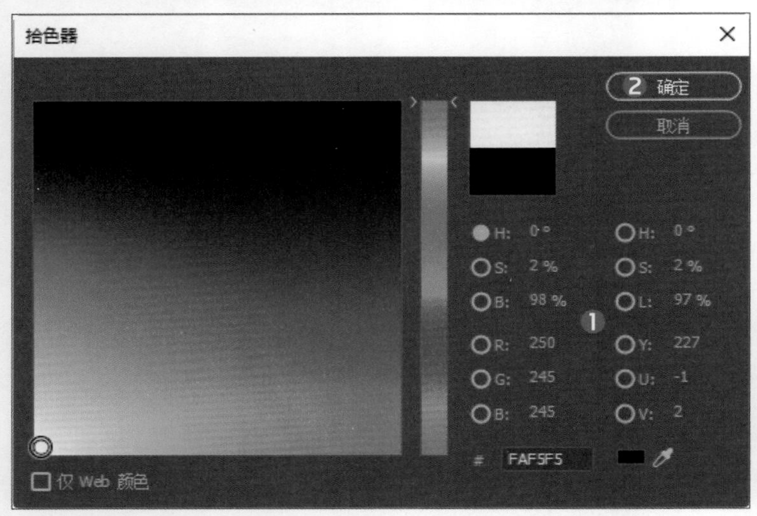

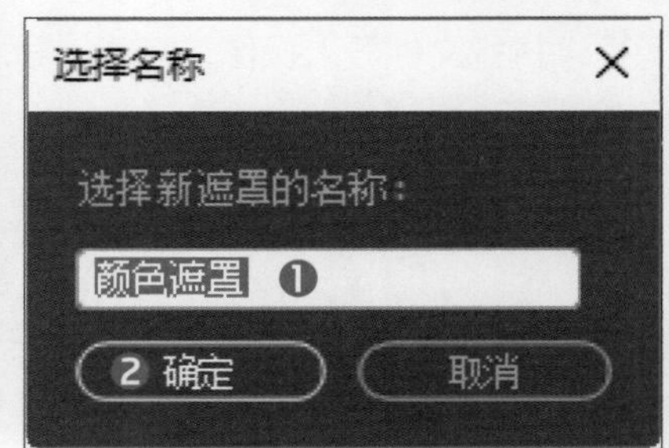

步骤07 将创建完成的“颜色遮罩”添加到时间线面板V1轨道中，如下左图所示。

步骤08 在“颜色遮罩”上面右击，选择“速度/持续时间”命令，在弹出的“剪辑速度/持续时间”对话框中，设置“颜色遮罩”的持续时间为00:00:15:00❶，单击“确定”按钮❷，如下右图所示。

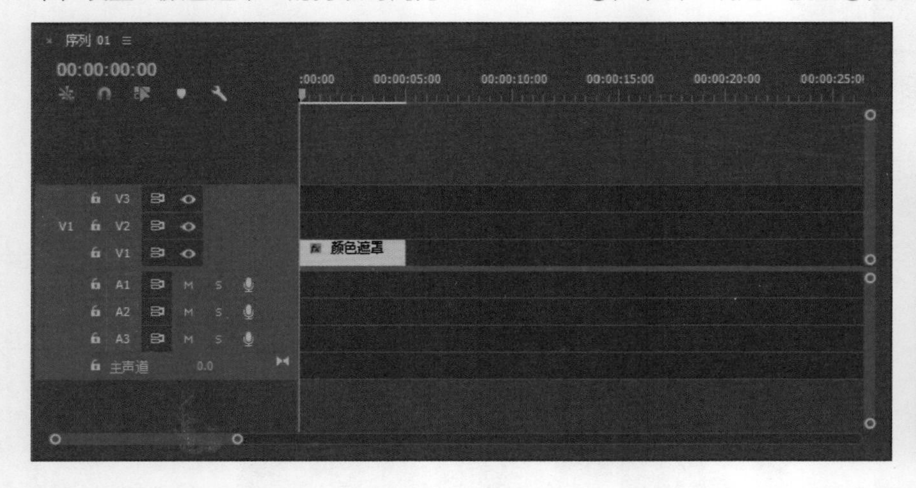

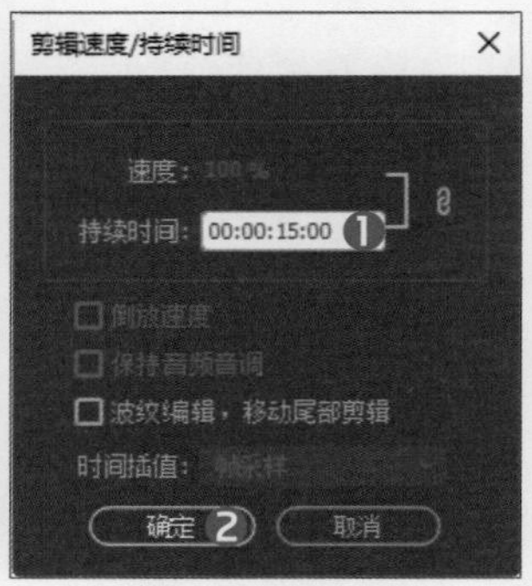

步骤09 将导入到“项目”面板中的图像素材插入到“时间线”面板的V2轨道开始处，如下左图所示。

步骤10 打开“节目监视器”面板，在该面板中浏览素材，如下右图所示。

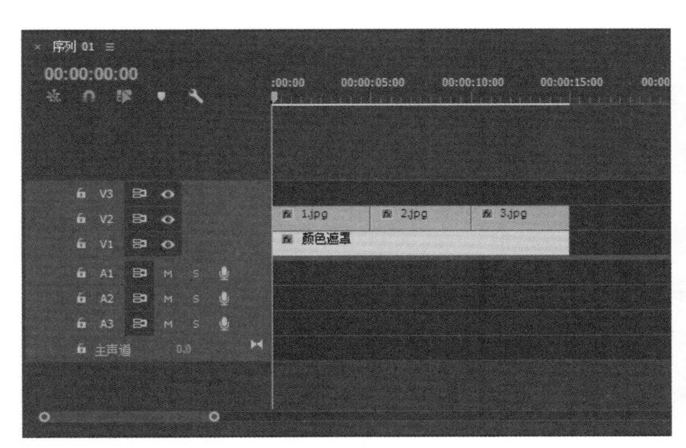

步骤 11 在“效果”面板中，打开“视频过渡❶>溶解❷”卷展栏，选择“交叉溶解”视频过渡特效选项❸，如下左图所示。

步骤 12 将“交叉溶解 ”视频过渡特效添加到“1.jpg”和“2.jpg”素材中间，如下右图所示。

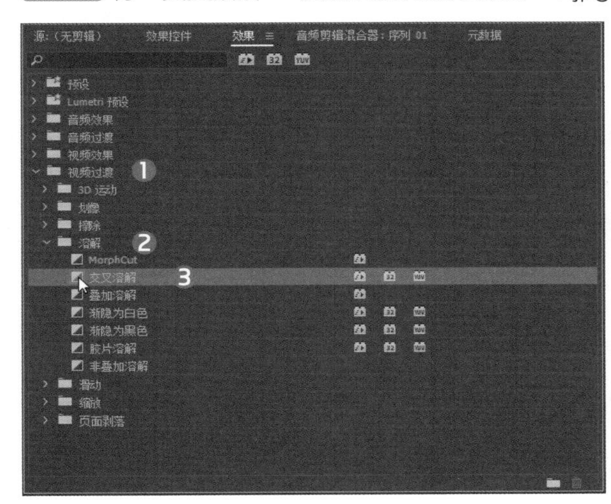

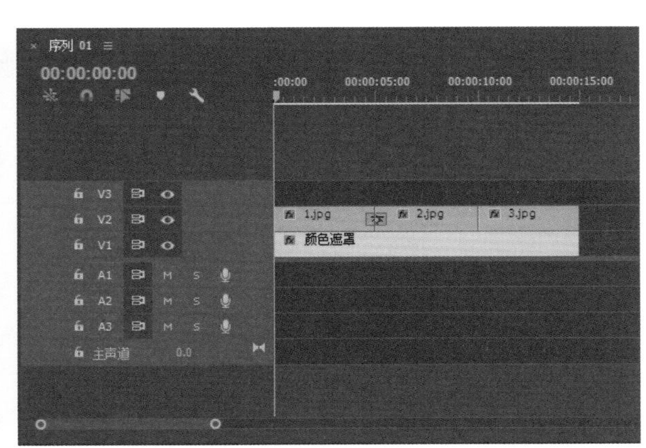

步骤 13 使用同样的方法，将“交叉溶解”视频过渡特效应用到“2.jpg”和“3.jpg”素材中间，如下左图所示。

步骤 14 添加完成后，在“节目监视器”面板中浏览该特效的视频过渡变化效果，如下右图所示。

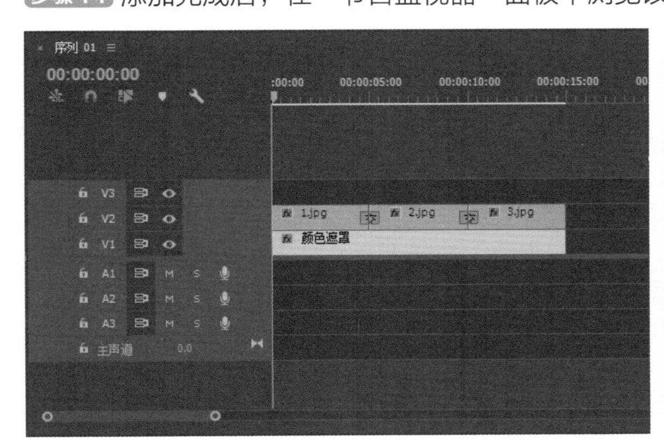

步骤 15 添加视频过渡特效之后，执行“文件❶>保存❷”命令，可对当前的编辑项目进行保存，如下左图所示。

步骤 16 完成上述操作后，即可在“节目监视器”面板预览过渡效果，如下右图所示。

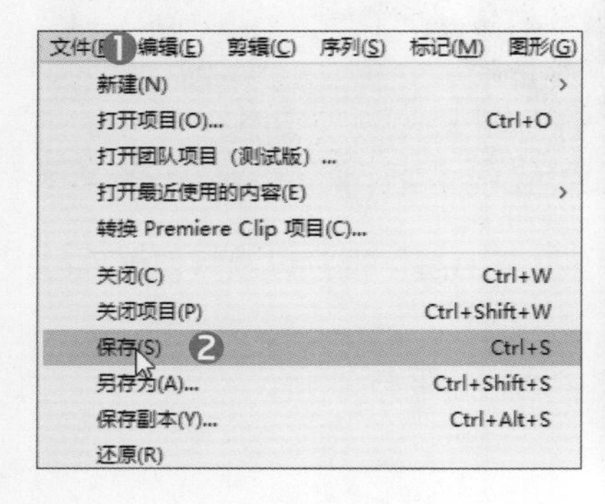

4.3 应用其他过渡效果

在Premiere CC中，除了上述几个视频特效过渡效果组以外，还有一些其他的视频过渡效果组，如“滑动”特效组、“缩放”特效组以及“页面剥落”特效组等，下面对其进行简要介绍。

4.3.1 “滑动”特效组

“滑动”视频过渡特效组主要是通过运动画面的方式完成场景的切换，该组中包含了“滑动”、“带状滑动”、“中心拆分”等视频过渡特效。

- **中心拆分**：在该视频过渡特效中，影片A从画面中心分成4片并向4个方向滑行，逐渐露出影片B，如下左图所示。
- **带状滑动**：在该视频过渡特效中，影片B以分散的带状从画面的两边向中心靠拢，合并成完整的影像，并将影片A覆盖，如下右图所示。

- **推**：在该视频过渡特效中，影片A和影片B左右并排在一起，影片B把影片A向一边推动，使影片A离开画面，影片B逐渐占据影片A的位置，如下左图所示。
- **滑动**：在该视频过渡特效中，影片B从画面的左侧直接插入右侧，并将影片A覆盖，效果如下右图所示。

4.3.2 “缩放”特效组

“缩放”视频过渡特效组主要是通过对图像进行缩放，来完成场景的切换，该组包含了“交叉缩放”、“缩放”等视频过渡特效。

- **交叉缩放：** 在该特效中，影片A被逐渐放大至撑出画面，影片B以影片A最大的尺寸比例逐渐缩小并进入画面，最终在画面中缩放为原始比例，如下左图所示。
- **缩放：** 在该特效中，影片B从影片A的中心出现，并逐渐放大，最终覆盖影片A，如下右图所示。

4.3.3 “页面剥落”特效组

“页面剥落”视频过渡特效组主要是使影片A以各种卷页的动作形式消失，最终显示出影片B，该组包含了“页面剥落”、“翻页”等视频过渡特效。

- **翻页：** 在该视频过渡特效中，影片A以页角对折的形式逐渐消失，呈现出影片B，如下左图所示。
- **页面剥落：** 该视频过渡特效类似于“翻页”视频过渡特效的对折效果，但是卷曲时背景是渐变色，如下右图所示。

提示：“推”与“滑动”视频过渡特效的区别

在“推”视频过渡特效中，影片A会因为影片B的推动而变形；而在“滑动”视频过渡特效中，影片A不受影片B的影响，影片B以整体滑动方式覆盖影片A。

知识延伸：视频过渡特效插件

在Premiere CC中，除了其自带的各种视频过渡特效外，还支持许多由第三方提供的视频过渡特效插件。这些插件极大地丰富了Premiere CC的视频制作效果，下面将介绍两种常用的视频过渡特效插件及其它特效插件安装方法。

1. Hollywood FX

如果说“好莱坞”是电影的代名词，那么Hollywood FX差不多就是电影转场特效的代名词。用过Hollywood FX的人无不被其丰富的场景特效、强大的特效控制能力所折服。

Hollywood FX是品尼高公司（Pinnacle）的产品，它实际上是一种专做3D转场特效的软件，可以作为很多其他视频编辑软件的插件来使用。FX也可以脱离Premiere单独运行，如果把它的prm文件拷贝到Premiere的Plug-ins目录下，就可以在Premiere里直接调用。

2. Spice

Spice Master可以为Premiere增加300多个精彩的转场特技。该插件可以自定义转场，方法是用Photoshop做出有渐变特效的灰度图片（模式是灰度、8位通道），大小一般是320*240，存为TIF格式，可以添加到Spice Master的转场库中。用户也可以根据需要下载现成的转场库。

如果想下载这个插件，用户也可以仔细研究下Premiere中自带的Gradientwipe，效果比较类似，两者都是根据所选图像的深浅程度进行动态切换，图像可以自己做。如果这些插件是AEX或PRM格式，则可以复制到安装目录下的Plug-ins\zh_CN文件夹中。 当然这些插件必须是Premiere CC的插件。如果是其它版本的特效插件，是不能用于Premiere CC的。

3. 插件安装方法

- **直接复制：**如果是文件夹形式或是aex、prm结尾的特效插件，直接复制即可。
- **需要安装：**如果是xxx.exe文件，则为需要安装执行的插件。

4. 插件安装失败的原因及解决办法

- 插件版本与软件版本不匹配

许多Premiere6.5以前版本中常用的插件不支持Premiere CC，或者要更换新版本才能支持Premiere CC，这是由于Premiere CC引进AE内核的原因，在Premiere CC中很多AE的插件都是可以用的。

- **安装方式不对**

软件的默认安装位置为：C:\Program Files\Adobe\Adobe Premiere XXX。

如果是直接复制的插件，就把插件复制到C:\Program Files\Adobe\Adobe Premiere XXX\Plug-ins\Common（有些是Plug-ins\zh_CN\或Plug-ins\en_US\）；如果是需要安装的插件则执行安装程序.exe安装插件即可。

● **安装位置不对**

首先需要先找到软件的安装位置（右击Premiere CC图标，选择“属性”命令，弹出Adobe Premiere Pro CC 2019属性对话框），如果是直接复制的插件，就把插件复制到：安装位置\Adobe Premiere XXX\Plug-ins\Common（有些是Plug-ins\zh_CN\或Plug-ins\en_US\）；如果是需要安装的插件，则执行安装程序.exe，然后把安装后产生的插件文件或文件夹复制到：安装位置\Adobe Premiere XXX\Plug-ins\Common（有些是Plug-ins\zh_CN\或Plug-ins\en_US\）。

上机实训：制作动物世界主题影片

学习完Premiere CC视频过渡特效的应用后，下面我们以动物相册案例的制作过程巩固所学的知识，具体操作方法如下。

步骤 01 启动Premiere CC软件，新建一个项目，并在“新建序列”对话框中设置项目序列参数，如下左图所示。

步骤 02 打开“Ch04>素材文件>动物世界”文件夹，将文件夹中所有图片素材导入到“项目”面板中，如下右图所示。

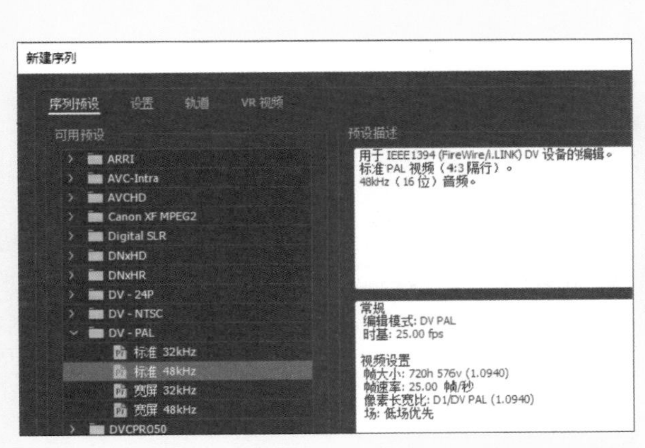

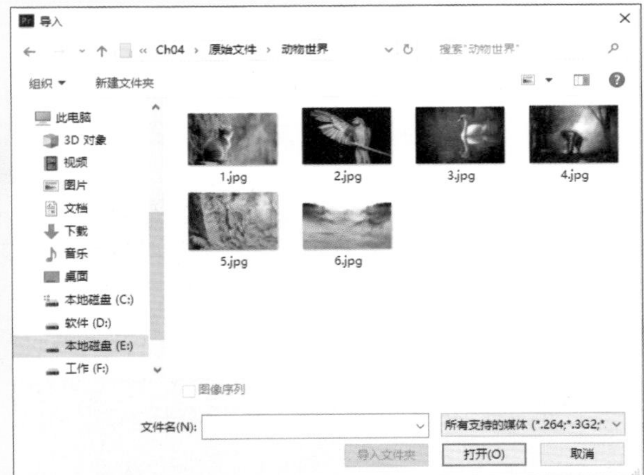

步骤 03 在“项目”面板中选择所有的图像素材，执行“剪辑>速度/持续时间”命令，在打开的“剪辑速度/持续时间”对话框中将“持续时间”调整为00:00:04:00❶，然后单击“确定”按钮❷，如下左图所示。

步骤 04 将“项目”面板中的图像素材全部拖曳到“时间轴”面板V1轨道的开始位置，如下右图所示。

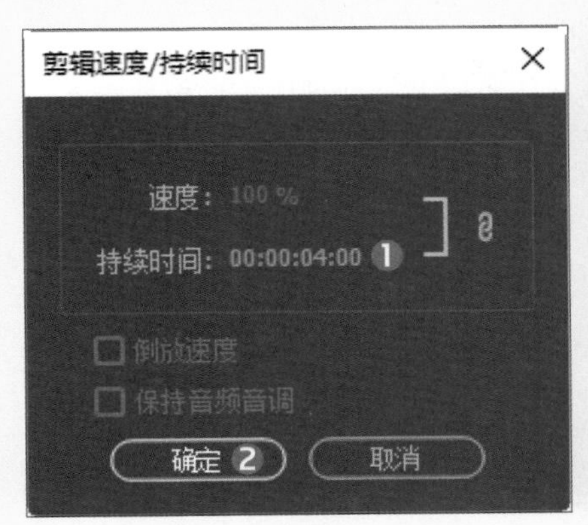

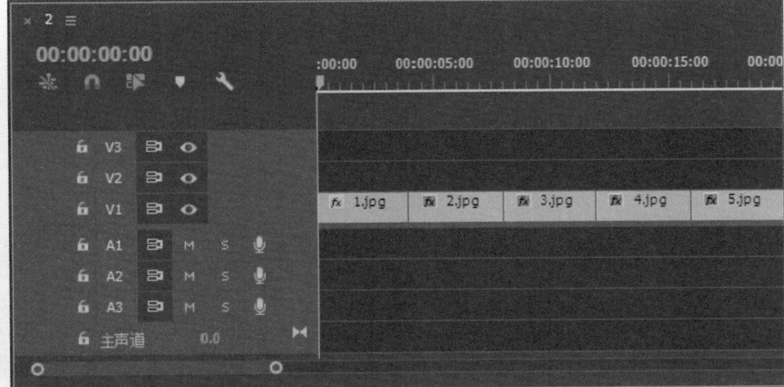

步骤 05 返回“项目”面板，选中所有图像素材，依次执行“剪辑❶>修改❷>解释素材❸”命令，如下左图所示。

步骤 06 弹出“修改素材”对话框，设置素材的“像素长宽比”参数，如下右图所示。

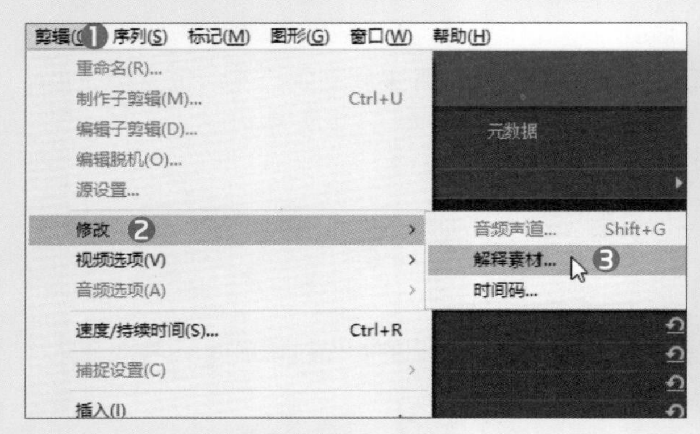

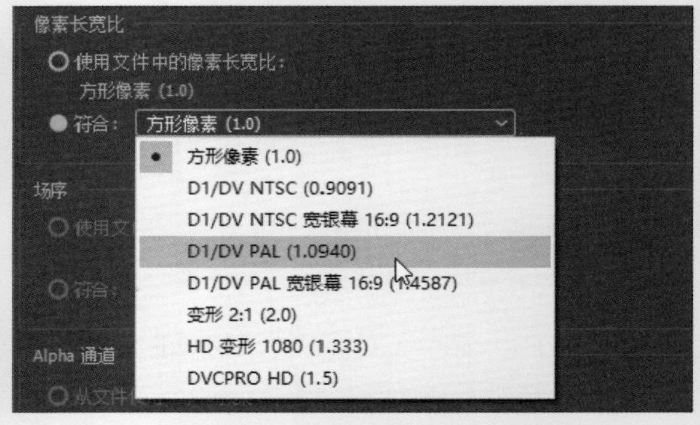

步骤 07 在每个图像素材的中间添加一个视频过渡效果，在素材的前端和末端也可添加，用户可根据自己的喜好进行操作，如下图所示。

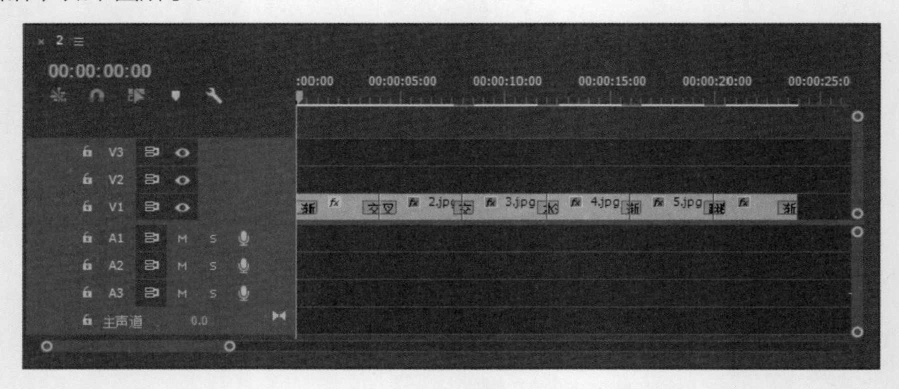

步骤 08 选择一个视频过渡效果，对其参数进行简要设置。选择第3个视频过渡效果“交叉划像”❶，将其对齐方式设置为“起点切入”❷，设置开始时间为5.0❸，设置结束时间为90.0❹，如下左图所示。

步骤 09 然后选择第4个视频过渡特效为“水波块”，设置其“边框宽度”为0.2、边框颜色为蓝色，如下右图所示。

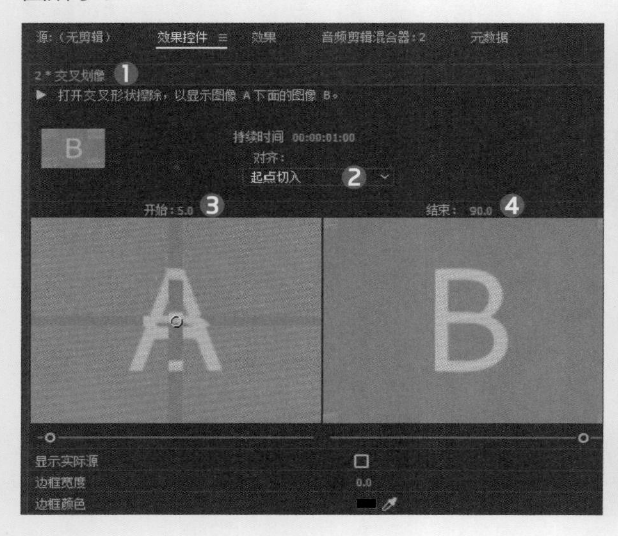

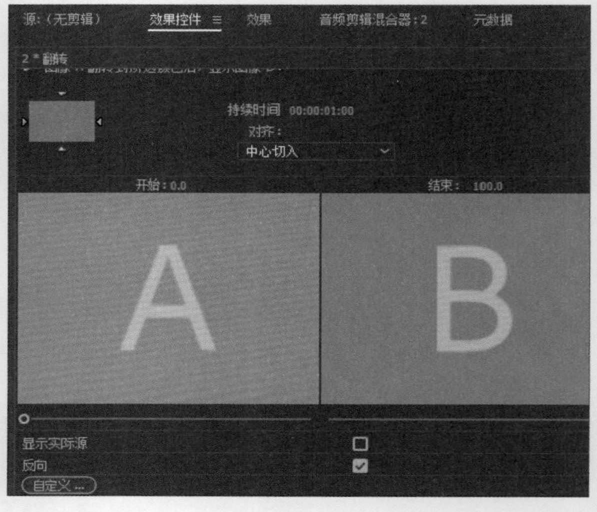

步骤10 设置完成后，预览“水波块”视频过渡效果，如下左图所示。

步骤11 设置第5个视频过渡特效为“翻转”，勾选“反向”复选框，如下右图所示。

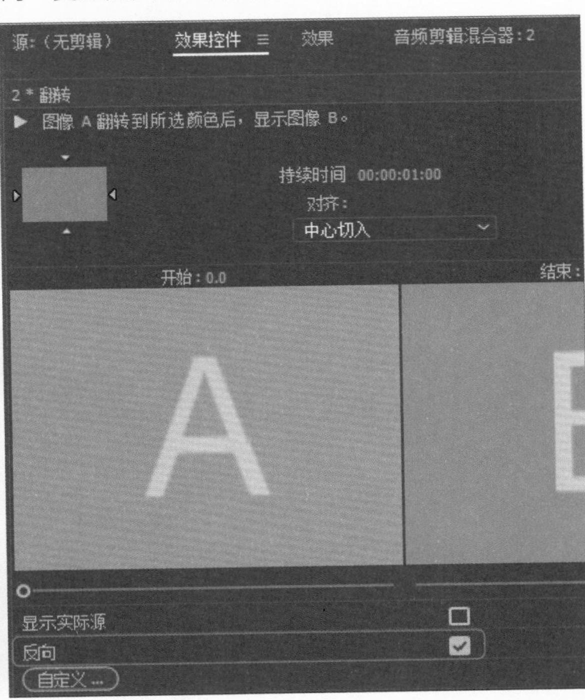

步骤12 设置完成后，预览“翻转”视频过渡效果，如下左图所示。

步骤13 勾选第6个视频过渡效果“渐变擦除”的“显示实际源”复选框，其效果如下右图所示。

步骤14 将“项目”面板中的音频素材“背景音乐.mp3”拖曳到时间轴面板中A1轨道的开始位置，与V1轨道中的视频入点对齐，如下图所示。

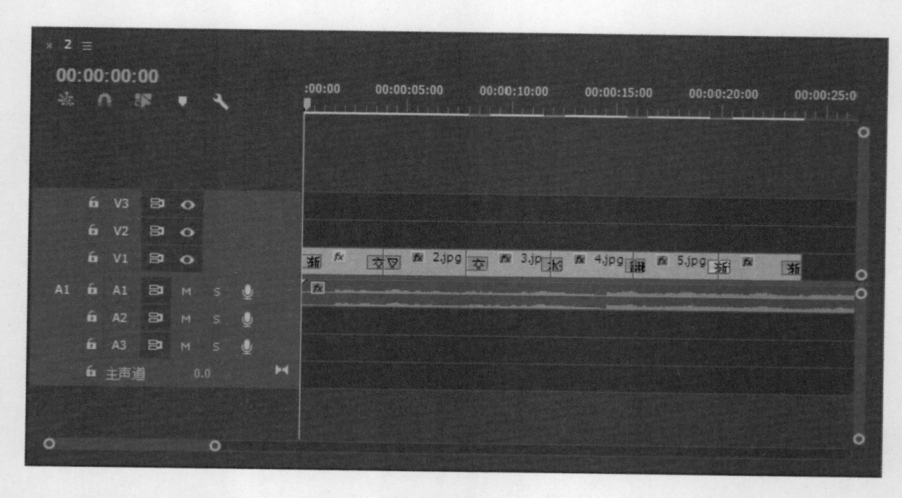

步骤 15 单击“剃刀工具”按钮，将A1轨道上“背景音乐.mp3”不需要的部分剪开，如下左图所示。

步骤 16 单击“选择工具”按钮后，将不需要的素材选中，按Delete或Backspace键，即可删除所选素材，如下右图所示。

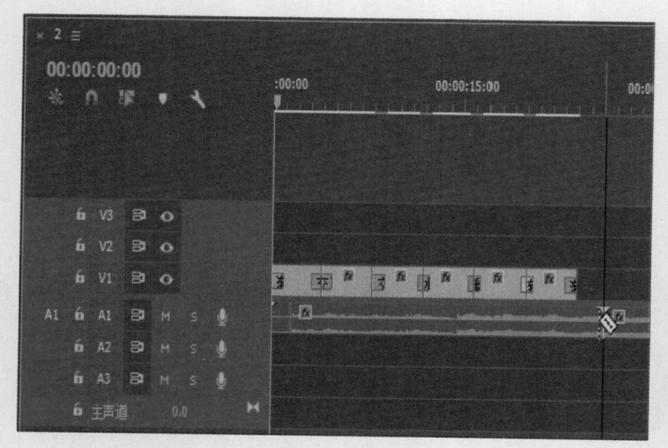

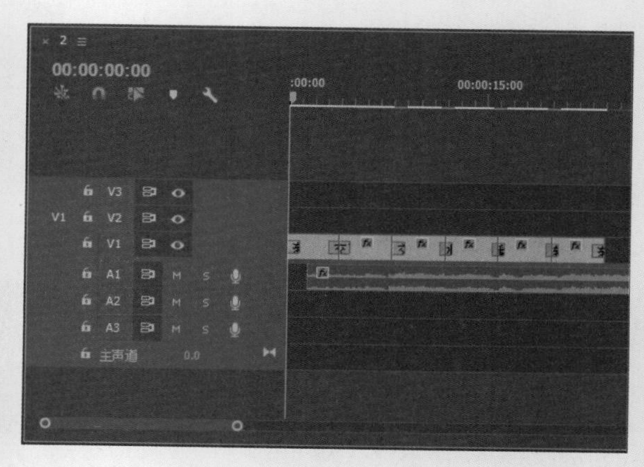

步骤 17 将音频素材起点移动到开始位置，对于多出部分，对图片素材显示时间长度进行调节，使其与音频素材末端对齐，如下左图所示。

步骤 18 至此，本案例制作完成。单击“播放-停止切换”按钮预览影片效果，如下右图所示。

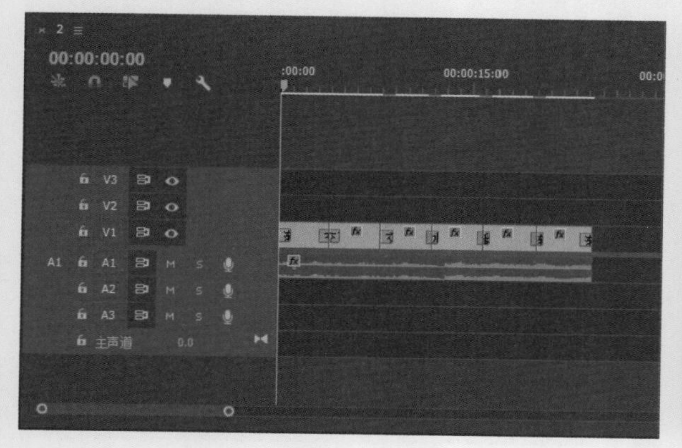

课后练习

1. 选择题

（1）________特效组中的过渡特效是通过分割画面来完成场景切换。

A. 划像　　B. 擦除　　C. 滑动　　D. 溶解

（2）用户将视频过渡特效插入到两个素材中心位置时，在“效果控件”面板的“对齐”选项中，选择________对齐方式，视频过渡特效便位于两个素材的中心位置。

A. 起点切入　　B. 中点切入　　C. 自定义切入　　D. 中心切入

（3）________特效组主要是以淡化、渗透等方式产生过渡效果。

A. 划像　　B. 滑动　　C. 溶解　　D. 擦除

（4）在________视频过渡特效中，影片A和影片B左右并排在一起，影片B把影片A向一边推动，使影片A离开画面，影片B逐渐占据影片A的位置。

A. 滑动　　B. 推　　C. 中心拆分　　D. 带状滑动

（5）________特效可以使影片A和影片B如同立方体的两个面一样过渡转换。

A. 旋转　　B. 翻转　　C. 立方体旋转　　D. 立方体翻转

2. 填空题

（1）在__________视频过渡特效中，影片A从画面中心分成4片并向4个方向滑行，从而逐渐露出影片B。

（2）__________视频过渡特效组主要是使影片A以各种卷页的动作形式消失，最终显示出影片B。

（3）在__________视频过渡特效中，影片A以页角对折的形式逐渐消失，呈现出影片B。

（4）在__________特效中，影片B从影片A的中心出现，并逐渐放大，最终覆盖影片A。

（5）在__________视频过渡特效中，影片B以盒子的形状出现，并从中心划开，盒子的形状逐渐增大，以至于将影片A完全覆盖。

3. 上机题

打开素材文件，利用本章所学知识，通过使用视频过渡效果制作一个以“自然风光”为主题的影片剪辑。效果所在位置：光盘\Ch 04\最终文件\自然风光.mp4。

操作提示

1. 在素材间添加多种不同的视频过渡效果。
2. 设置特效参数。

Chapter 05 视频效果

本章概述

使用过Phototoshop的人不会对视频效果感到陌生，就是通过各种滤镜为原始图片添加各种各样的特殊效果。在Premiere中，也能使用各种视频效果使图像看起来更加绚丽多彩。本章主要介绍视频特效的使用方法，从而让视频变得更加生动精彩。

核心知识点

❶ 了解视频效果概述
❷ 掌握常用视频效果的使用方法
❸ 熟悉视频滤镜效果的分类
❹ 掌握视频效果的具体应用

5.1 应用视频效果

在使用Premiere编辑视频时，系统自带了许多的视频效果。这些视频效果能对原始素材进行调整，如调整画面的对比度、为画面添加粒子或者光照等，从而为视频作品增加艺术效果，为观众带来丰富多彩、精美绝伦的视觉盛宴。

视频效果的应用非常简单，只需要从“视频效果”面板中把需要的效果拖曳至“时间线”面板中的剪辑里，然后根据需要在“效果控件”面板中调整参数，就可以在“节目”面板中看到所应用的效果。下面分别对应用视频效果的相关知识进行详细介绍。

5.1.1 视频效果概述

在 Premiere Pro CC 2019中，用户可以对视频剪辑使用各种视频及音频效果，其中的视频效果能让视频剪辑产生动态的调整、锐化、模糊、风吹、幻影等效果。如果对音频应用效果，可使声音有一些特殊的变换。

视频效果和音频效果可以服务于剧本中的许多情节。视频效果指的是一些由Premiere封装的程序，它们专门处理视频中的像素，然后按照特定的要求实现各种效果。用户可以通过该功能修补视频和音频素材中的缺陷，比如改变视频剪辑中的色彩平衡或从对话音频中除去杂音。也可以使用音频视频效果给在录音棚中录制的对话添加配音或者回声。

Premiere Pro CC 2019在视频效果的界面设计方面和以前版本的Premiere相比有了很大的区别，以前的版本都是把视频效果放在菜单命令里面，而现在的Premiere Pro CC 2019版本则设计成了控制面板方式，所有视频效果都保存在“视频效果”或“音频效果”面板中。Premiere Pro CC 2019提供了几十种视频效果，而且按类型进行了分类，都放置到一个文件夹中。例如，所有能产生模糊感觉的视频效果都列在“视频效果”面板的“模糊与锐化”文件夹中，用户可以将不实用的效果隐藏起来，或创建新的文件夹来分组那些经常使用或很少使用的效果。

提示：视频效果的应用

以前，在Premiere中人们都把效果称为特殊效果或者特效，现在一般都改称为视频效果和音频效果了，老用户要注意这些名称的叫法，新用户在参考以前相关图书的时候，也要注意这两种名称。

5.1.2 添加视频效果

本节将对Premiere系统内置视频效果的分类、为素材添加系统内置视频效果，及添加视频效果的顺序等有关视频效果应用方面的知识进行介绍。

1. 视频特效分类

在Premiere中，系统内置的视频效果分为“变换”、“图像控制”等19个视频效果组，如下图所示。

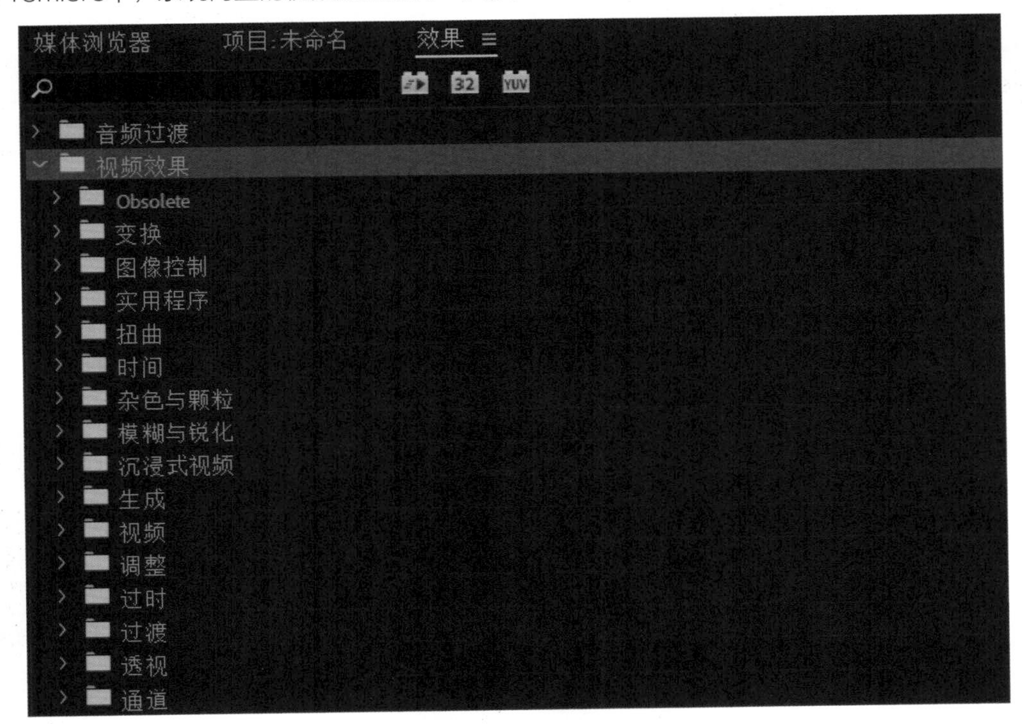

2. 为素材应用视频效果

在Premiere中将素材插入到“时间线”面板后，在“效果”面板中将选择的视频效果拖动到“时间线”面板中的素材上，如下左图所示。之后打开“效果控件”面板，展开添加的视频效果卷展栏，设置相关参数后，即可调整视频的效果，如下右图所示。

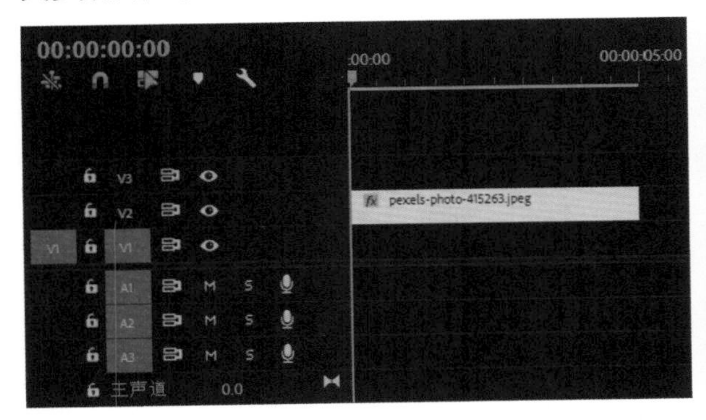

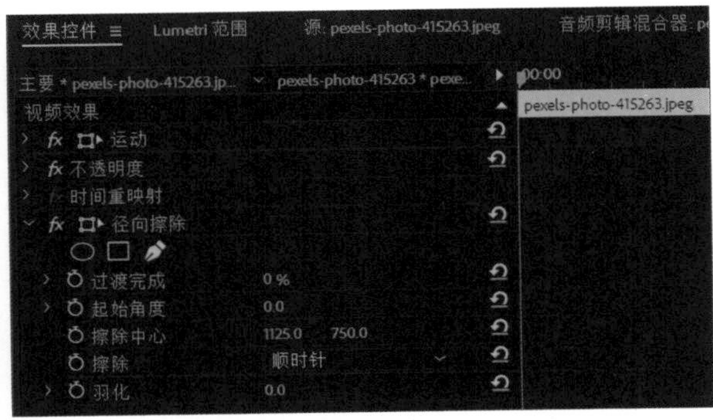

除了将“效果”面板中的视频效果直接拖曳到“时间线”面板的方法外，用户还可以直接将“效果”面板中的视频特效添加到素材的“效果控件”面板中，如下左图所示。松开鼠标，展开视频效果的卷展栏并进行参数设置，如下右图所示。

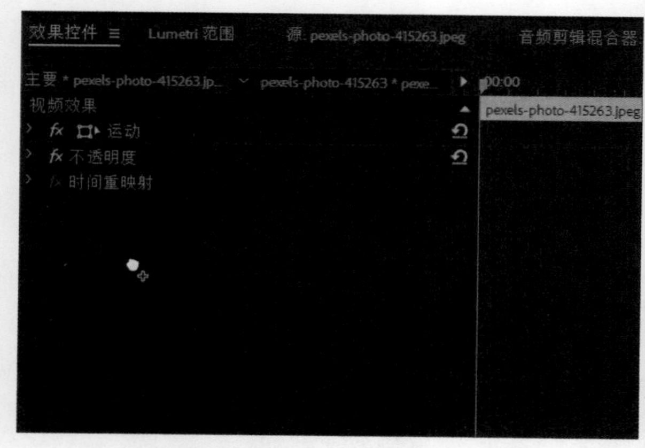

3. 添加视频效果的顺序

在使用Premiere的视频效果调整素材时，有时使用一个视频效果即可达到调整的目的。但在很多时候，需要为素材添加两个甚至两个以上的视频效果，通过这两个视频效果的共同作用，素材才能达到满意的视觉效果。使用一个视频效果调整素材后的效果如下左图所示；使用多个视频效果调整素材后的效果如下右图所示。

在Premiere中，系统按照素材在“效果控件”面板中的视频效果从上至下的顺序进行运算。若为素材使用单个视频效果，那么视频效果在“效果控制”面板中的位置没有什么要求。若用户为素材应用多个视频效果，就一定要注意视频效果在“效果控件”面板中的排列顺序，视频效果排列顺序不同，画面的最终效果亦会不同。默认视频效果顺序如下左图所示；画面效果如下右图所示。

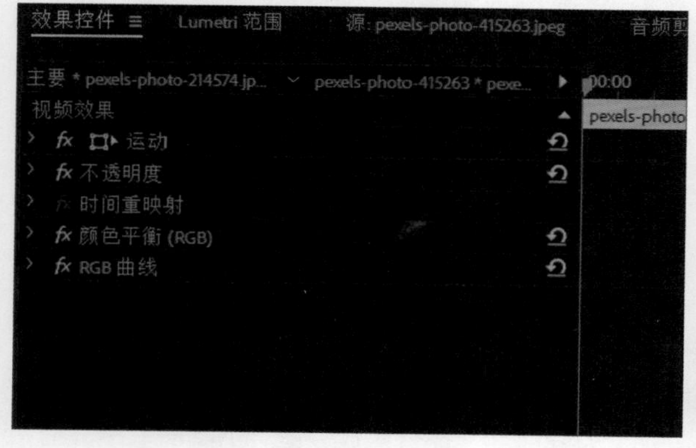

在“效果控制”面板中，选择“颜色平衡（RGB）”视频特效，按住鼠标左键并向下拖动，将该视频

效果调整到“RGB曲线”视频效果之后，如下左图所示。此时“节目监视器”面板中画面的显示效果如下右图所示。

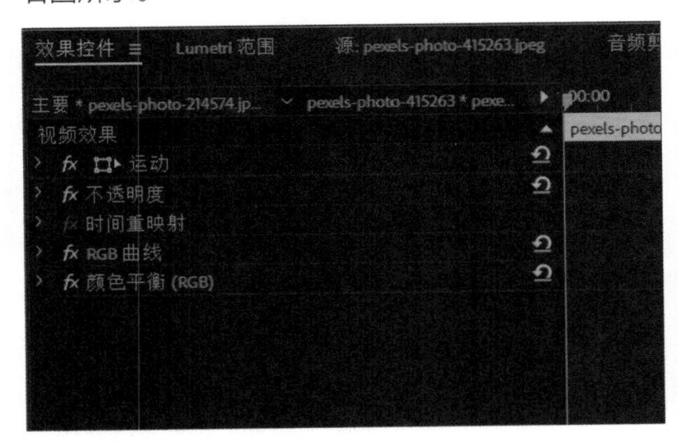

当为素材应用视频效果的数量在3个及3个以上时，更需要注意各个视频效果在“效果控件”面板中的顺序。

5.1.3 编辑视频效果

应用视频效果后，用户还可以对视频效果进行编辑。如果对Premiere Pro CC 2019中应用的视频效果不满意，可以删除视频效果或临时关闭视频效果。下面分别进行详细介绍。

1. 删除视频效果

如果对应用的视频效果不满意，或者不再需要视频效果了，可以将其删除，下面介绍如何删除已经应用的视频效果。

首先在“时间线”面板中确定应用效果的剪辑处于选中状态，打开“效果控件”面板，选择所应用的效果，如下左图所示。然后单击鼠标右键，在弹出的快捷菜单中执行“清除”命令，即可将效果删除，如下右图所示。

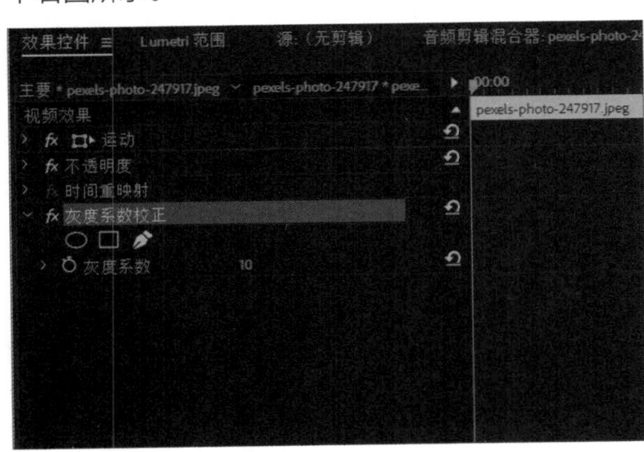

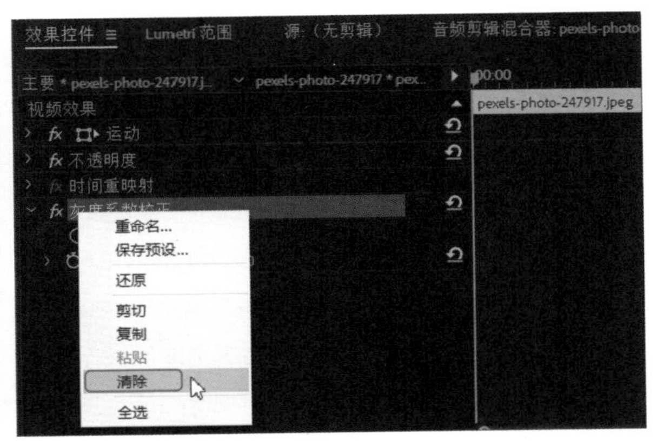

2. 临时关闭视频效果

若用户想使视频效果不起作用，但是还不想把它删除，可以临时关闭视频效果，下面介绍临时关闭视频效果的操作方法。

首先在“时间线”面板中选中应用效果的剪辑，打开“效果控件”面板，选择该效果，如下左图所示。然后单击效果名字左边的fx按钮即可临时关闭，如下右图所示。

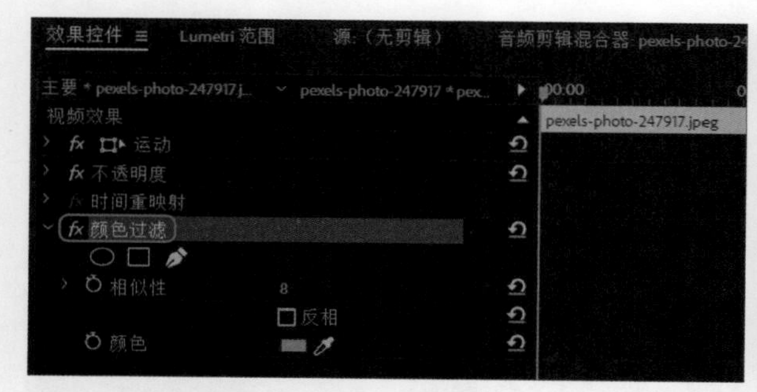

提示：外挂视频效果

Premiere还支持很多第三方外挂视频特效，借助这些外挂视频特效，用户能制作出Premiere Pro CC 2019自身不易制作或者无法实现的某种特效，从而为影片增加更多的艺术特效。

5.2 应用画面质量视频效果

画面质量视频效果在项目制作中是常用的效果，主要用来调整素材画面的模糊与清晰度。该视频效果主要位于“杂色与颗粒”和“模糊与锐化”组。“杂色与颗粒”视频效果可以给画面添加一些随机产生的干扰颗粒，即噪点；也可以淡化画面中的噪点，制作出色素图案的纹理。“模糊与锐化”视频效果是两类效果相反的效果，即通过模糊或锐化使画面变得更加生动。下面对这两组视频效果进行详细介绍。

5.2.1 “杂色与颗粒”视频效果组

“杂色与颗粒”组包含了“蒙尘与划痕”、“中间值”、“杂色”等6种视频效果，这些视频效果主要用于去除画面的噪点或者在画面添加一些噪点等。“杂色与颗粒”组如右图所示。

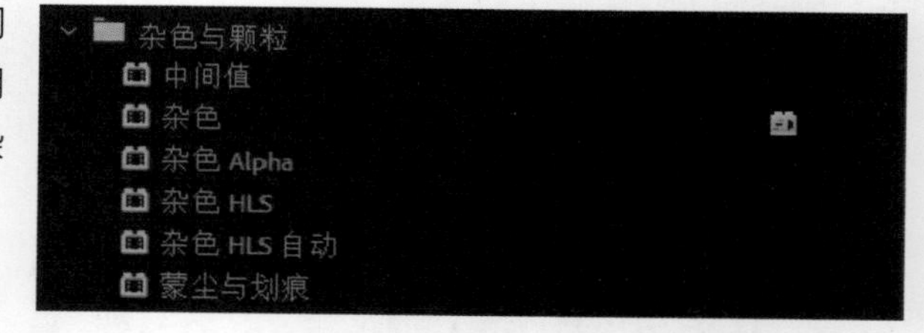

1. “蒙尘与划痕”视频效果

“蒙尘与划痕”视频效果通过把画面的像素颜色摊开，使颜色层次处理更真实，来改变相异的像素柔化图像，其使用方法与Photoshop中的同名滤镜相同。原始素材效果如下左图所示，为素材应用“蒙尘与划痕”视频效果之后的画面效果如下右图所示。

2. “杂色”视频效果

“杂色”视频效果主要用于为图像添加噪点效果。原始素材效果如下左图所示，为素材应用“杂色”视频效果之后的画面效果如下右图所示。

3. “中间值”视频效果

“中间值”视频效果可以用指定半径范围内像素的平均值来取代图像的所有图像。当指定的半径范围较小时，可以去除图像中的噪点；当指定的半径值较大时，会产生画笔效果。原始素材效果如下左图所示，为素材应用“中间值”视频效果之后的画面效果如下右图所示。

4. “杂色HLS”视频效果

“杂色HLS”视频效果可以单独为图像的色相、饱和度、亮度添加不规则的噪点效果。原始效果如下左图所示，为素材应用“杂色HLS”视频效果之后的效果如下右图所示。

5.2.2“模糊与锐化”视频效果组

“模糊与锐化”视频效果组包含了“复合模糊”、“方向模糊”、“高斯模糊”、“锐化”等7种视频效果，主要用于柔化或者锐化图像，不仅可以柔化边缘过于清晰或者对比度过强的图像区域，还可以将原本清晰的图像进行模糊处理。“模糊与锐化”视频效果组如下图所示。

1.“锐化”视频效果

“锐化”效果可以增加图像素材颜色之间的对比度，使图像更加清晰。原始效果如下左图所示，为素材应用“锐化”视频效果之后，画面效果如下右图所示。

2.“相机模糊”视频效果

“相机模糊”视频效果可以模拟类似相机聚焦偏移产生的模糊效果，该效果控制面板只有一个“百分比模糊”参数，该参数值越大，模糊程度就越高。原始素材效果如下左图所示，为素材应用“相机模糊”视频效果之后的画面效果如下右图所示。

3.“通道模糊”视频效果

“通道模糊”视频效果可针对图像的R、G、B或者Alpha通道使用单独的模糊效果，在图层实例设置为最佳情况下，模糊效果较为平滑。原始效果如下左图所示，为素材应用“通道模糊”视频效果之后的画面效果如下右图所示。

4.“高斯模糊”视频效果

“高斯模糊”视频效果主要用于柔化图像和去除噪点，可控制模糊的方向。与Photoshop中的同名滤镜效果一样，均为常用的模糊效果。原始素材效果如下左图所示，为素材应用“高斯模糊”视频效果之后的画面效果如下右图所示。

5.“方向模糊”视频效果

“方向模糊”视频效果可以对图像进行指定方向上的模糊，且指定的模糊方向可以是任意角度。原始素材效果如下左图所示，为素材应用“方向模糊”视频效果之后的画面效果如下右图所示。

5.3 变形视频效果

Premiere中的变形视频效果包括“变形”、“扭曲”和“透视”三个视频效果组，主要用于对画面进行变形，使其产生旋转、波形等变形效果。下面对这些视频效果的应用进行详细介绍。

5.3.1 “变形”视频效果组

“变形”视频效果组中包含了“垂直翻转”、“水平反转”、“羽化边缘”和“裁剪”4种视频效果，主要用于制作一些特殊的视频效果，如下图所示。

1. “水平翻转”视频效果

“水平翻转”视频效果可产生将画面左右翻转180度后，如同镜面的反向效果。画面翻转后仍然维持正顺序播放。原始效果如下左图所示，为素材应用“水平翻转”视频效果之后的画面效果如下右图所示。

2. “垂直翻转”视频效果

“垂直翻转”视频效果可以将画面上下翻转180度。原始效果如下左图所示，为素材应用“垂直翻转”视频效果之后的画面效果如下右图所示。

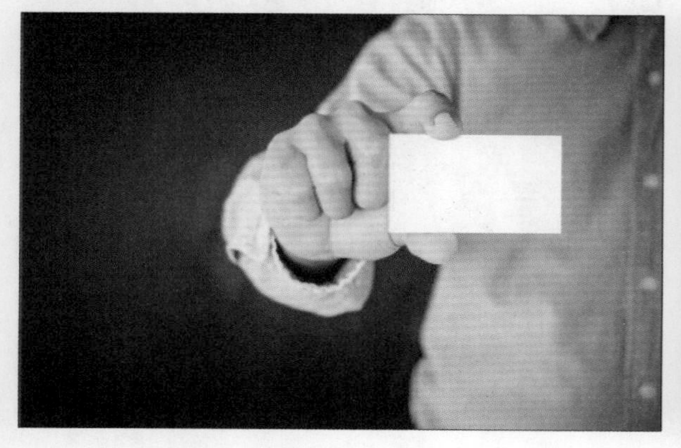

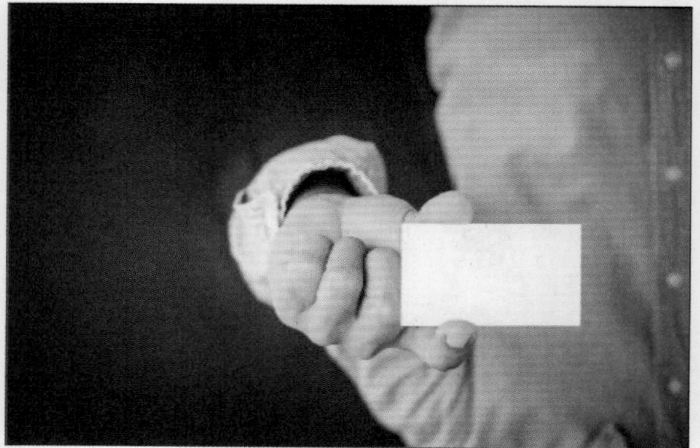

3.“裁剪”视频效果

如果想使修剪后的剪辑保持原来的尺寸，应使用“裁剪”视频效果来修剪它。使用该视频效果可以将图像边缘由数字画面采集卡所产生的毛边裁剪掉。利用滑块，可以分别对4个边进行裁剪。裁剪时可以设定以像素为单位或以百分比值来进行。利用此方法裁剪边缘会留下4条空白边，其边缘部分不能消除，只能用其他颜色取代。

4.“羽化边缘”视频效果

“羽化边缘”视频效果可以通过画面的边缘进行羽化，生成一定的特殊效果。原始效果如下左图所示，为素材应用“羽化边缘”视频效果之后的画面效果如下右图所示。

5.3.2“扭曲”视频效果组

“扭曲”视频效果组中的效果是较常使用的视频效果，主要通过对图像进行几何扭曲变形来制作各种各样的画面变形效果。“扭曲”视频效果组如下图所示。

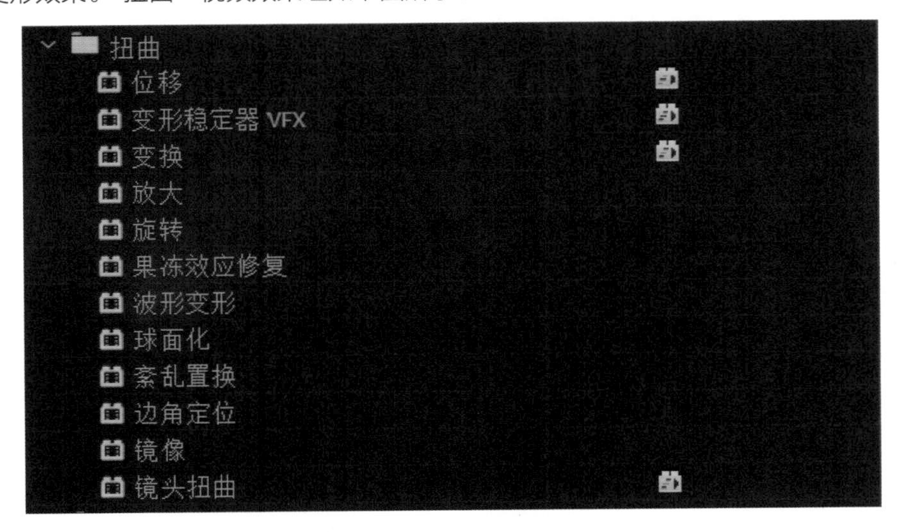

1.“边角定位”视频效果

“边角定位”视频效果是通过改变图像4个边角的位置，使图像产生扭曲效果。原始素材效果如下左图所示，为素材应用“边角定位”视频效果之后的画面效果如下右图所示。

在使用“边角定位”视频效果时，主要通过设置该视频效果的参数，来控制素材画面4个角的控制点，使素材产生扭曲变形效果。

2.“镜头扭曲”视频效果

“镜头扭曲”视频效果可以使图像沿水平和垂直方向产生扭曲，用以模仿透过曲面透视观察对象的扭曲效果。原始素材效果如下左图所示，为素材应用“镜头扭曲”视频效果之后的画面效果如下右图所示。

3.“放大”视频效果

“放大”视频效果可以模拟放大镜放大图像中的某一部分。使用该视频效果时，用户可以通过设置放大区域的中心坐标值以及放大区域的形状，从而对特定的区域进行放大。原始素材效果如下左图所示，为素材应用“放大”视频效果之后的画面效果如下右图所示。

4.“镜像”视频效果

“镜像”视频效果可以将图层沿着指定的分割线分隔开，从而产生镜像效果。该效果的反射中心点和角度可以任意设定，从而决定了图像中镜像部分以及反射出现的中心位置。原始素材效果如下左图所示，为素材应用“镜像”视频效果之后的画面效果如下右图所示。

在为素材添加“镜像”效果之后，默认参数下，该视频效果的中心位于素材最右侧中间位置，用户可以通过调整该点的位置，控制镜像的中心位置。

5.“球面化”视频效果

“球面化”视频效果可以将图像的局部区域进行变形，从而产生类似于鱼眼的变形效果。原始素材效果如下左图所示，为素材应用“球面化”视频效果之后的画面效果如下右图所示。

“球面化”视频效果与“放大”视频效果具有一定的相似性，都能将区域中的图像放大。但是，“放大”视频效果在放大素材时会产生明显的边界效果，而“球面化”视频效果在放大素材时不会产生明显的边界，整个画面比较完整。

5.3.3“透视”视频效果组

“透视”视频效果组中包含了“基本3D”、“斜角边”、“径向阴影”等5种视频效果，这些视频效果主要用于制作三维立体效果和空间效果。“透视”视频效果组如右图所示。

1. “基本3D”视频效果

“基本3D”视频效果可以模拟平面图像在三维空间的运动效果。原始素材效果如下左图所示，为素材应用“基本3D”视频效果之后的画面效果如下右图所示。

2. “斜角边”视频效果

“斜角边”视频效果能让图像的边界处产生类似于雕刻形状的三维外观。该效果的边界为矩形形状，不带有矩形Alpha通道的图像不能产生符合要求的视觉效果。原始素材效果如下左图所示，为素材应用“斜角边”视频效果之后的画面效果如下右图所示。

3. “投影”视频效果

“投影”视频效果能为素材添加阴影效果。该视频效果的“阴影颜色”参数用于控制视频效果产生阴影的颜色；“不透明度”参数用于控制阴影效果的透明度，该参数值越高，阴影越不透明；“距离”参数用于控制阴影与素材之间的距离；“柔和度”参数用于控制阴影边缘的柔和度，参数值越高，阴影边界越柔和。原始素材效果如右图所示，为素材应用“投影”视频效果之后的画面效果如下图所示。

5.4 应用其他视频效果

Premiere的其他视频效果包括了“生成”、“风格化”和“时间”这3种视频效果组。这些视频组中的效果能快速修改画面效果，或者在画面中快速调整颜色。下面分别对这3种视频效果组的应用进行详细介绍。

5.4.1 “生成”视频效果组

“生成”视频效果组中包含了“书写”、“单元格图案”、“棋盘”等12种视频效果，这些效果主要用来添加画面滤镜效果，使画面更加生动。“生成”视频效果组如右图所示。

1. “四色渐变”视频效果

“四色渐变”视频效果可产生四种颜色的渐变，每种颜色都由一个单独的效果点来控制。原始素材效果如下左图所示，为素材应用“四色渐变”视频效果之后的画面效果如下右图所示。

2. “棋盘”视频效果

“棋盘”视频效果可以创建类似棋盘的效果。原始素材效果如下左图所示，为素材应用“棋盘”视频效果之后的画面效果如下右图所示。

3. “圆形”视频效果

“圆形”视频效果可以创建自定义的实色圆或圆环效果。原始素材效果如下左图所示，为素材应用“棋盘”视频效果之后的画面效果如下右图所示。

4. “网格”视频效果

“网格”视频效果可以创建一个自定义网格，渲染后会产生带有网格画面的效果。原始素材效果如下左图所示，为素材应用“网格”视频效果之后的画面效果如下右图所示。

5. “镜头光晕”视频效果

“镜头光晕”视频效果能够以3种透镜滤出光环，并选用不同强度的光从画面的某个位置放射出来，是随时间变化的视频效果。用户可以设定光照的起始位置和结束位置，以表达透镜光晕移动过程。原始素材效果如下图所示。

为素材应用“镜头光晕”视频效果之后，画面效果如下图所示。

6. “油漆桶”视频效果

“油漆桶”视频效果是一种非破坏性的画笔工具，可以使用颜色填充画面中的选择区域，获得美术绘画的效果。原始素材效果如下左图所示，为素材应用“油漆桶”视频效果之后的画面效果如下右图所示。

实战练习 制作画面拼贴效果

学习了Premiere视频效果的相关知识后，下面介绍制作画面拼贴效果的操作方法，步骤如下。

步骤 01 启动Premiere Pro CC 2019并新建一个项目，项目参数设置如下左图所示。

步骤 02 执行文件导入操作，将“素材”文件夹中的“埃菲尔铁塔.jpeg”图像文件导入至“项目”面板中，如下右图所示。

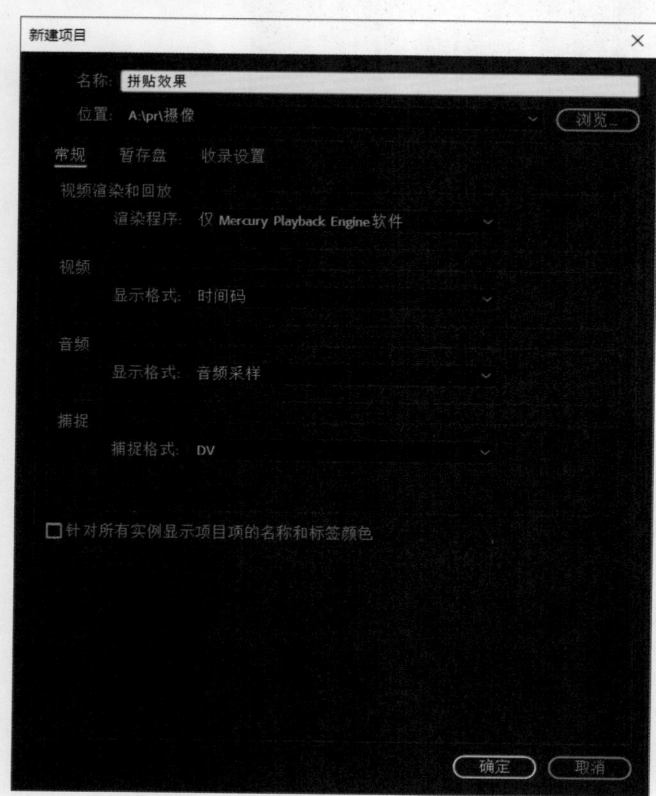

步骤 03 将“埃菲尔铁塔.jpeg”插入至“时间线”面板的“视频1”轨道中，如下左图所示。

步骤 04 选择“视频效果”面板“生成”组中的“网格”效果，如下右图所示。

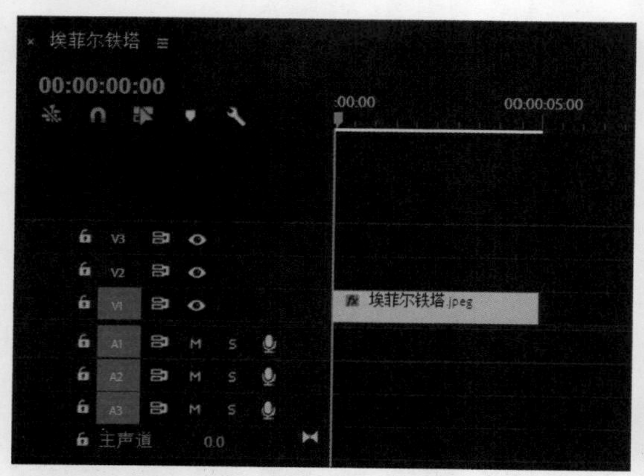

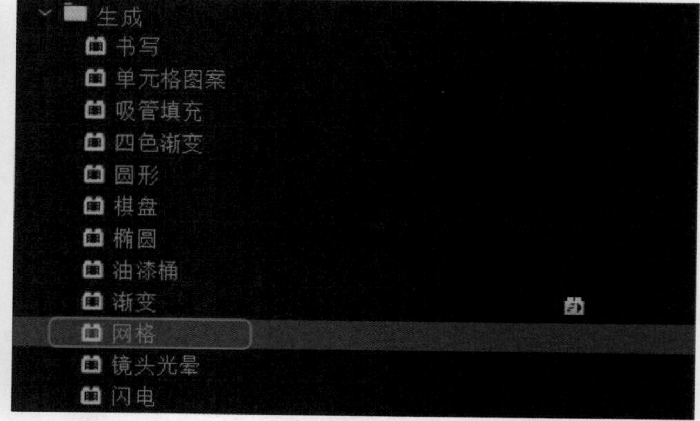

步骤 05 在“效果”面板中将选择的“网格”效果拖动到“时间线”面板中的素材上，如下左图所示。

步骤 06 打开“效果控件”面板，在该面板中展开添加的“网格”视频效果卷展栏，设置卷展栏参数来调整视频的效果，如下右图所示。

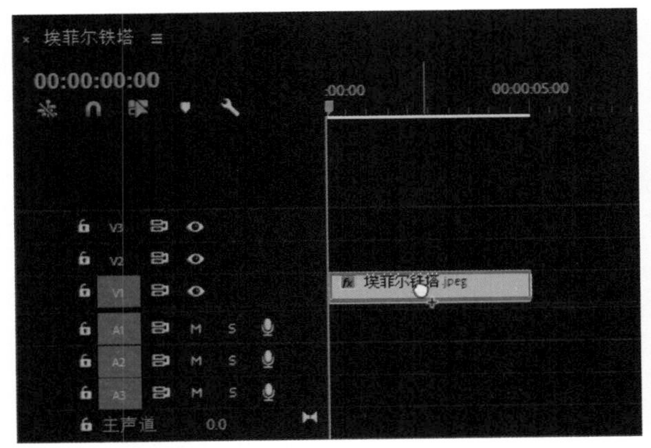

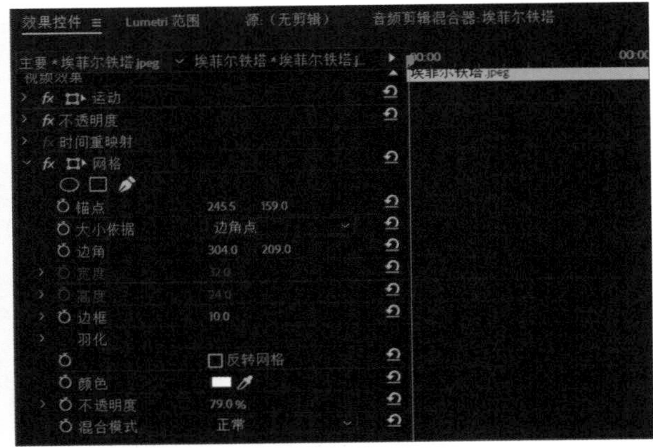

步骤 07 设置完参数后，即可制作出拼贴效果，如下图所示。

5.4.2 “风格化”视频效果组

“风格化”视频效果组中包含了“彩色浮雕”、“曝光过度”、“查找边缘”、“画笔描边”和“粗糙边缘”等13种视频效果，这些视频主要用于创建一些风格化的画面效果。“风格化”视频效果组如下图所示。

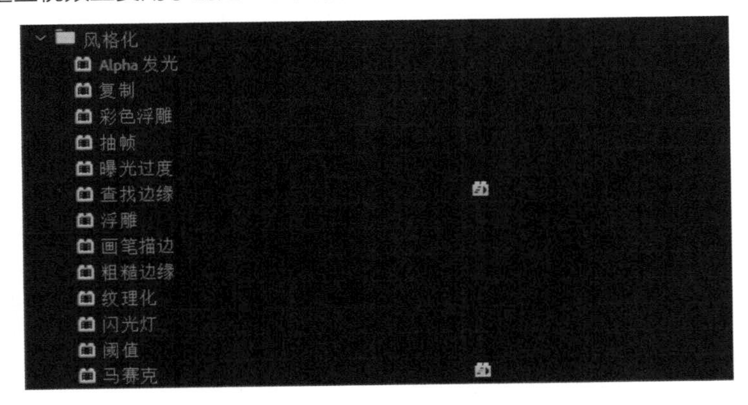

1. “Alpha发光”视频效果

“Alpha发光”视频效果仅对具有Alpha通道的剪辑起作用，而且只对第1个Alpha通道起作用。“Alpha发光”视频效果可以在Alpha通道指定的区域边缘产生一种颜色逐渐衰减或向另一种颜色过渡的效果。其中，“发光”参数用来调整当前的发光颜色值，“亮度”滑块用来调整画面中Alpha通道区域的亮度。用户可以通过“起始颜色”和“结束颜色”对话框来设定附加颜色的开始值和结束值。这是一个随时间变化的视频效果。

2.“画笔描边”视频效果

“画笔描边”视频效果可以为画面应用类似使用美术画笔绘画的效果。原始素材效果如下左图所示，为素材应用“画笔描边”视频效果之后的画面效果如下右图所示。

3.“浮雕”视频效果

“浮雕”视频效果可根据当前画面色彩走向将色彩淡化，该视频效果主要用灰度级来刻画画面，形成浮雕效果。原始素材效果如下左图所示，为素材应用“浮雕”视频效果之后的画面效果如下右图所示。

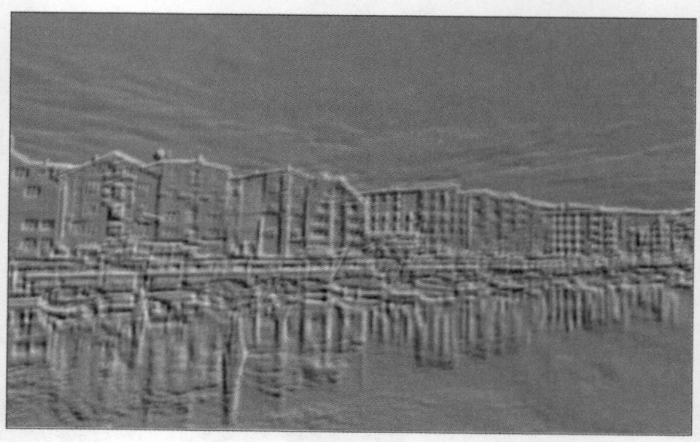

4.“彩色浮雕”视频效果

“彩色浮雕”视频效果除了不会抑制原始图像中的颜色之外，其他效果与“浮雕”视频效果产生的效果一样。原始素材效果如下左图所示，为素材应用“彩色浮雕”视频效果之后的画面效果如下右图所示。

5.“粗糙边缘”视频效果

“粗糙边缘”视频效果可使剪辑的Alpha通道边缘粗糙化，从而使图像或光栅化文本产生一种粗糙的自然外观效果。

6.“纹理化”视频效果

“纹理化”视频效果能够使剪辑看上去好像带有其他剪辑的材质。例如，可以使一棵树看上去好像具有砖的材质，并可控制材质的深度和表面光源。

7.“闪光灯”视频效果

“闪光灯”视频效果能够以一定的周期或随机地对一个剪辑进行算术运算。例如，每隔5秒剪辑就变成白色，并显示0.1秒，或剪辑颜色以随机的时间间隔进行反转。

8.“查找边缘”视频效果

“查找边缘”视频效果可以对彩色画面的边缘以彩色线条进行圈定，对于灰度图像用白色线条圈定其边缘。原始素材效果如下左图所示，为素材应用“查找边缘”视频效果之后的画面效果如下右图所示。

9.“阈值”视频效果

“阈值”视频效果能够使剪辑画面的灰度级或彩色图像转换为高对比度，也可以把白色的图像转换为黑色的图像。原始素材效果如下左图所示，为素材应用“阈值”视频效果之后的画面效果如下右图所示。

10.“马赛克”视频效果

“马赛克”视频效果可以渲染画面，按照画面出现颜色层次，采用马赛克镶嵌图案代替原画面中的图像。用户可通过调整滑块，控制马赛克图案的大小，以保持原有画面的面貌。也可选择较锐利的画面效果。该视频效果随时间会不断变化。原始素材效果如下左图所示，为素材应用“马赛克”视频效果之后的画面效果如下右图所示。

实战练习 制作局部马赛克效果

下面介绍为汽车车牌添加马赛克效果的操作方法，具体步骤如下。

步骤 01 启动Premiere Pro CC 2019并新建一个项目，项目参数设置如下左图所示。

步骤 02 执行“导入”命令，将“素材”文件夹中的“复古小汽车.jpeg”图像文件导入至“项目”面板中，如下右图所示。

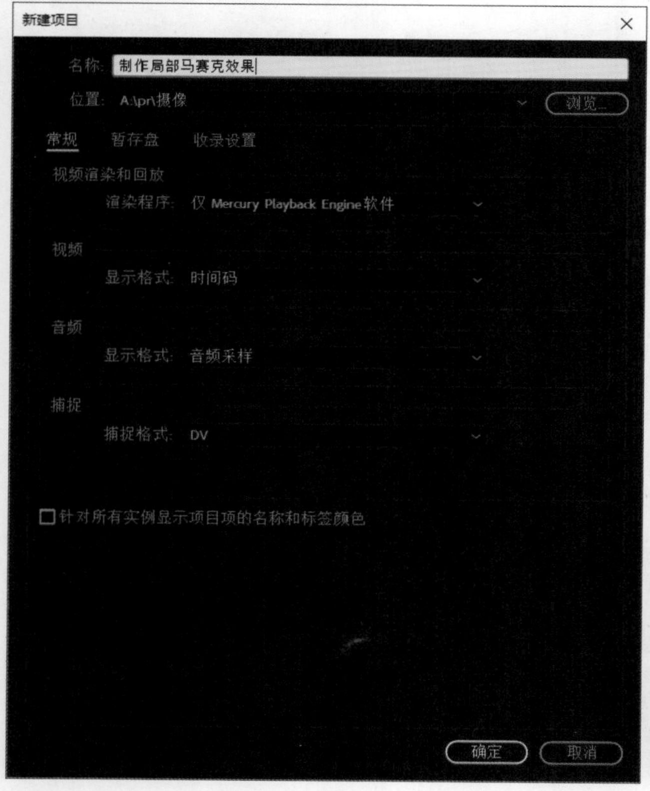

步骤 03 将“复古小汽车.jpeg”插入至“时间线”面板的“视频1”轨道中，如下左图所示。

步骤 04 选择“视频效果”面板中“风格化”组的“马赛克”效果，如下右图所示。

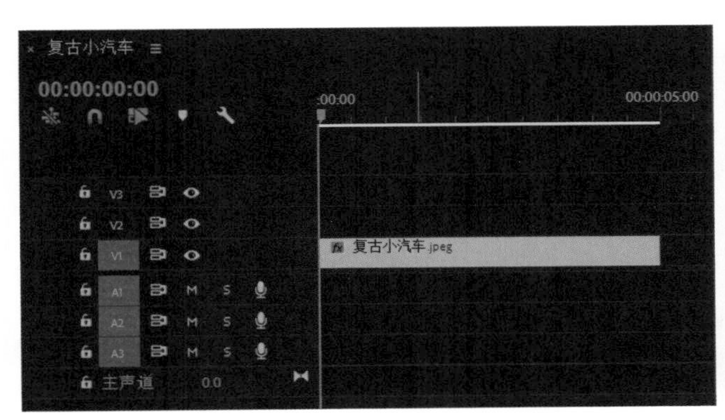

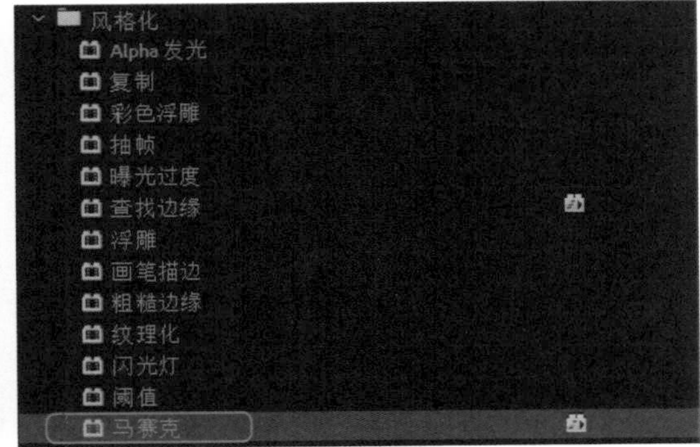

步骤 05 在“效果”面板中将选择的“网格”效果拖动到“时间线”面板中的素材上，如下左图所示。

步骤 06 打开“效果控件”面板，在该面板中展开添加的“马赛克”视频效果卷展栏，选择“创建4点多边形蒙版”■工具，将复古小汽车的车牌框选出来，如下右图所示。

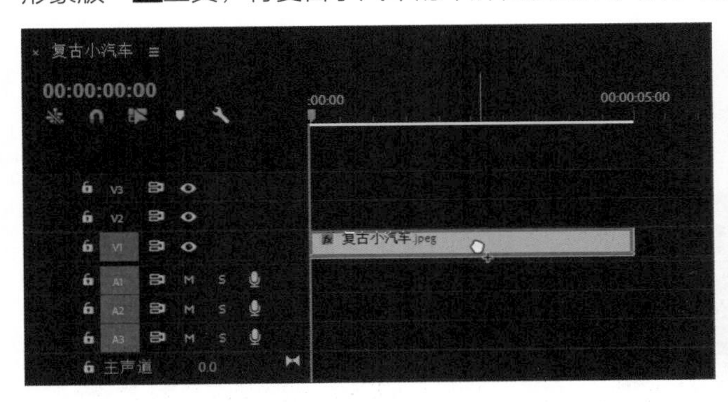

步骤 07 通过设置“马赛克”视频效果卷展栏的参数来调整视频的效果，如下左图所示。

步骤 08 设置完成后，即可将复古小汽车的车牌应用马赛克效果，如下右图所示。

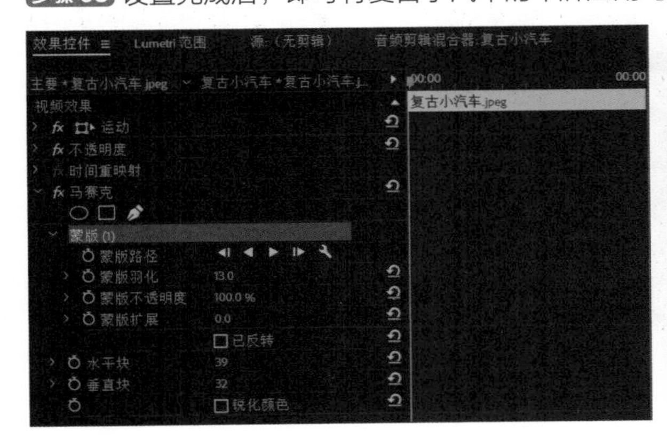

5.4.3 “时间”视频效果组

“时间”视频效果组中包含了“像素运动模糊”、“抽帧时间”、“时间扭曲”和“残影”4种视频效果，这些效果与时间变化有关，主要用来创建一些特殊的视频效果，如右图所示。

1.“时间扭曲”视频效果

当我们需要改变一个帧的播放速度时，使用“时间扭曲”视频效果可以精确地控制参数范围，包括插补方式、运动模糊和裁剪范围。

2.“残影”视频效果

“残影”视频效果是将视频的前几帧画面和当前帧画面按照半透明的方式叠加在一起，以使画面产生重影效果。

知识延伸：使用关键帧控制效果

每种视频和音频效果都有一个默认的关键帧，位于剪辑的开始和结尾处，在“效果控件”面板中的关键帧线上以◆图标表示，如下图所示。如果一个效果具有可调节的控制选项，则能改变效果的开始或结束时间，以及添加额外的关键帧，从而产生动画效果。如果没对默认关键帧作任何修改，相应效果的设置将应用于整个剪辑。

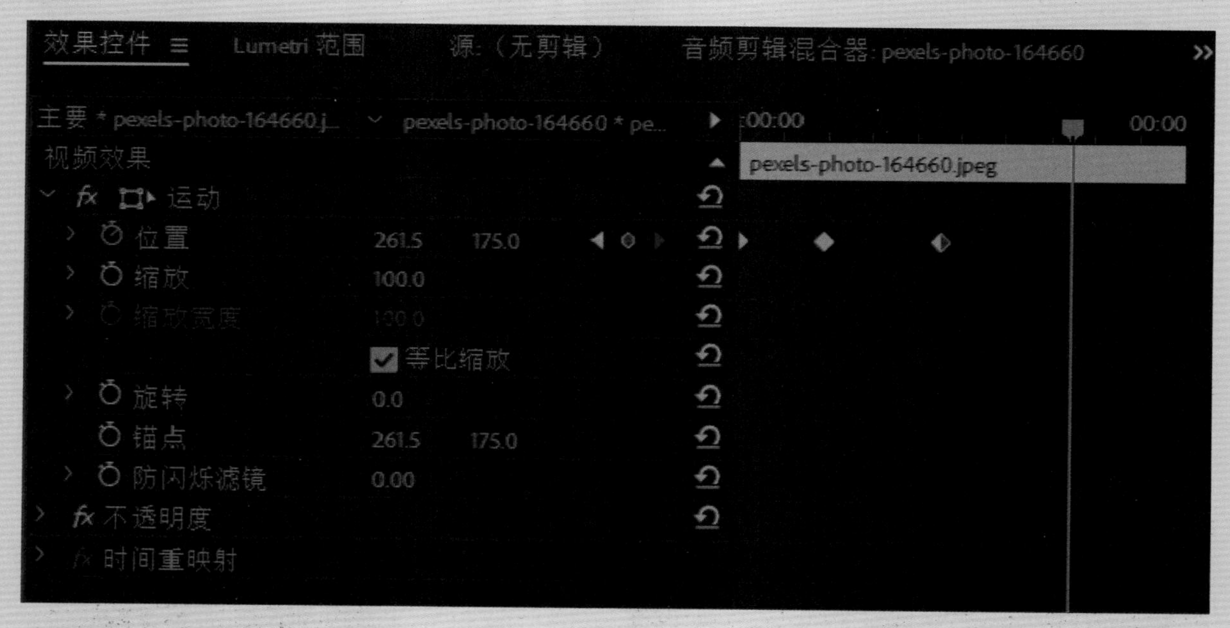

上机实训：制作别样倒计时交叉转场视频

学习了Premiere视频特效的相关知识后，接下来将通过一个具有倒计时和转场效果的视频案例，来实际操作并学习软件中一些常用效果的应用及处理方法，具体如下。

步骤 01 启动Premiere CC软件，执行“文件>新建>序列”命令，在打开的“新建序列”对话框中设置序列参数，新建一个项目，如下左图所示。

步骤 02 在对应的案例文件夹中，将“素材”文件夹拖入“项目”面板，如下右图所示。

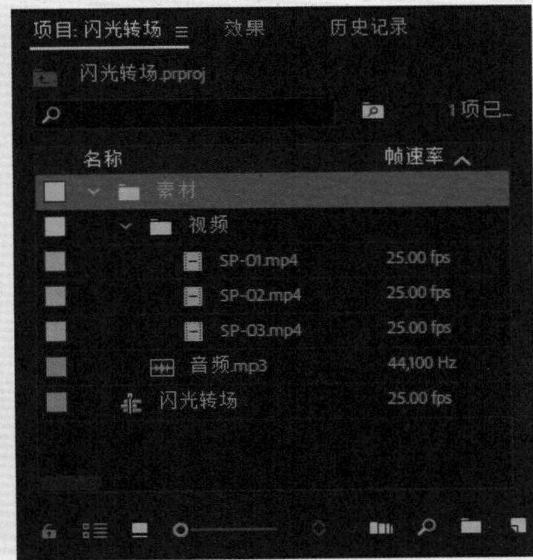

步骤 03 在“项目”面板中新建颜色遮罩，选择颜色为亮蓝色，将其拖放到时间轴V1轨道上；在“项目”面板新建透明视频，将其拖放到时间轴V2轨道上，此时“时间”面板如下左图所示。

步骤 04 在“效果”面板中搜索“时间码”，然后将效果添加到透明视频上。在“效果控件”中修改“大小”、“不透明度”、“场符号”、“时间码源”、“时间显示”等参数，并使用选择工具在画面中拖放，使其放大至合适大小。“时间码”的具体“效果控件”参数修改如下右图所示。

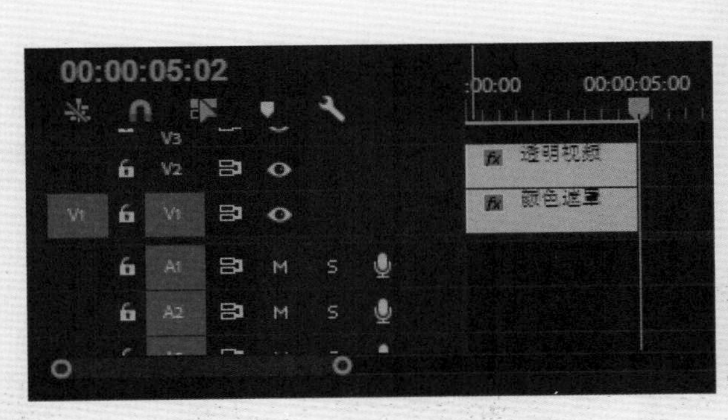

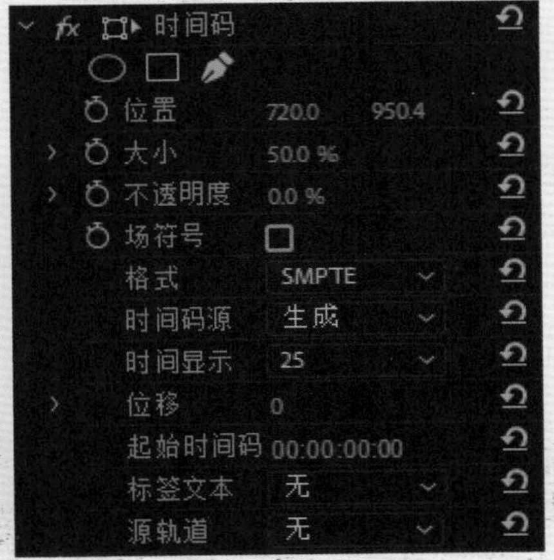

步骤 05 在“效果”面板搜索“裁剪”，将其添加到透明视频上。通过修改“左侧”、“右侧”参数，使视频只显示秒部分。修改数值视具体情况而定，本视频“裁剪”具体参数如下左图所示。

步骤 06 右击V2轨道上的透明视频，在弹出的菜单中选择“嵌套”命令，使其成为序列。再次右击，选择“速度/持续时间”命令，在弹出的对话框中勾选“倒放速度”复选框，单击“确定”按钮。此时倒计时制作完成，视频预览效果如下右图所示。

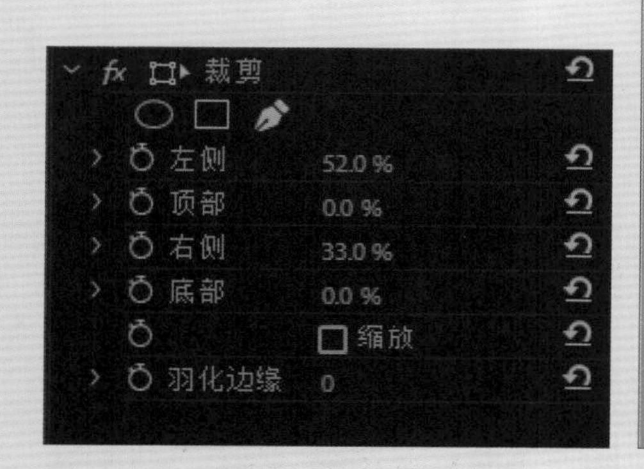

步骤07 将“SP-01”视频素材拖放到V1轨道上并选中，打开“效果控件”面板，为“缩放”添加关键帧动画，取消选择“等比缩放”按钮。将第1帧参数的“缩放高度”设置为1、“缩放宽度”设置为0；按下7次小键盘的右方向键，参数变为“缩放高度”值为1、“缩放宽度”值为100；再次按下7次小键盘的右方向键，参数变为“缩放高度”值为100、“缩放宽度”值为100。电视开机模拟效果制作完成，“效果控件”面板如下左图所示。

步骤08 将时间线定位到8s处，使用剃刀工具裁掉剩余部分，此时“时间轴”面板如下右图所示。

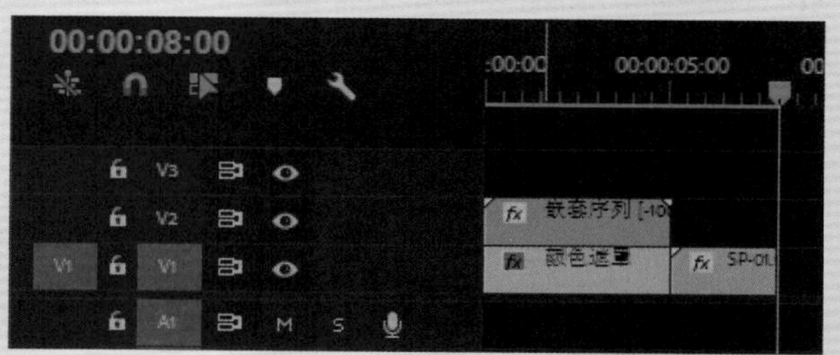

步骤09 将“SP-02”、“SP-03”分别拖至V1轨道和V2轨道上，并将时间线定位到16s处，使用剃刀工具删除这两段视频的剩余部分，此时“时间轴”面板如下左图所示。

步骤10 选择“文件>新建>旧版标题”命令，新建一个填充颜色为白色的矩形字幕，大小为视频的一半，如下右图所示。

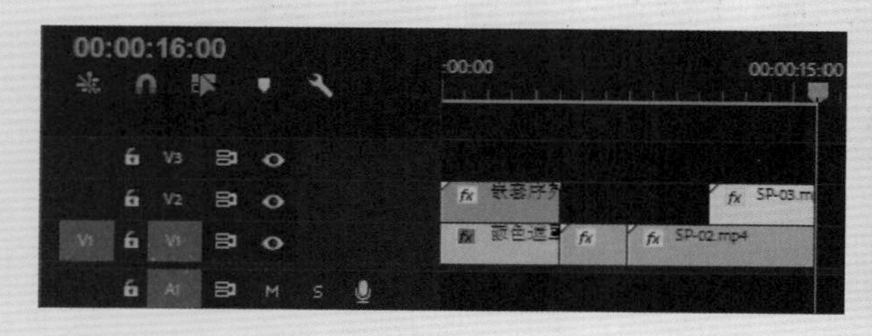

步骤11 将字幕拖放到V3轨道上，左端与“SP-03”对齐，此时“时间轴”面板如下左图所示。

步骤12 右击V3轨道的字幕素材，在弹出的快捷菜单中选择“嵌套”命令，使其成为序列。双击打开序列，如下右图所示。

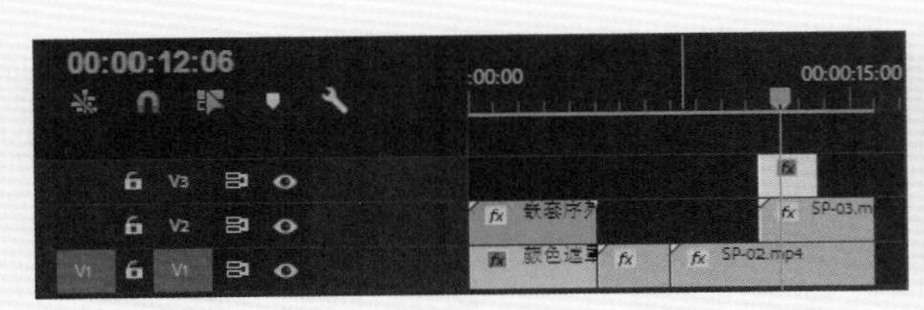

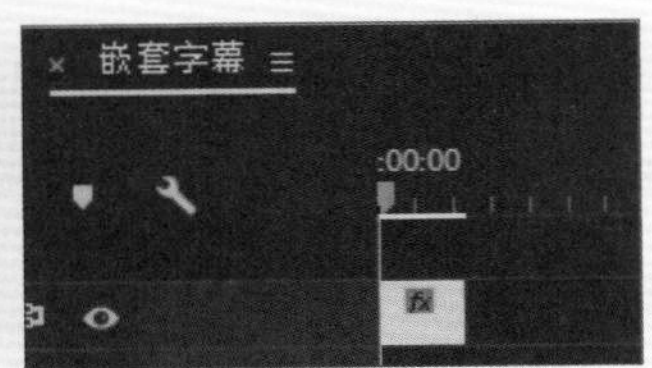

步骤 13 在“效果”面板中搜索“线性擦除”效果并添加到字幕上，打开“效果控件”，将“擦除角度”设为45。然后为“过渡完成”参数添加关键帧动画，第1帧为100，在1s处设为0，参数设置如下左图所示。

步骤 14 按住Alt键复制字幕到V2轨道，设置其“擦除角度”为-45、Y轴位置为1040，预览效果，如下右图所示。

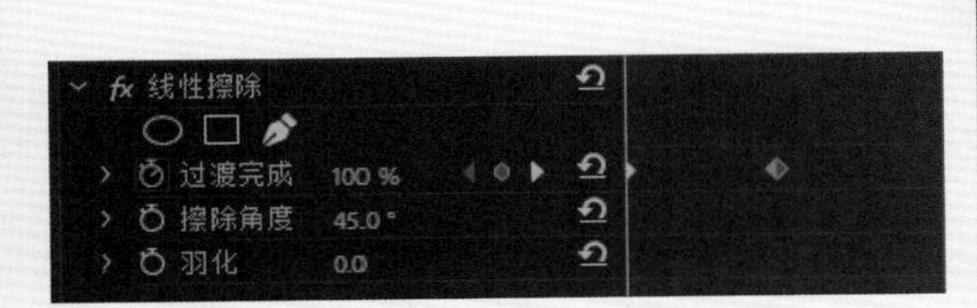

步骤 15 关闭嵌套序列，为“SP-03”添加“轨道遮罩键”效果。打开“效果控件”面板，将“遮罩”参数设为视频3，“合成方式”设为“亮度遮罩”，参数设置如下左图所示。此时，交叉转场效果制作完成。

步骤 16 定位到V3轨道素材最后一帧，使用剃刀工具裁开V2轨道视频素材，单击后半部分，在“效果控件”面板中将“轨道遮罩键”效果删除，此时的“时间轴”面板如下右图所示。

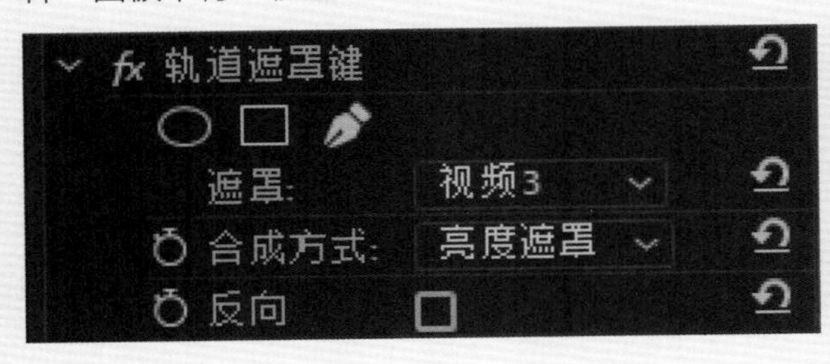

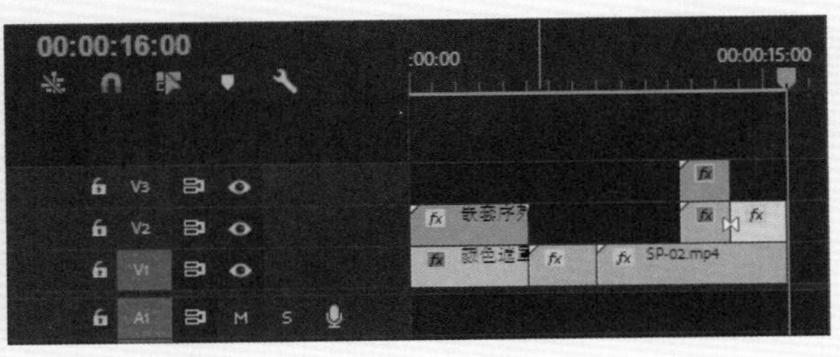

步骤 17 添加音频文件，使用剃刀工具裁掉多余部分，视频处理完成，此时的“时间轴”面板如下左图所示。

步骤 18 制作完成后查看倒计时交叉转场视频最终的展示效果，如下右图所示。

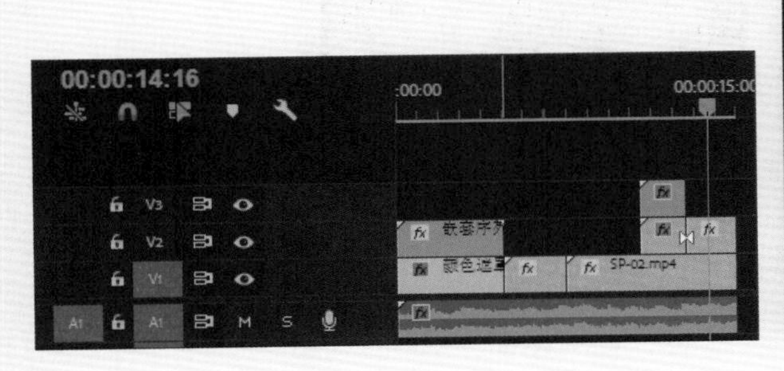

课后练习

1. 选择题

（1）Premiere Pro CC 2019中的“视频效果”包含了________组视频特效。

A. 13　B. 19　C. 17　D. 18

（2）应用视频效果后，在“时间线”面板中时间效果的上方会显示一条________色的边界线，表明该素材应用了某种视频效果。

A. 黄　B. 绿　C. 红　D. 蓝

（3）添加效果后，可以利用________面板中的参数对视频效果进行设置。

A. 效果控件　B. 效果　C. 素材源　D. 节目监视器

（4）应用多个视频效果后产生的效果是________。

A. 最下方的视频效果　B. 所有视频效果的叠加

C. 最上方的视频效果　D. 所有视频效果的顺序

（5）动画要表现出运动或变化效果，至少前后要给出________个不同的关键状态，而中间状态的变化和衔接电脑可以自动完成。

A. 1　B. 2　C. 3　D. 4

2. 填空题

（1）用户可以从“效果”面板中选择视频效果，然后将其拖动到__________上，即可将相应的效果添加到视频素材。

（2）“模糊与锐化”组中的__________效果可以用来柔化画面，它是通过平衡画面中已定义的线条和遮蔽区域的清晰边缘旁边的像素，使变化显得柔和；__________效果则通过增加相邻像素的对比度来使模糊的画面变得清晰。

（3）“变形”组包含了“垂直翻转”、“水平反转”、__________和“裁剪”4种视频效果。

（4）__________视频效果可以对图像的局部区域进行变形，从而产生类似于鱼眼的变形效果。

（5）“中间值”效果可以用指定半径范围内像素的平均值来取代图像的所有图像。当指定的半径范围__________时，可以去除图像中的噪点。

3. 上机题

打开给定的素材，如下左图所示。运用本章所学知识来制作老电影效果，最后的效果如下右图所示。

操作提示

1. 调整画面颜色。
2. 应用视频效果。

Chapter 06 字幕效果

本章概述

字幕是影视剧本制作和DV制作中一种重要的视觉元素，也是将节目的相关信息传递给观众的重要方式。一般来说，字幕包括文字、图形两部分，本章将详细介绍创建字幕的方法以及添加字幕效果等方面的知识。

核心知识点

❶ 了解字幕在视频中的应用
❷ 掌握创建字幕的方法
❸ 掌握添加字幕效果的方法
❹ 熟悉字幕的属性

6.1 字幕概述

字幕是在一部影片中以各种形式出现在银幕上的所有文字，包括影片的片名、演职员表、剧中人物的对白、时间、地点、人物姓名的标注、歌词、片头以及片尾字幕等等。各种字幕在影片中分别起着各自不同的作用，而片名在所有字幕中是最主要的，是一部影片的重要组成部分，还在影片画面的构图上起着不可替代的造型作用。除了摄影师在具体拍摄时所形成的前期画面构图之外，随着高科技在电影制片中的普及运用，字幕都可以对其进行必要的补充、装饰、加工，以形成电视画面新的造型。同时，也给动画和字幕的制作提供了方便的制作工具和广阔的创作空间。下面对字幕的知识进行详细介绍。

6.1.1 常见字幕类型

在影片和所有视频作品中，字幕因其高度的表现能力而区别于画面中的其他内容，同时也因为环境及视频中的内容而不同于书本上的文字。非线性编辑的最终目的是要表达声像的视听艺术，字幕文字也可以定义为视像的一部分出现在画面中，便于观众对相关节目信息的接收和正确理解。电视字幕采用什么样的字体、字形都必须根据电视节目内容和形式来确定，否则会出现反作用。

（1）单从表现角度而言，字幕分为两大类：标题性字幕和说明性字幕。

- **标题性字幕：**大号相对大些，字体艺术性强，常用于片名或地点的表述。
- **说明性字幕：**大号相对小些，字体一般不会追求艺术性和太多的表现力。但要求简洁明了，便于在第一时间内快速阅读和理解，常用于展示主持人名字等信息。

（2）从字幕的呈现方式看，字幕分为静态字幕和动态字幕两种。但目前的电视类节目没有做过多的硬性定义。为了突出表现的能力，制作出更多精细的字幕效果才能更好地表现用意，但有些情况下也会有严格的定义。

- **静态字幕：**一种固定不动的字幕形式。
- **动态字幕：**在字幕出现的过程中会添加一些特效在里面，比如片头和片尾字幕，要看出动感的同时也要让人欣赏到运动中的细节。

（3）在制作字幕过程中需要考虑下面一些因素：

- 字幕与图形、图案的关系。
- 字幕与色彩、光色、画面的关系。
- 字幕与节目内容的关系。
- 字幕与运动节奏、运动形式的关系。

6.1.2 新建字幕

在Premiere Pro CC 2019中，新建字幕的方法有多种，如通过“文件”菜单创建、通过“项目”面板的下拉菜单创建或通过快捷键创建等，用户可根据自身的操作习惯选择合适的创建方法。

1. 通过“文件”菜单新建

首先在菜单栏中执行“文件❶>新建❷>字幕❸”命令，如下左图所示。打开“新建字幕”对话框，在“标准”下拉列表中选择“开放字幕”选项❶，并设置相关参数❷，然后单击“确定”按钮❸，如下右图所示。

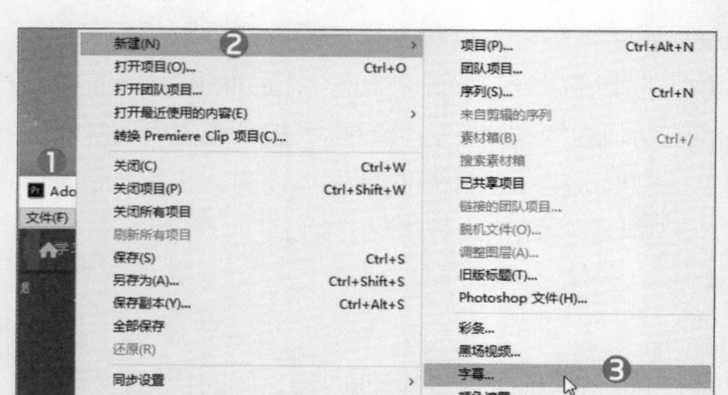

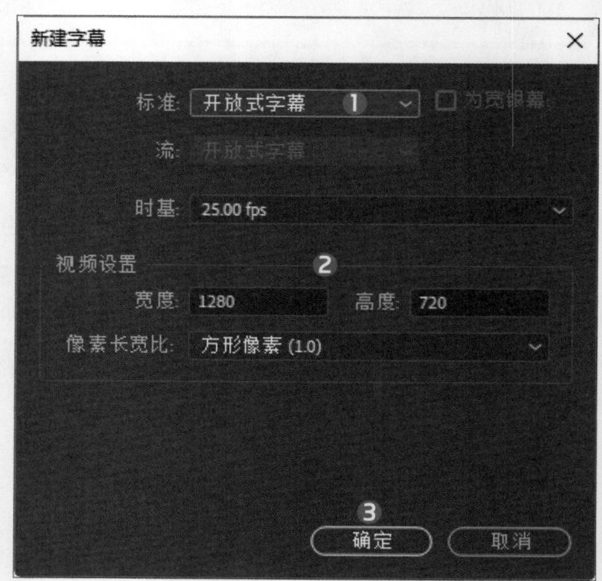

提示：使用旧版“新建字幕”对话框

如果用户习惯使用旧版本的“新建字幕”对话框，可以在菜单栏中执行“文件>新建>旧版标题”命令，即可打开旧版本的“新建字幕”对话框，如右图所示。

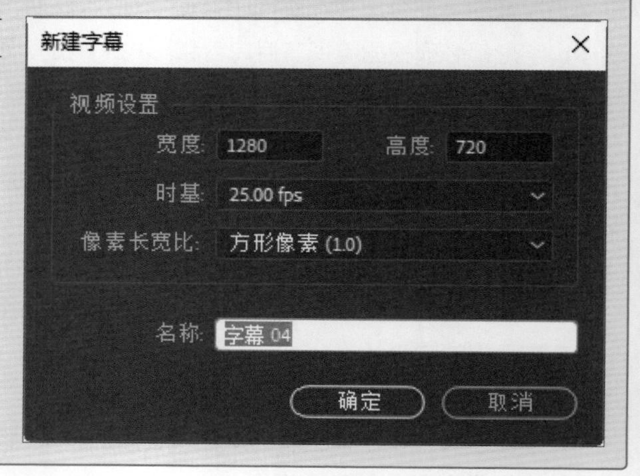

2. 通过“项目”面板新建

用户可以单击“项目”面板右下角的“新建项”下拉按钮❶，在展开的下拉列表中选择“字幕”选项❷，为视频添加字幕，如下左图所示。

或者右击“项目”面板的空白处，从出现的快捷菜单中执行“新建项目❶>字幕❷”命令，如下右图所示。

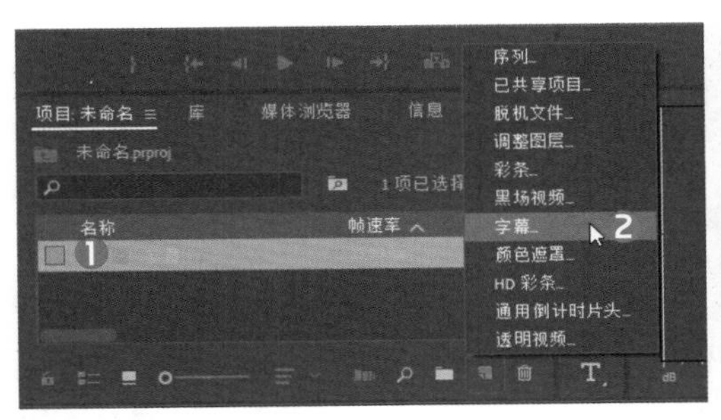

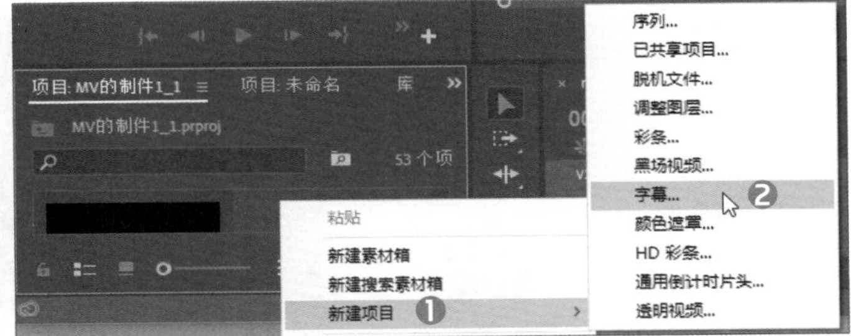

6.1.3 字幕设计面板

在菜单栏中执行“文件>新建>旧版标题”命令，打开“新建字幕”对话框后，用户不仅可以根据需要设置视频的宽度、高度、时基和像素长宽比，还可以对字幕命名，设置好字幕基本参数后，单击“确定”按钮，即可出现下图所示的字幕设计面板，该面板由字幕工具区、字幕动作区、字母编辑区、“字幕样式”面板和字幕属性栏等部分组成。

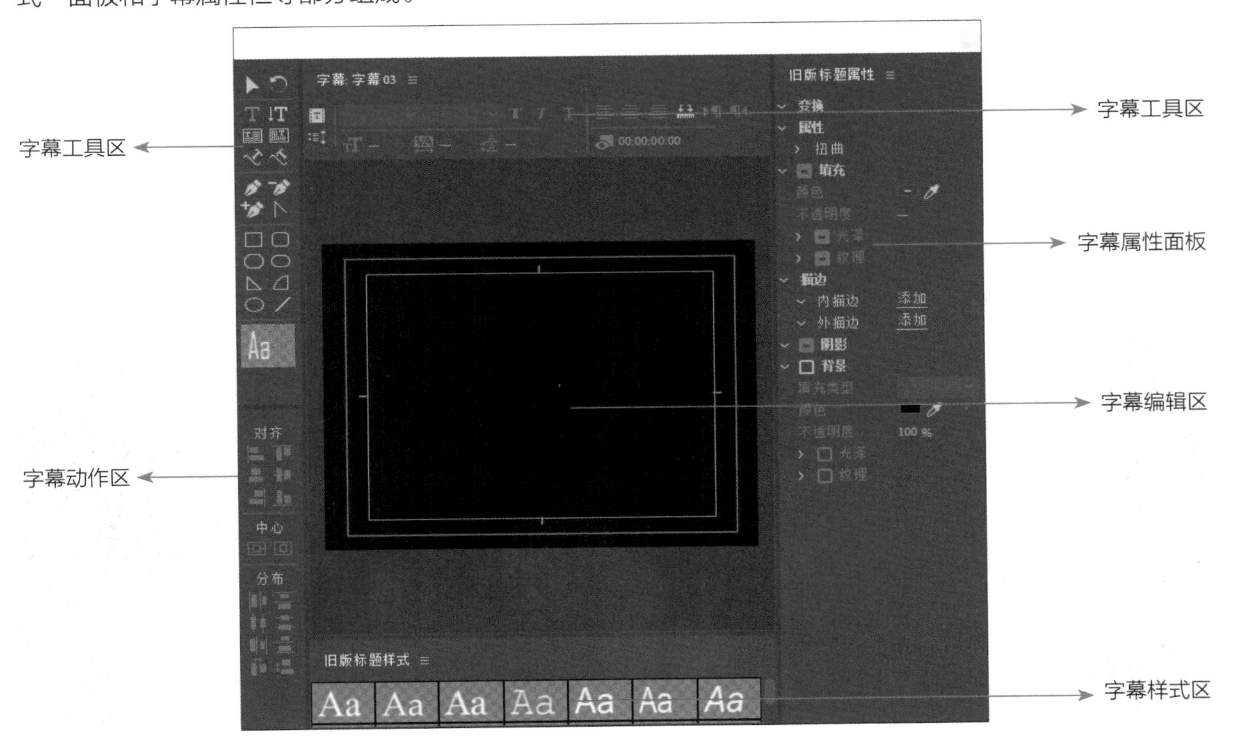

1. 字幕工具区

字幕设计面板左侧是工具箱和各种编辑控制工具，用于编辑文字和制作各种图形，如下左图所示。

- **选择工具❶**：该工具用于选中字幕制作窗口中的文字和图形对象。单击文字或者图形对象就可以对其进行选择，如果要选择多个对象，则按住Shift键，然后单击所需的各个图形对象或文字。另外，使用选择工具还可以调整对象的大小。
- **旋转工具❷**：该工具用于旋转选择的对象，包括文字和图形。
- **文字工具❸**：该工具用于输入文字，可以输入英文和中文文字，方向为水平。选择文字工具，在字幕制作窗口中准备输入文字的地方单击，出现文字输入框（虚线的方框），可以在输入框中输入文字或编辑文字，输入完毕后，在输入框外单击，所有的设置将全部应用到文字上，如下右图所示。

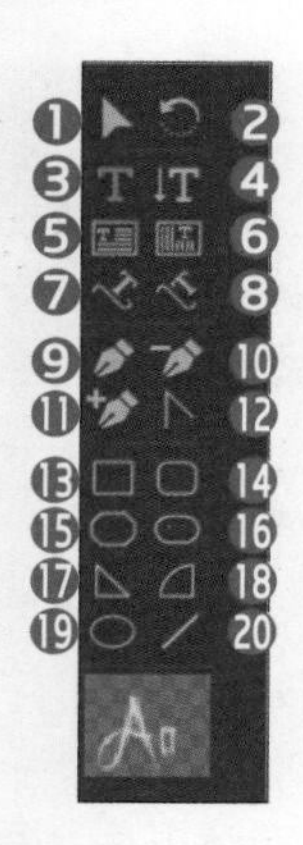

- **垂直文字工具❹**：该工具用于输入文字，方向为垂直，如下左图所示。
- **区域文字❺**：该工具用于输入成块的文字，方向为水平。
- **垂直区域文字工具❻**：该工具用于输入成块的文字，方向为垂直。
- **路径文字工具❼**：该工具用于沿指定路径输入文字，方向为水平。
- **垂直路径文字工具❽**：该工具用于沿指定路径输入文字，方向为垂直。
- **钢笔工具❾**：该工具用于绘制路径或图形。
- **删除锚点工具❿**：该工具用于在路径中删除添加的锚点或原有的锚点。
- **添加锚点工具⓫**：该工具用于在路径中添加锚点，添加锚点后，可以更有效地控制路径的形状。
- **转换锚点⓬**：该工具用于转换平滑锚点和锐角锚点，以便更好地调整图形的形状。
- **矩形工具⓭**：该工具用于绘制各种矩形形状。如果在右侧选中“填充”选项，会填充矩形或正方形。在绘制的时候同时按住Shift键，可以画出正方形，如下右图所示。

- **圆角矩形工具⓮**：该工具用于绘制各种带有圆角的矩形。
- **切角矩形工具⓯**：该工具用于绘制各种带有切角的矩形。
- **圆矩形工具⓰**：该工具用于绘制各种圆角矩形。
- **锲行工具⓱**：该工具用于绘制各种锲行。
- **弧形工具⓲**：该工具用于绘制各种圆弧形状，如下左图所示。
- **椭圆工具⓳**：该工具用于绘制各种椭圆形状，在绘制过程中按住Shift键可以画出正圆，效果如下右图所示。
- **直线工具⓴**：该工具用于在字幕制作窗口中绘制直线，绘制的同时按住Shift键，则直线成45度角。选择直线工具以后，在直线的起点单击，再在终点单击即可绘制直线。

2. 字幕动作区

默认情况下，字幕动作区位于字幕设计面板，如下左图所示。其中提供了用于对齐、居中和分布字幕的工具。选择对象后，根据需要单击字幕工作区中的对应按钮，即可使对象处于相应的位置。比如，输入3组文字后，它们的位置是不同的，如下中图所示。如果想使它们左侧对齐，则单击“水平左对齐”按钮，文本的左侧就会对齐，如下右图所示。

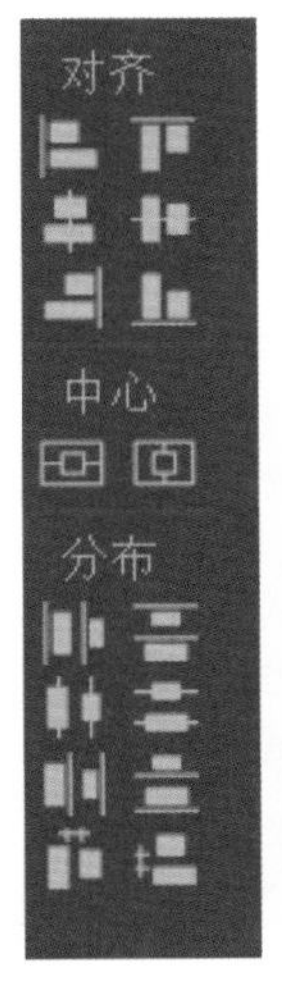

3. 字幕属性栏

制作好字幕或者应用系统内置字幕后，可以在字幕设计面板上方的属性栏中显示相关的属性，包括字幕类型、字形和段落对齐方式等，如下图所示。

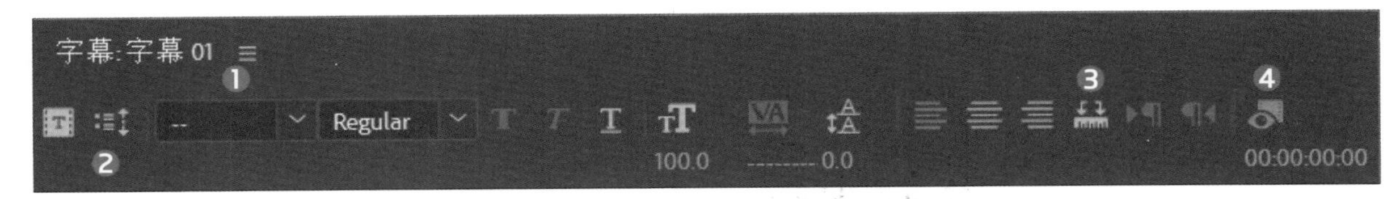

- **“字体”下拉列表❶**：用于选择字体样式。
- **滚动/游动选项❷**：用于设置滚动或游动的具体参数，如起始时间、游动方向等。
- **制表位❸**：用于设置字幕跳格参数。
- **显示背景视频❹**：选中该选项，可以在制作字幕时，观察字幕在背景上的精确位置。默认情况下，显示的背景是时间线上指针所在的位置。

4. 字幕属性面板

字幕属性面板用于对字幕进行更多的属性设置，如文本的变换效果、大小、字体、倾斜、扭曲以及是否带有下划线等。用户如果想使字体带有下划线，则选中文本，在字幕设计面板右侧属性栏中勾选“下划线”复选框即可，对比效果如下图所示。

6.2 创建字幕文字对象

通常，字幕中包括文字和图形对象，其中文字对象是最主要的，图形对象其次。一般，我们把字幕的文字对象称为字幕素材。下面将对字幕文字对象的创建进行详细介绍。

6.2.1 创建水平或垂直排列文字

在字幕中最主要的内容或素材是文字，用户可以使用字幕制作面板的文本工具或菜单下的命令来创建文本对象。Premiere Pro CC 2019提供了大量的文本格式化选项和字体，并可采用操作系统中的字库。下面介绍创建水平或垂直排列文字的方法。

首先执行“文件>导入”命令，导入剪辑文件，并将剪辑文件拖入时间线上。执行“文件>新建>旧标题”命令，打开“新建字幕”对话框，进行相关参数设置后单击“确定”按钮，打开字幕设计面板。选择文字工具，在字幕制作窗口需要输入文字的位置处单击，输入“鹦鹉”文本，效果如下图所示。输入完毕后，在旁边单击或单击工具箱中的选择工具结束输入。

接着使用选择工具拖动文字，放置好位置，或使用键盘上的4个方向键微调文字对象的位置。在工具箱中选中选择工具，并在选中的文字上右击，将弹出快捷菜单中对文字格式进行设置。用户也可以使用选择工具拉伸文本对象，效果如下图所示。

若选择垂直文字工具，在字幕制作窗口需要输入的位置处单击，输入“温暖的手”文本，效果如下左图所示。使用该工具输入的文字方向是垂直方向的，用户也可以使用“字偶间距”扩宽字与字的间距，如下右图所示。

实战练习 创建“美丽人生”静态字幕

学习了Premiere字幕文字对象的创建操作后，下面介绍创建静态字幕的操作方法，步骤如下。

步骤 01 启动Premiere Pro CC 2019并新建一个项目，项目参数设置如右图所示。

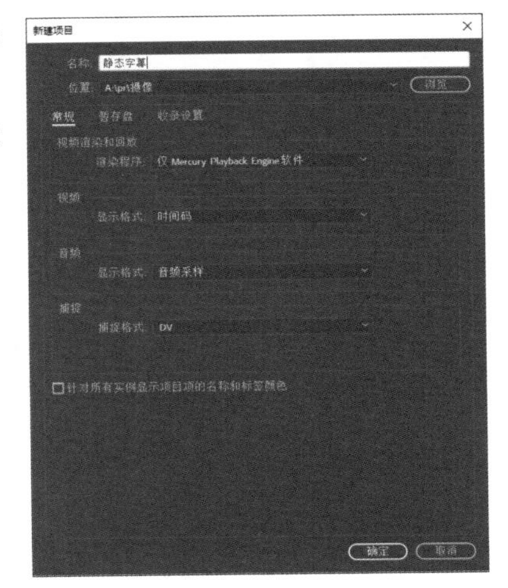

步骤 02 执行“文件>新建>旧标题”命令，打开“新建字幕”对话框，设置相关参数❶，然后单击“确定”按钮❷，如右图所示。

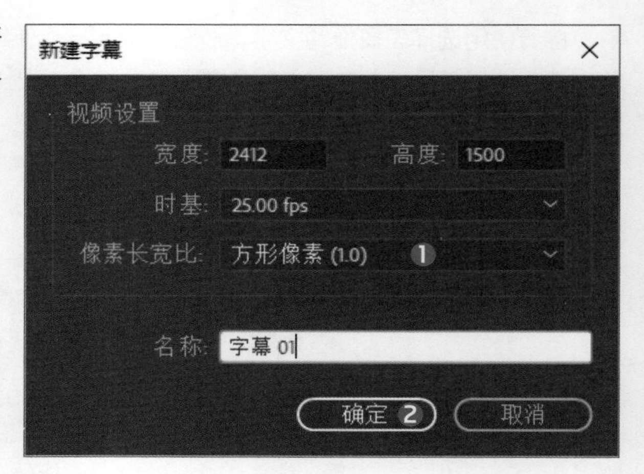

步骤 03 此时将弹出字幕设计面板，选择字幕工具区的“文字工具”，如下左图所示。

步骤 04 在字幕编辑区单击，输入所需的文本，如下右图所示。

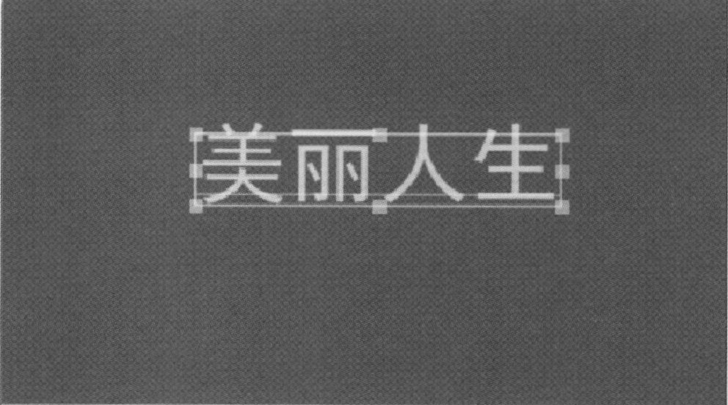

步骤 05 输入文字之后，在字幕编辑区文字输入虚线框以外的地方单击，则文字周围的虚线框消失，如下左图所示。要想再次进入文字编辑状态，则在“美丽人生”文字上双击即可。

步骤 06 如果要改变文字对象的各种属性，可以在属性栏中调整其参数，如下右图所示。

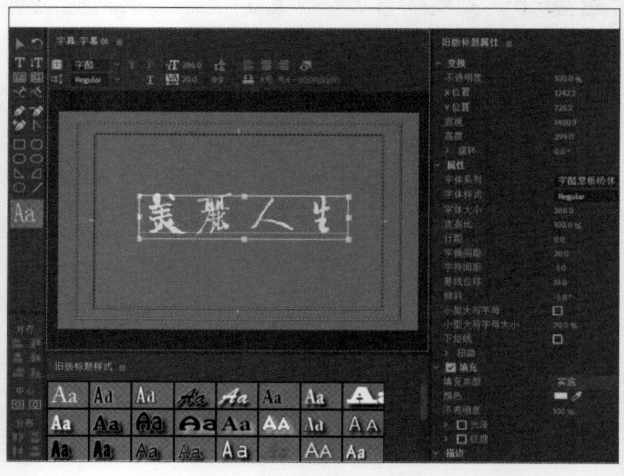

步骤 07 修改完文字对象的属性后关闭字幕设计面板，此时在“项目”面板中创建的静态字幕文字对象已经存放在静态字幕序列中了，如下左图所示。

步骤 08 将创建的字幕素材拖入“视频1”轨道中，如下右图所示。

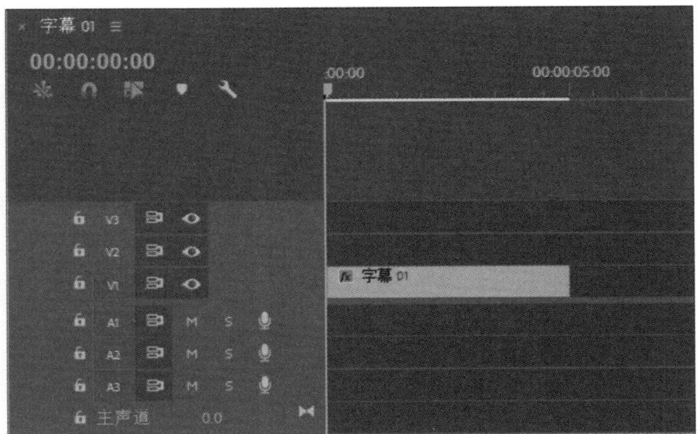

步骤 09 在时间线面板中拖动时间滑块或单击监视器面板中的播放按钮，预览素材，如下图所示。

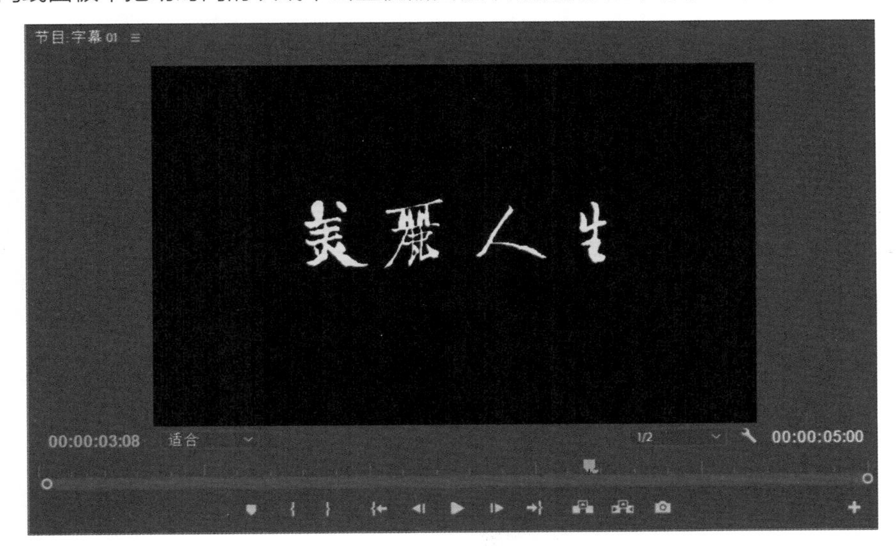

6.2.2 创建区域文本

除了按一定的方向输入文本之外，用户也可以把文字限制在一个文本框中。如果要输入水平方向的文本，则选择区域文字工具，在字幕制作窗口中单击并拖曳出一个文本框，然后在文本框中输入需要的文字，如下左图所示。

如果要输入垂直方向的文本，则选择垂直区域文字工具，在字幕制作窗口中单击并拖曳出一个文本框，然后在文本框中输入需要的文字即可，如下右图所示。

6.2.3 创建路径文字

除了创建区域文本以及水平或垂直文字之外，用户还可以先绘制出一条路径，然后沿这条路径输入文本。下面介绍如何沿路径输入文本。

首先选择路径文字工具，在字幕制作窗口中单击创建一个开始点，文本在此处开始。单击并拖曳，创建第二个点，并创建一条路径，如下左图所示。

继续单击并拖曳，创建第三个点，直至获得需要的路径，如下右图所示。

根据需要选择文本输入工具输入文本，如下左图所示。如果需要沿路径输入垂直方向的文本，那么用户可选择垂直路径文本工具，在字幕制作窗口中单击创建一个开始点，然后单击并拖曳，创建第二个点，直至创建出需要的一条路径，如下右图所示。最后使用文本工具输入文本即可。

6.2.4 使用钢笔工具

在字幕制作窗口的工具箱中包含一个钢笔工具，还有三个与之对应的工具，它们分别是添加锚点工具、删除锚点工具和转换锚点工具，用于编辑使用钢笔工具绘制的图形。

钢笔工具的使用非常简单，只要在字幕制作窗口中的不同位置单击，即可创建直角锚点图形，如下左图所示。

在创建第2个锚点后，将第2个锚点在后面创建的锚点处拖动，按住鼠标键适当移动，可以创建出圆角锚点的形状，如下右图所示。

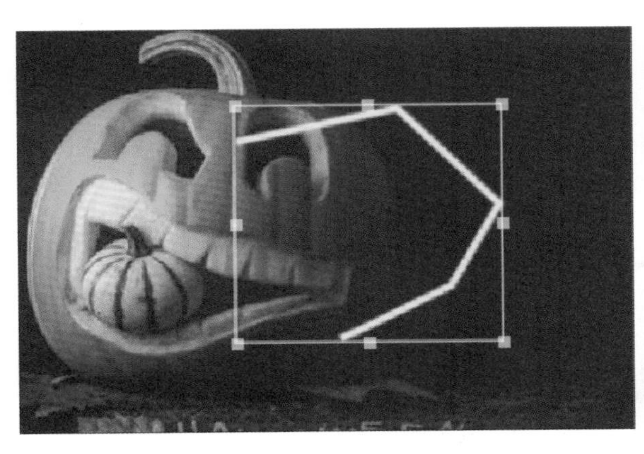

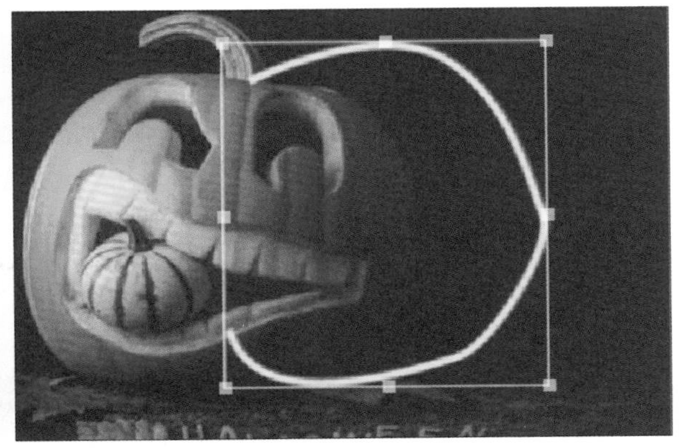

锚点用于控制图形的形状，每个锚点上都有一个控制手柄，它类似于切线，拖动控制手柄可以调整图形的形状，如下左图所示。

如果在原图形上没有足够多的锚点，用户可以使用添加锚点工具添加所需数量的锚点。即使用添加锚点工具在所需的位置上单击即可添加锚点，如下右图所示。添加锚点后，通过拖动控制手柄可调整图形的形状。

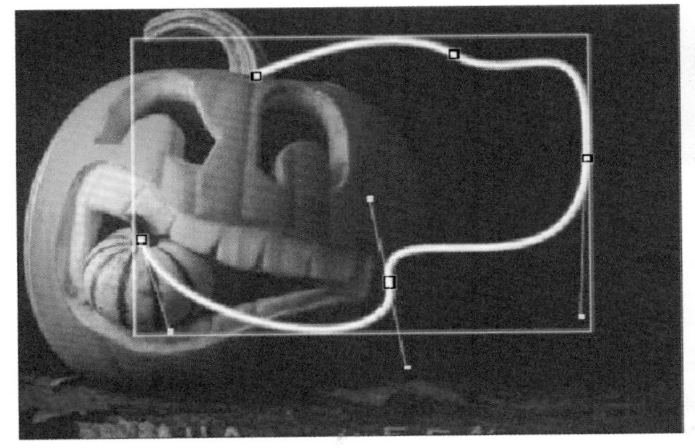

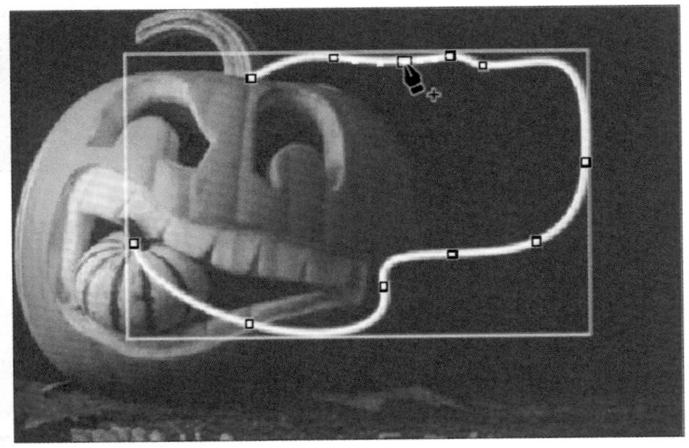

如果原图形上的锚点过多，就不容易控制图形的形状。在这种情况下，用户可以使用删除锚点工具删除那些不需要的锚点。即使用删除锚点工具在需要的锚点上单击，删除图形上的锚点，如下左图所示。

创建直角锚点图形后，有时候需要把某一个或者几个直角锚点转换为圆角锚点，以便通过调整锚点来获得所需要的图形。在这种情况下，使用转换锚点工具把直角锚点转换为圆角锚点，从而可进一步调整图形的形状，如下右图所示。

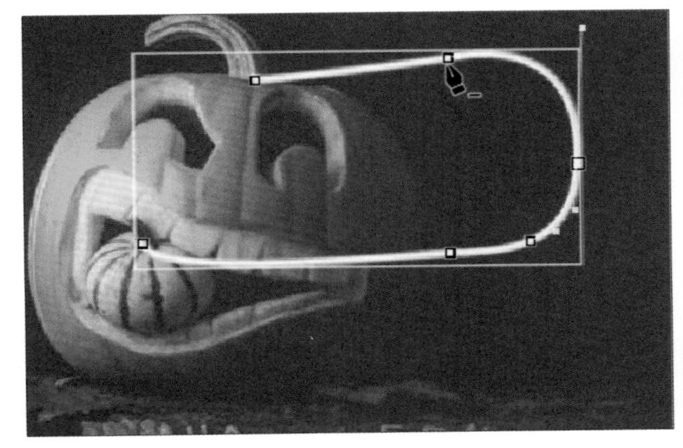

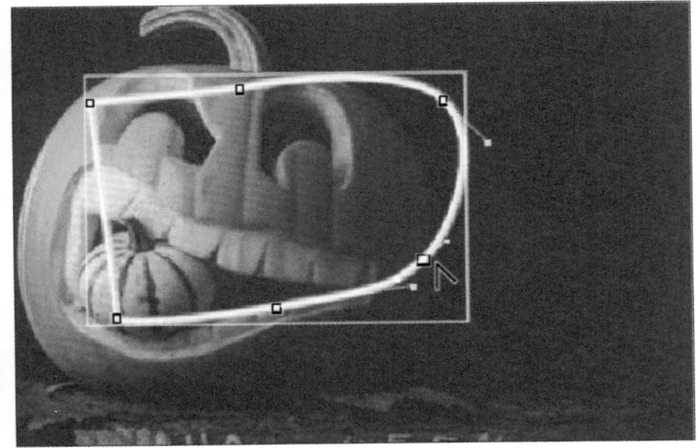

反之，用户也可以使用转换锚点工具把圆角锚点转换为锚点，从而可进一步调整图形的形状。

6.3 编辑字幕属性

在制作字幕时，比如制作文本和图形，可以结合字幕编辑器右侧属性栏中的选项来编辑文本和图形，主要包括设置字幕文字的大小、字体类型、字间距、行间距、倾斜、扭曲等属性。编辑字幕属性面板如下图所示。

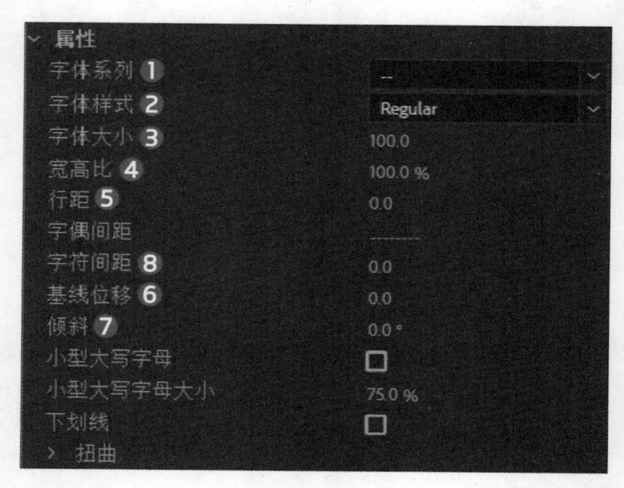

- **字体系列❶**：该选项用于设置字幕字体的类型。单击该选项右侧的下拉按钮，在弹出的下拉列表中为选择的字幕替换字体类型。设置不同字体类型的字幕对比度效果，如下图所示。
- **字体样式❷**：设置字体类型之后，可以单击该选项右侧的下拉按钮，设置字体的具体样式。不过大多数字体类型所包含的字体样式都较少，有的只含有一种字体样式，因此该选项使用较少。
- **字体大小❸**：该参数用于设置被选择文字字号的大小，参数越大，字也就越大。
- **宽高比❹**：用于设置文字宽度和高度的比例。
- **行距❺**：用于设置多行文字行之间的距离。
- **基线位移❻**：用于设置基线偏移量。
- **倾斜❼**：用于设置字幕的倾斜程度。
- **字符间距❽**：该参数用于调整字幕文字间的间距，默认参数为0。值越大，文字之间的间距越大。不同字符间距参数设置下的字幕对比效果如下图所示。

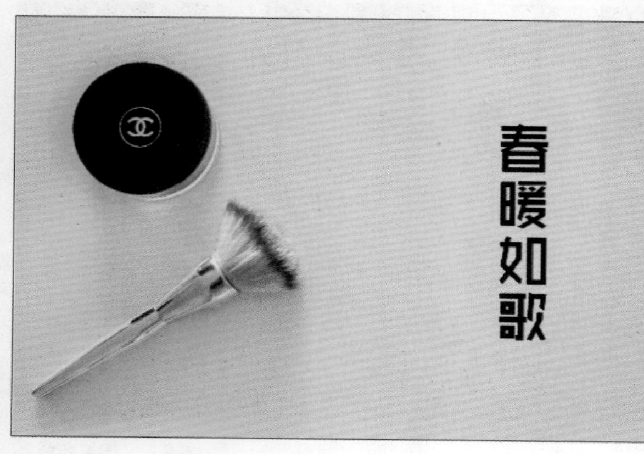

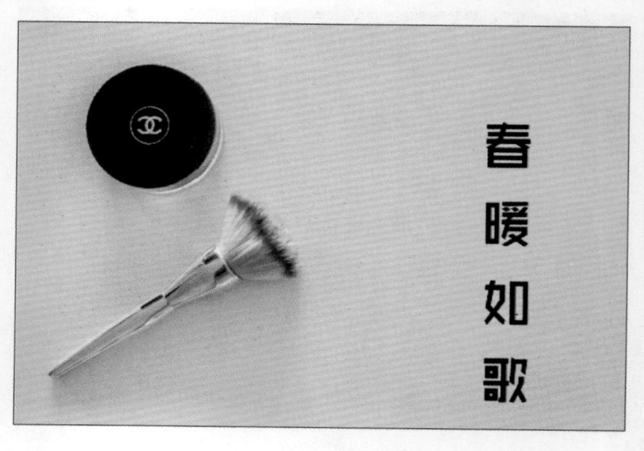

6.3.1 设置文本填充属性

“填充”选项区域的参数主要用来设置字幕的填充类型、颜色，以及是否启用纹理填充、纹理填充的类型、纹理的混合、对齐、缩放等参数。“填充”选项区域的参数如下图所示。

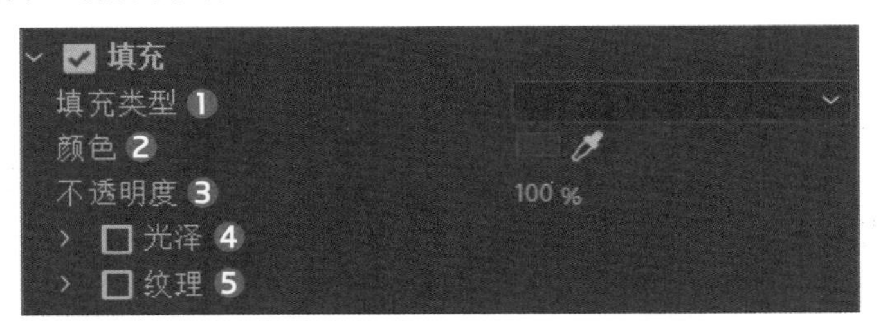

- **填充类型❶**：单击该选项后的下拉按钮，在弹出的下拉列表中选择需要的填充类型，包括“实底”、“线性渐变”、“径向渐变”、“四色渐变”、“斜面”、“消除”和“重影”7种类型。
- **颜色❷**：用于设置填充的颜色。不同的填充类型，其填充颜色的设置也不一定相同。不同填充颜色下的字幕对比效果如下图所示。

- **不透明度❸**：该选项用于设置填充色的不透明度。当参数值为100%时，完全不透明度；当参数值为0%时，则完全透明。
- **光泽❹**：用于设置文字或图片对象的特殊光线效果。勾选该复选框，还可以设置光的颜色、不透明性、大小、角度和偏移量。
- **纹理❺**：用于设置文字或图片对象的纹理效果。勾选该复选框，可以设置纹理图案、缩放比例、队列和混合物等参数。

6.3.2 设置文本描边效果

“描边”选项区域的参数主要用于设置字符或图形的内部和外部描边效果，“描边”选项区域的参数如下图所示。

- **内描边❶**：单击其右侧的“添加”文本链接，可添加一个内部描边效果，并可利用其选项进行内描边设置，效果如下左图所示。

- **外描边②**：单击其右侧的“添加”文本链接，可以添加一个外部描边效果，并可利用其选项进行外侧描边设置，效果如下右图所示。

6.3.3 设置文本阴影效果

“阴影”选项区域的参数主要用于为字幕添加阴影效果，包含“颜色”、“不透明度”、“距离”、“角度”、“大小”和“扩展”参数，该选项区域的参数如下图所示。

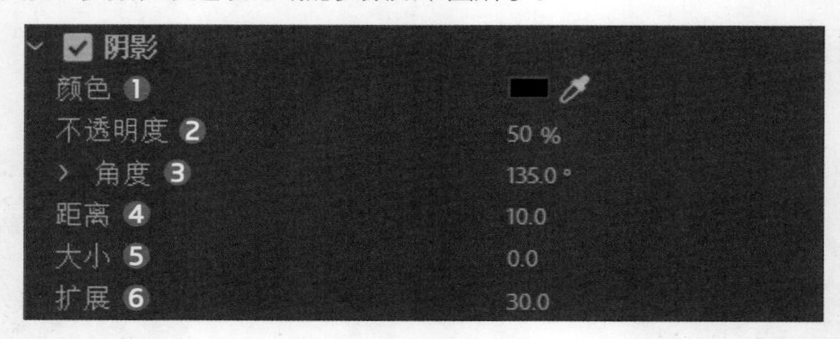

- **颜色①**：用于设置字幕阴影的颜色，单击该选项后的色块，在弹出的“颜色拾取”对话框中通过设置颜色参数来控制阴影颜色效果，不同阴影设置的对比效果如下图所示。

- **不透明度②**：用于设置阴影的不透明度。
- **角度③**：用于设置阴影相对于文字的旋转角度。
- **距离④**：用于设置字幕阴影与字幕文字之间的距离，该参数值越大，阴影与字幕之间的距离越大。不同“距离”参数下字幕阴影的对比效果如下图所示。

- **大小⑤**：用于设置阴影的大小。
- **扩展⑥**：用于设置阴影的扩展范围。

实战练习 制作“蒲公英之园”文字阴影效果

学习了Premiere文字阴影效果的相关应用后，下面介绍如何制作“蒲公英之圆”文字阴影效果，具体步骤如下。

步骤 01 启动Premiere Pro CC 2019并打开“新建项目”对话框，根据需要设置相关参数❶，然后单击“确定”按钮❷，如下左图所示。

步骤 02 将“素材”文件夹中的“蒲公英.jpeg”图形素材导入到“项目”面板中，如下右图所示。

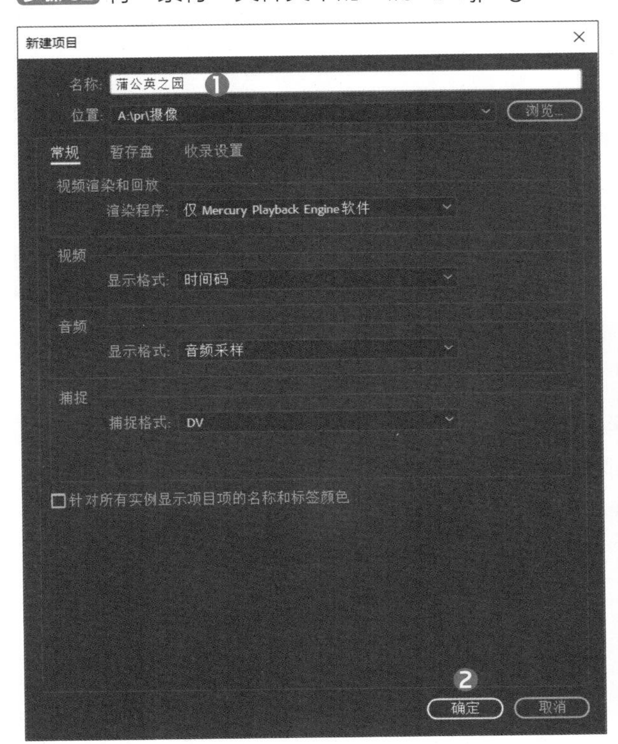

步骤 03 将导入到“项目”面板中的“蒲公英.jpeg”图形素材插入到“时间线”面板，如下左图所示。

步骤 04 打开“节目监视器”面板中浏览素材的效果，如下右图所示。

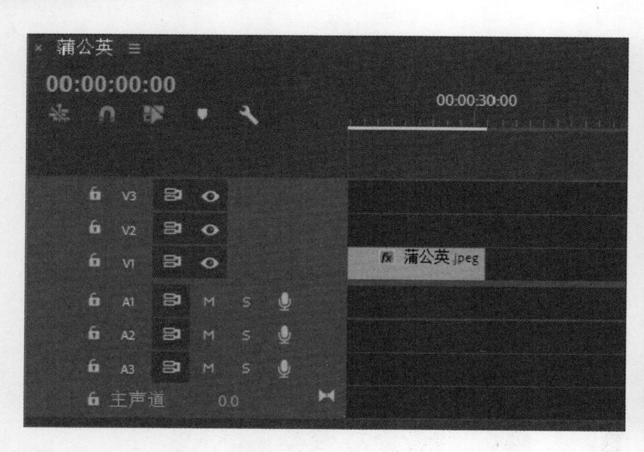

步骤 05 执行“文件>新建>旧标题”命令，在弹出“新建字幕”对话框中设置参数相关参数❶，然后单击“确定”按钮❷，如下左图所示。

步骤 06 设置完字幕参数之后，在“字幕设计器”面板的字幕设计区域创建“蒲公英之园”字幕，然后在“字幕属性”面板中设置字幕的参数，如下右图所示。

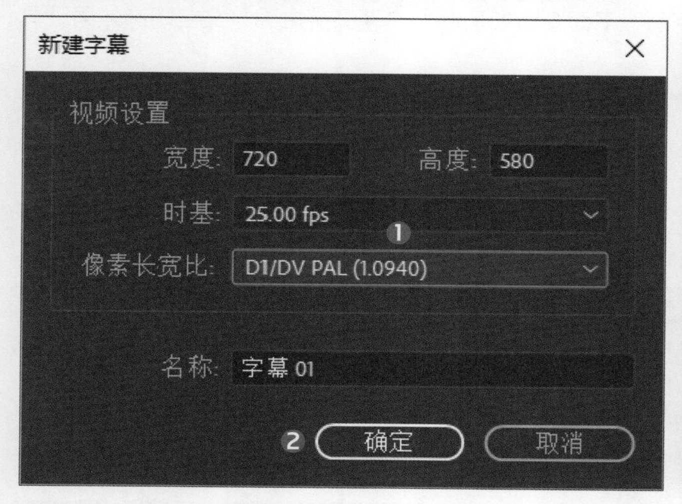

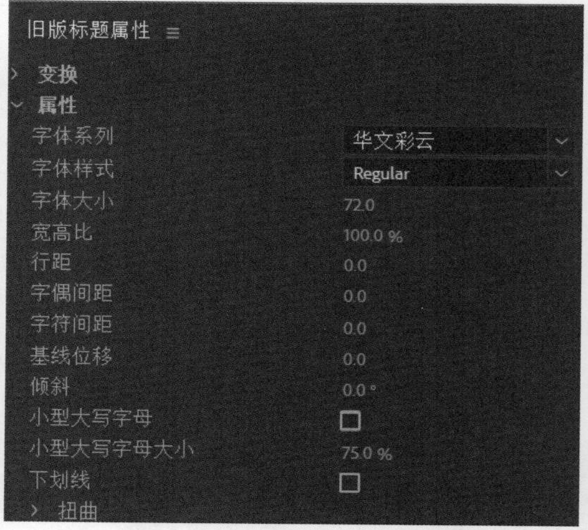

步骤 07 在“字幕属性”面板中设置完字幕参数后，返回至“字幕设计器”面板的设计区，浏览设置参数后字幕的效果，如下左图所示。

步骤 08 在“字幕设计器”面板中选择字幕，返回至“字幕属性”面板，展开“阴影”参数设置选项区域，勾选“阴影”选项前的复选框，启用系统默认的阴影，如下右图所示。

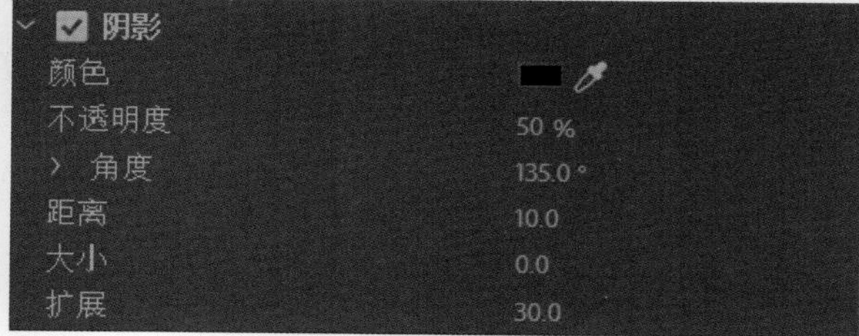

步骤 09 在“字幕属性”面板中展开“阴影”参数设置选项区域，单击“颜色”后的色块，在弹出的“拾色器”对话框中设置字幕阴影的颜色❶，然后单击“确定”按钮关闭对话框❷，如下左图所示。

步骤 10 即可在字幕设计区浏览字幕阴影效果，如下右图所示。

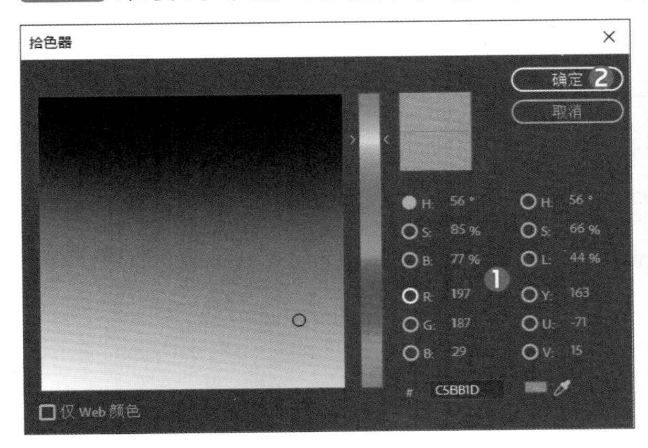

步骤 11 在“字幕属性”面板中，设置“角度”、“距离”、“大小”和“扩展”参数，如右图所示。

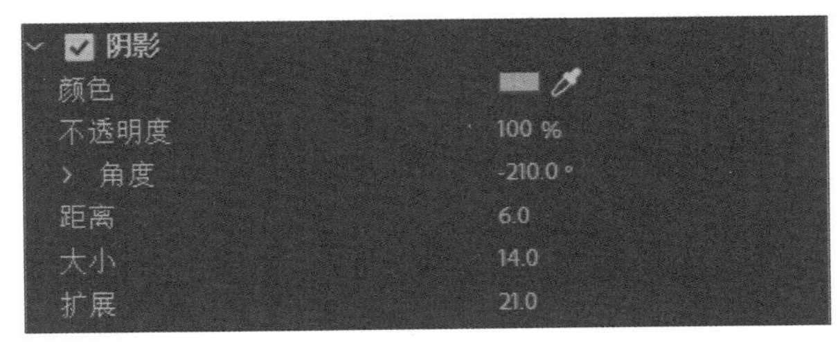

步骤 12 设置完参数后，关闭字幕设计面板，将制作的字幕插入到“时间线”面板，最终效果预览如右图所示。

6.4 设置字幕样式

Premiere Pro CC 2019的字幕设计面板中预设了多种美观的字幕样式，用户可以根据需要选择相应的样式来快速格式化字幕对象，也可以自行创建样式。本节将对“字幕样式”的有关知识进行详细介绍。

6.4.1 应用样式

“字幕样式”面板位于“字幕设计器”面板的中下方。该面板中预设了多种字体样式，选择某一字幕样式后输入文字，即可创建带有所选预设字体效果的文字。“字幕样式”面板如下左图所示。

在“字幕样式”面板中所需的字幕样式上单击鼠标右键，可以打开面板菜单，快捷菜单如下右图所示。

旧版标题样式 ≡

应用样式 ❶
❷ 应用带字体大小的样式
仅应用样式颜色 ❸
❹ 复制样式
删除样式 ❺
❻ 重命名样式...
仅文本 ❼
❽ 小缩览图
✓ 大缩览图 ❾

- **应用样式❶**：执行该命令，将当前的字幕样式完全应用于字幕。原始字幕效果如下左图所示，应用样式后的效果如下右图所示。

- **应用带字体大小的样式❷**：执行该命令，在应用当前字幕样式的同时，为字幕文字应用文字大小属性。原始字幕效果如下左图所示，为字幕应用文字大小属性后的效果如下右图所示。

- **仅应用样式颜色❸**：执行该命令，仅将当前字幕样式的颜色应用于字幕，字幕样式的字体类型、字体大小等属性将不应用于字幕。字幕原始效果如下左图所示，为字幕应用样式颜色之后的效果如下右图所示。

- **复制样式④**：执行该命令，可对当前的样式进行复制。未执行该命令的“字幕样式”面板效果如下左图所示，复制样式后的效果如下右图所示。

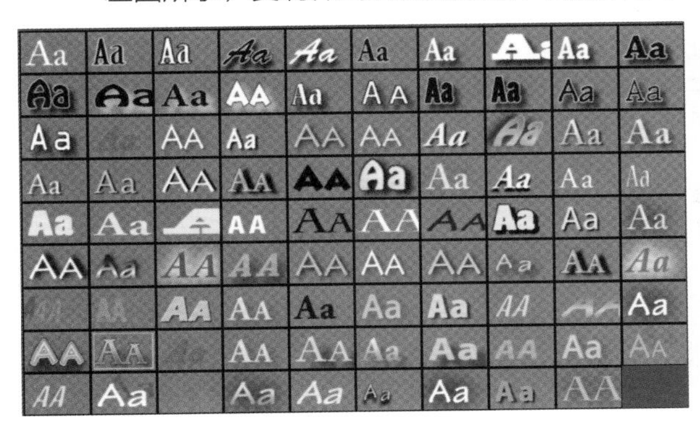

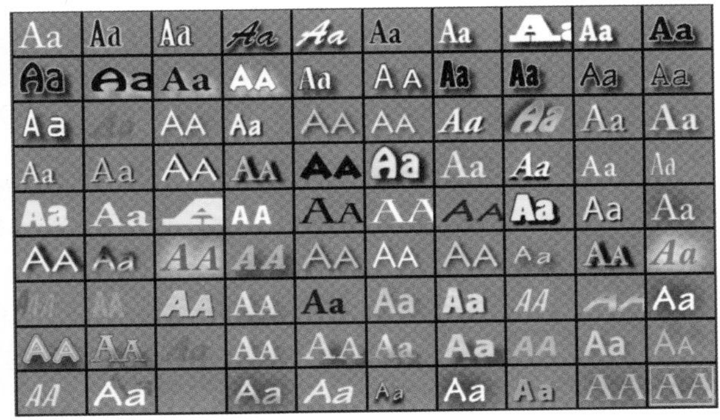

- **删除样式⑤**：执行该命令，即可将当前被选择的样式删除。
- **重命名样式⑥**：执行该命令，即可在弹出的“重命名样式”对话框中重命名字幕样式。
- **仅文本⑦**：执行该命令之后，“字幕样式”面板中的所有字幕样式都以文本的样式显示，效果如下图所示。

Caslon Pro 68	Birch Black 80	Birch White 80	Brush Script Black 75	Brush Script White 75	Adobe Garamond Black 90
Adobe Garamond White 90	Blackoak White 75	ChaparralPro White 80	Giddyup Black 80	Hobo Black 75	Mesquite Black 90
Minion Pro Black 89	Lithos Pro White 94	Nueva White 85	Orator White 90	Poplar Black 80	Rosewood Black 100
Tekton Black 90	Prestige Elite Black 90	Orca White 80	CaslonPro Dark Gold 38	LithosPro White 53	TektonPro YellowStroke 28
LithosPro LtGray 31	Lithos Pro Light Gold 28	GaramondProItalic OffWhite...	HoboStd Slant Gold 80	CaslonPro Gold Gradient 65	CaslonPro GoldStroke 95
GaramondPro OffWhite 28	ChaparralPro Gold 75	Lithos Pro White 42	Info Bronze	Lithos Pro Black 43	Hobo Medium Gold 58
Caslon Red 84	Garamond Pro Italic 50	Garamond Pro White 26	Nueva Yellow Gradient 73	Poplar Puffy White 57	Garamond Pro White 50
BlackOak Wide White 43	Myriad Pro White 25	Charlemagne Bold 49	Charlemagne White 29	Tekton Oblique Blue 45	Poplar Puffy White 41
Myriad Pro Lemon 50	Caslon White Black Shadow ...	Lithos White Black Shadow ...	Tekton Blue Gradient 130	CaslonPro Slant Blue 70	ChaparralPro Gold 32
Lithos Pro Blue 33	Lithos Pro White 51	Lithos Pro Pink 33	Tekton Pro Yellow 93	Minion Italic Bronze 64	Caslon Italic Bluesky 64
Myriad Transparent 106	Myriad Transparent 175	Myriad Italic Water 55	Garamond Tan 66	Garamond Black 37	Myriad Pro Lime 72
Myriad Pro Pink 32	Myriad Water 105	Lithos Winter 32	Tekton White 45	Lithos Gold Strokes 52	Charlemagne Grass 52
Caslon Dark Wood 49	GaramondPro Caps Gold 77	CaslonPro Caps LtBlue 80	GaramondPro Gold 37	MyriadPro LtBlue 30	MyriadPro Caps LtBlue 26
MyriadPro Teal 57	LithosPro Salmon 91	MyriadPro Caps LtBlue 105	TektonPro OffWhite 123	MyriadPro Caps BlueGhost 42	TektonPro Gold 70
TektonPro LtSalmon 36	TektonPro Narrow Yellow 100	TektonPro White 34	MyriadPro Lime 27	CharlemagneStd Beige 32	CharlemagneStd Beige 32 1

- **小缩览图⑧**：执行该命令后，“字幕样式”面板中的所有字幕样式将以缩略图的方式显示，效果如下左图所示。
- **大缩览图⑨**：为方便用户预览“字幕样式”面板中的字幕样式，默认情况下，Premiere将字幕样式以大缩略图的方式显示，效果如下右图所示。

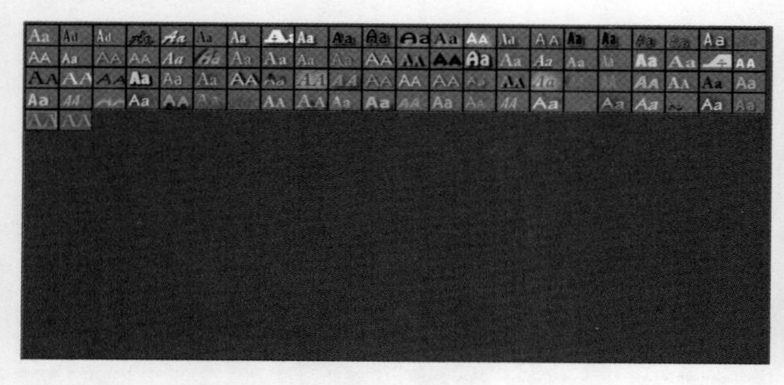

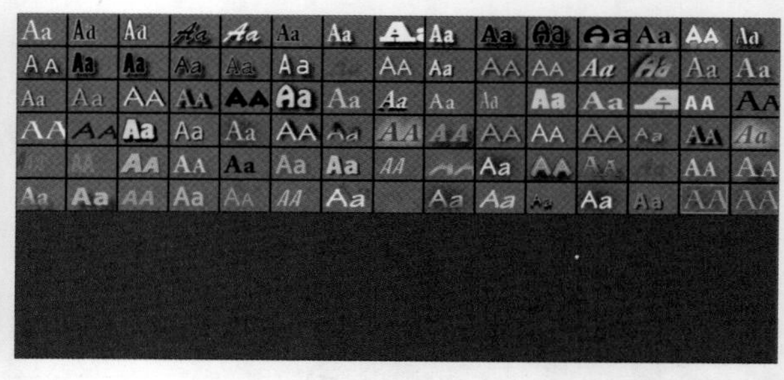

6.4.2 创建字幕样式

在“字幕样式”面板空白处单击鼠标右键也会开启一个快捷菜单，然后选择“新建样式”命令，如下图所示。

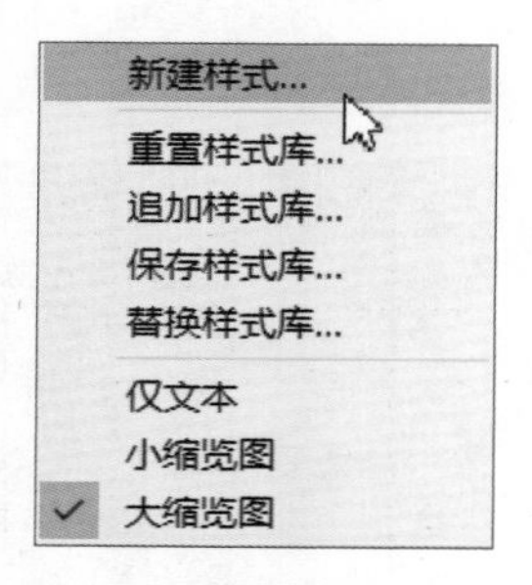

执行“新建样式”命令，可以将当前制作的字幕样式新建为一种新的样式，并使其在“字幕样式”面板中显示。未新建字幕样式之前，“字幕样式”面板如下左图所示。将当前字幕的样式新建为一种样式后，字幕样式面板如下右图所示。

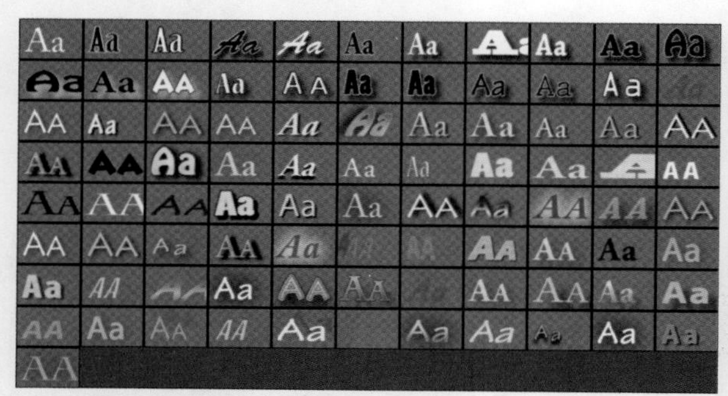

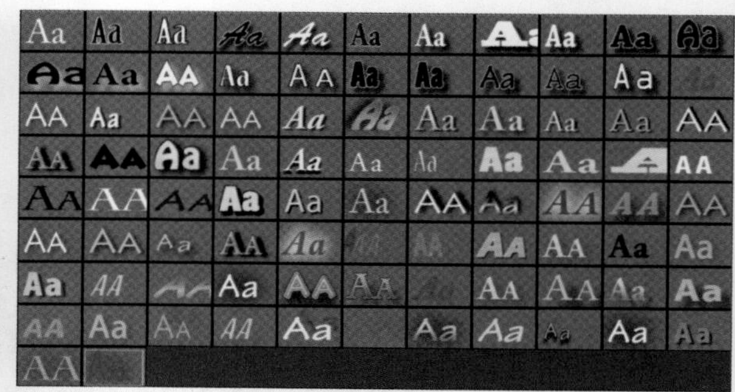

提示：快捷菜单中其他命令选项的含义

重置样式库： 该命令主要用于将当前“字幕样式”面板中显示的样式库重置为默认状态。

追加样式库： 执行该命令可将外部样式库添加到当前的样式库中。

保存样式库： 执行该命令，可对当前的字幕样式库进行保存，方便以后调用。

替换样式库： 执行该命令，在弹出的“打开样式库”对话框中打开样式库文件，可更新当前的字幕样式库。

知识延伸：控制文字颜色

字幕字体的颜色是画面中重要的视觉元素，它决定了字体的表面颜色效果，对整个画面效果的影响非常大。在Premiere中，所创建的字幕颜色并不是一成不变的。在字幕设计区中选择字幕之后，在字幕设计面板右侧的“字幕属性”面板中，通过设置“填充”选项区域中的“填充类型”和“颜色”参数，可以制作出多种视觉效果的字幕。

在“字幕属性”面板的“填充”选项区域中，单击“填充类型”下拉按钮，在下拉列表中查看字幕颜色填充的选择类型，如下图所示。

- **实底❶**：选择该类型，字幕将以单一颜色显示，用户可以通过设置不同的颜色来调整字幕的颜色，从而调整字幕的颜色，效果如下左图所示。
- **线性渐变❷**：选择该类型之后，“颜色”选项也会发生变化，由两种颜色控制字幕颜色来达到渐变效果。设置颜色参数，效果如下右图所示。
- **径向渐变❸**：选择该字幕颜色填充类型，通过选择字幕颜色并设置适当的参数，可以制作出圆形简便的字幕效果。
- **四色渐变❹**：选择该字幕颜色填充类型之后，“颜色”选项将变为四角可控制的控件，通过为四角设置不同的颜色参数，可制作出四种颜色相互渐变的字幕。
- **消除❺**：选择该字幕颜色填充类型后，字幕文字部分将变为完全透明状。该填充类型常用于制作镂空文字效果。

上机实训：制作MV视频歌词

学习了Premiere字幕效果应用的相关知识后，下面将以为MV视频添加歌词的案例对所学知识进行巩固，具体操作步骤如下。

步骤 01 首先启动Premiere CC软件，新建“MV的制作”项目，单击“确定”按钮。然后在菜单栏中执行“文件>导入”命令，在弹出的对话框中选择“一念不改.mp3”与“视频素材.mp4”文件并导入“项目”面板中，如下左图所示。

步骤 02 将“项目”面板中的素材依次拖入“时间轴”面板，视频拖放V1轨道上，音频拖动到A1的编辑轨道上。若视频与音频长短不一，则单击按钮以辅助素材之间的对齐，如下右图所示。

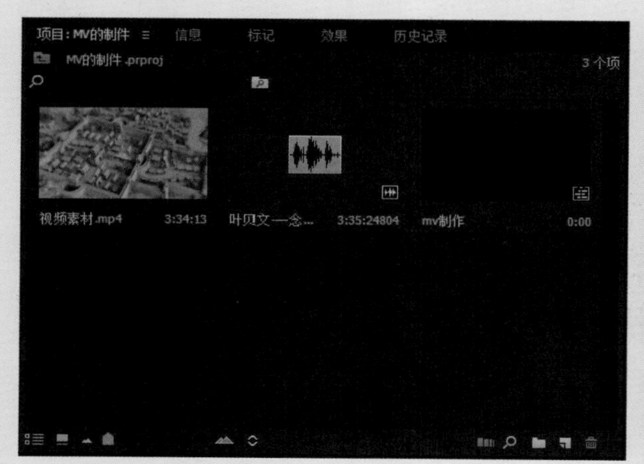

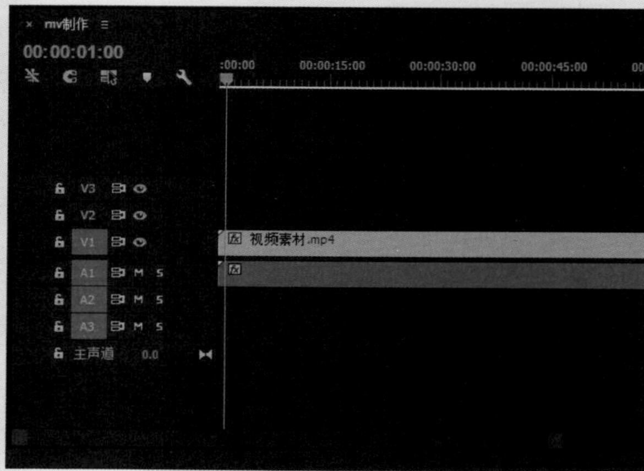

步骤 03 放大音频轨道，将音频前端空白部分剪掉，然后调整视频与音频文件，使其长短匹配，如下左图所示。

步骤 04 找到歌词的入点，将时间帧定位在00:00:17:17的位置上，如下右图所示。

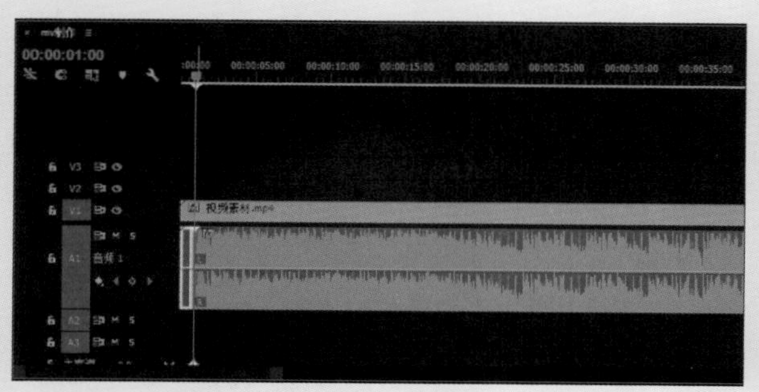

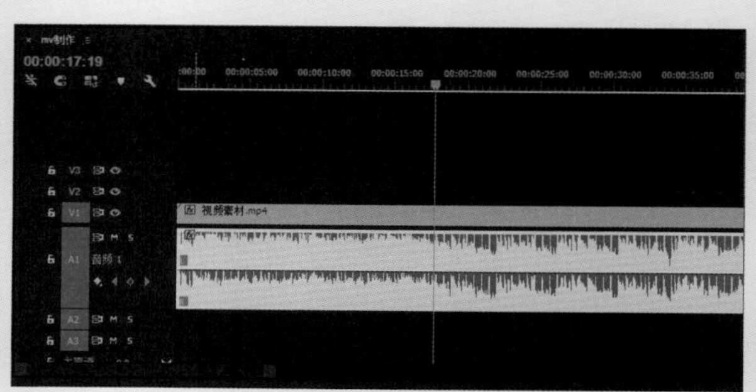

步骤 05 要加入歌词字幕，则执行“文件>新建>标题”命令，在弹出的“新建字幕”对话框中输入“名称”为“歌词1❶，其它的参数系统会自动匹配，单击“确定”按钮❷，如右图所示。

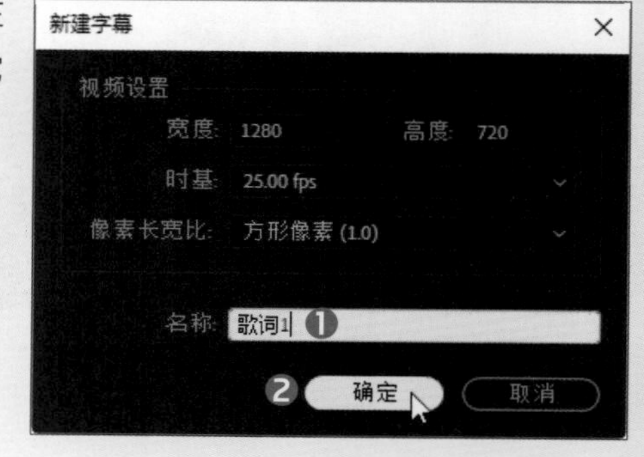

步骤 06 即可打开字幕设计面板进行歌词编辑，接着打开事先准备好的歌词文件，选中第一句歌词并按下Ctrl+C组合键，执行复制操作，如下左图所示。

步骤 07 然后单击T图标，在监视窗下方安全线的中间处单击并选择对齐方式为（中间对齐）。接着按下Ctrl+V组合键，将复制的歌词粘贴到编辑窗口中，如下右图所示。

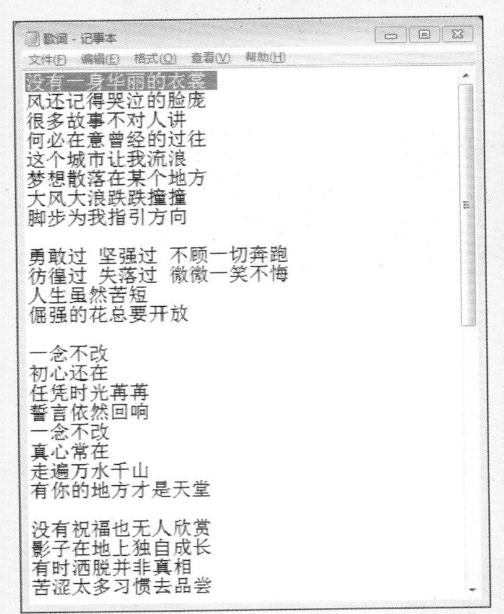

步骤 08 接着在右侧的“字幕属性”选项区域中对歌词的“字体”、“位置”和“大小”等属性进行设置。首先进行字体设置，即单击“字体系列”右侧下拉按钮，选择“黑体”选项，“字体大小”设置为45。在“变换”区域中设置“Y位置”值为673，如下左图所示。

步骤 09 勾选“填充”复选框，设置“填充类型”为“实底”，设置“颜色”为白色。在“描边”选项区域中单击“外描边”右侧的“添加”链接按钮，保持系统默认的参数。然后勾选“阴影”复选框，参数保持默认，如下右图所示。设置完成后，可以看到歌词字幕看上去将更加立体、有层次，将字幕编辑窗口关闭，字幕系统会自动将它存放到“项目”面板中。

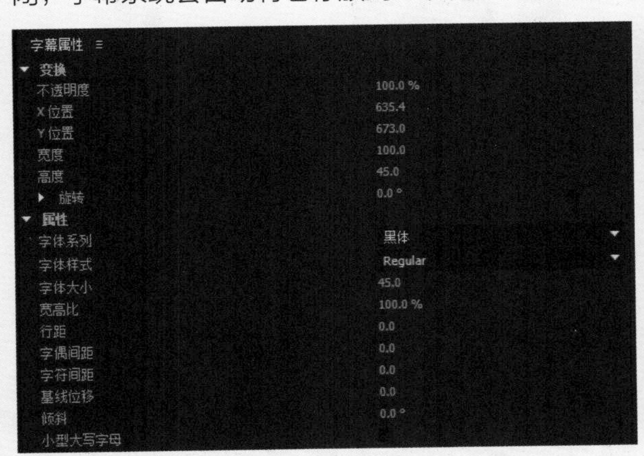

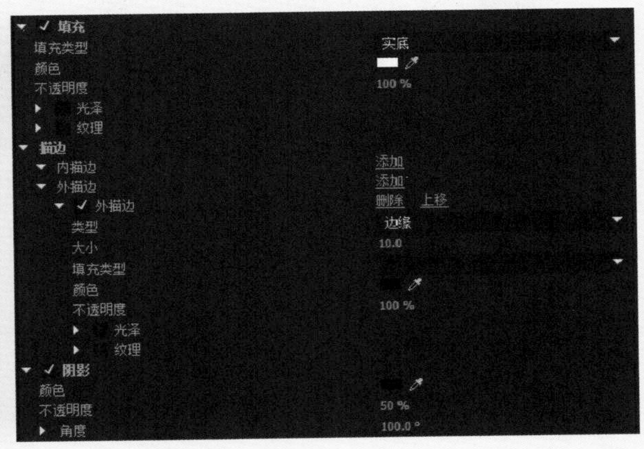

步骤 10 在“项目”面板中将歌词字幕“歌词1”拖到视频V2轨道，将时间帧所定位的歌曲入点放置好后，按空格键试听歌曲。找到歌曲字幕的尾点00:00:20:17，在V2轨道上直接拖曳字幕的尾点，来调节字幕的长短，这里要注意的是，虽然尾点在00:00:20:17处，但用户需要把时间帧向后方拖动查找下句歌曲的入点00:00:22:00，将时间帧停放在00:00:21:19处，这样当一句歌词播放后会有个停顿，在进行下一句时不会显得突兀、生硬，如下图所示。

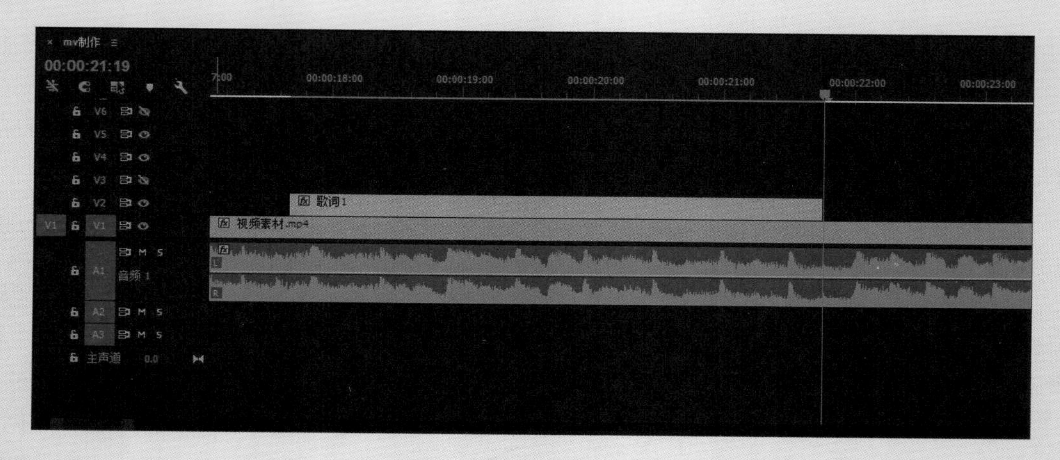

步骤 11 同样的方法将所有的歌词制作好并一一调配到歌曲上，然后将时间帧移动到起点，按空格键预览音频与歌词的匹配情况，如下左图所示。

步骤 12 接着用户需要复制制作好的歌词字幕，因为之前制作歌词字幕时每个字幕都有编号，用户只需在“项目”面板中选择“项目”面板中“歌词1”，按住Shift键的同时将所有的歌词全部选中，然后单击鼠标右键，在弹出的快捷菜单中选择“复制”命令，如下右图所示。

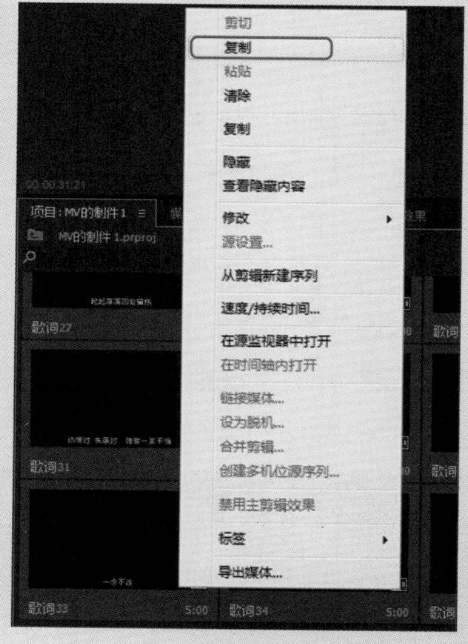

步骤 13 在“项目”面板右下角单击“新建素材箱”按钮，然后设置素材箱名称为“复制歌词”，双击将打开一个窗口，在窗口中单击鼠标右键，在弹出的快捷菜单中选择“粘贴”命令，如右图所示。

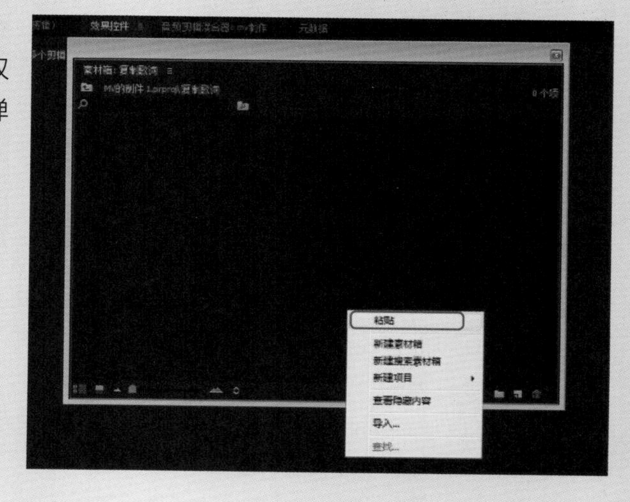

步骤 14 对之前的48句歌词进行复制，复制出来的歌词若不是按编号顺序排列，则单击复制歌词素材箱左下角的“列表视图”按钮，然后单击“名称”后面的三角符号两次，使歌词编号从小到大进行排列，如右图所示。

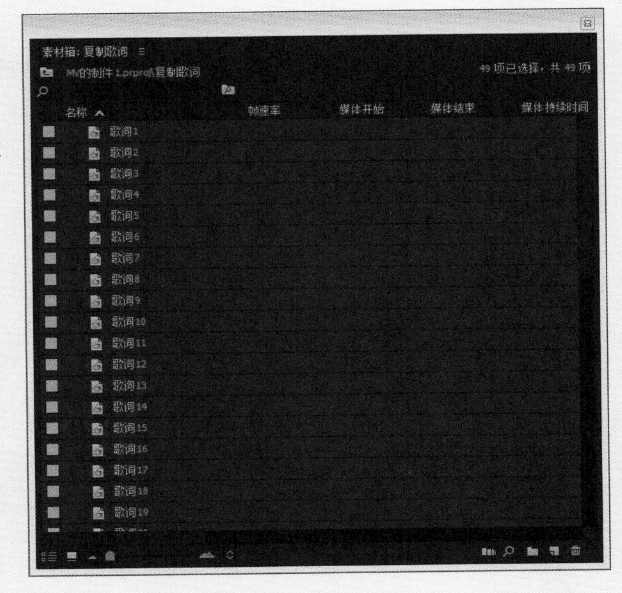

步骤 15 将粘贴后的歌词字幕按编号拖放到视频V3轨道上，使歌词的编号与长短都与轨道V2上的长短十分吻合，如下左图所示。

步骤 16 浏览检查歌词字幕没有问题后，需要将视频V3轨道上的歌词字幕改变一种颜色，方便后续制作动画时能让歌词字幕更加唯美生动，也使两个轨道上的字幕有所区分。首先，将时间帧移动到00:00:18:00的位置，双击“视频V3”时间帧所在的“歌词1”的字幕，在弹出的窗口中修改歌词的颜色以及样式，在右侧的“填充”属性参数设置区域设置“颜色”为R：19、G:113、B:185❶。在“描边”属性设置区域添加“外描边”效果❷，将外描边“大小”参数设置为25，设置描边的颜色为白色❸。在“阴影”属性参数设置区域中，设置“距离”值为6❹、“扩展”值为15❺，如下右图所示。

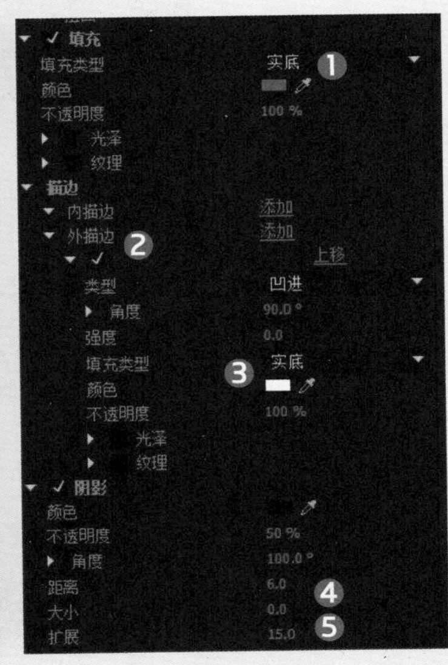

步骤 17 设定好所有的属性参数后，用户可以制作一个字幕样式模板，以方便后续字幕的修改。首先在显示窗下面单击“字幕样式”右侧的扩展按钮❶，在弹出的列表中选择“新建样式”选项❷，如下左图所示。

步骤 18 然后在弹出的“新建样式”对话框中直接单击“确定”按钮，如下右图所示。接着用户可以将时间帧移到歌词2的中间位置，双击V3轨道上的“歌词2”，在弹出窗口的字幕样式中找到新建的字幕样式并单击，为歌词的字体应用相同的样式。同样的方法，将V3轨道的所有歌词字幕应用相同的样式。

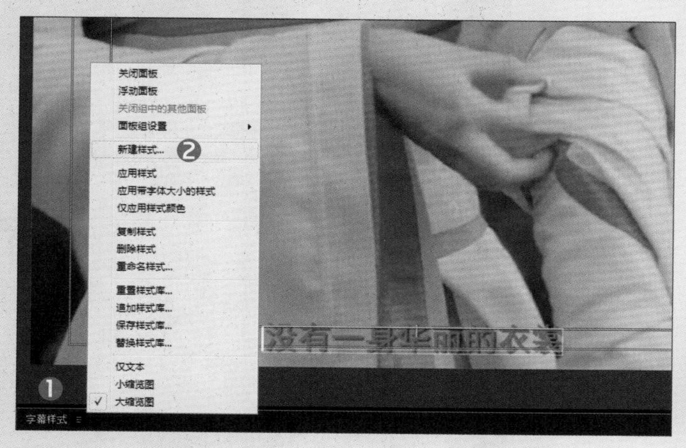

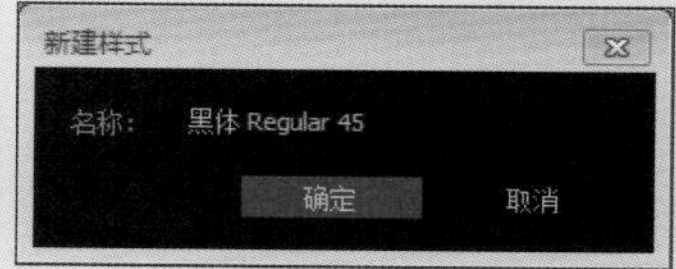

步骤 19 下面来制作字幕变化的动画效果。首先，把V3轨道上的歌词字幕全选，在“效果”选项面板中选择“视频效果>变换>裁剪”效果选项，如下图所示。

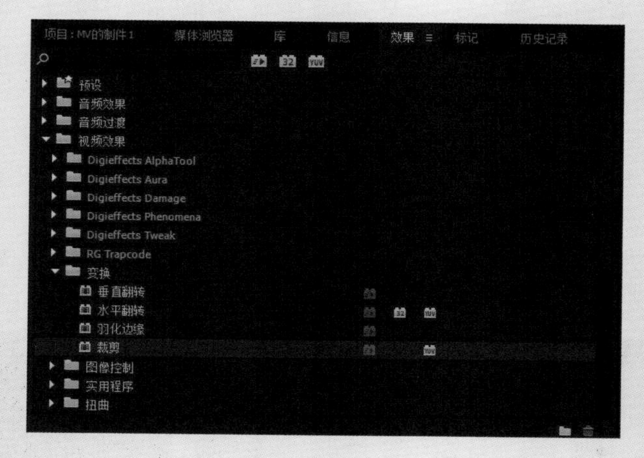

步骤 20 按住鼠标左键拖到所选视频V3轨道的字幕上，为轨道上所有歌词添加一个变换特效，使字幕产生变换的动画效果，如下图所示。

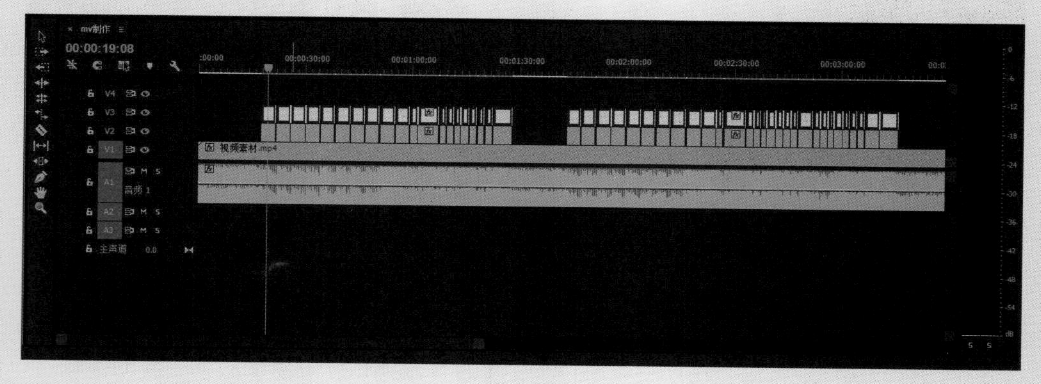

步骤 21 V3轨道上的字幕效果添加完后，便开始对歌词1进行细微的效果制作。将时间帧移动到歌词1上，然后按下键盘上的加号键，将轨道放大便于操作，选择“歌词1”，在菜单栏中执行“窗口>效果控件”命令，效果控件中新添加的裁剪命令是展开的，此处显示的时间帧只为字幕的段落。首先把时间帧移到左边

起点，此时轨道上的时间帧也在移动，这说明两者是有关联的，如下左图所示。

步骤 22 在起点的位置单击“右侧”前面的小秒表 右侧，设定关键帧，将右侧的参数设为70，按下空格键，查找第一句歌词的尾点。将时间帧移至00:00:20:13时间点上，再次调节右侧的参数为30，这样第一句歌词的字幕动画就制作出来了，把时间帧移到歌词的起点，按下空格键浏览，查看字幕动画是否能和歌曲同步。如快或慢，可以在“效果控件”面板中调节右侧的关键帧，如下右图所示。

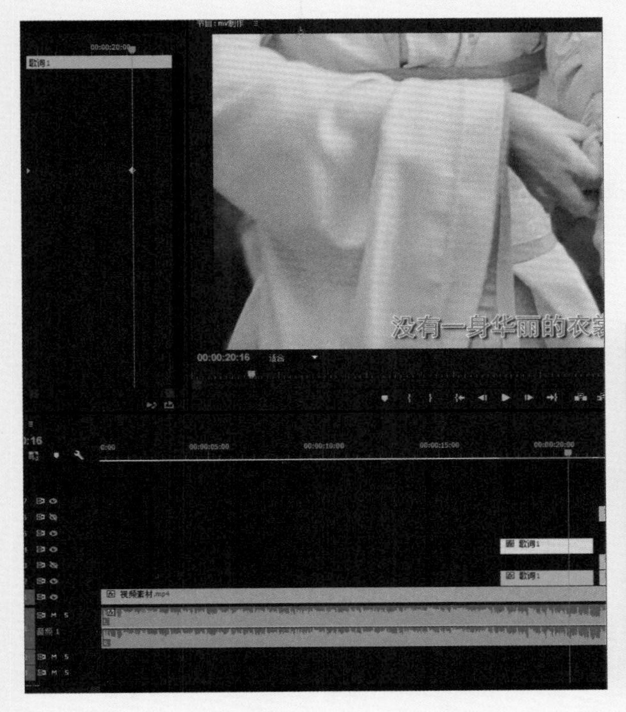

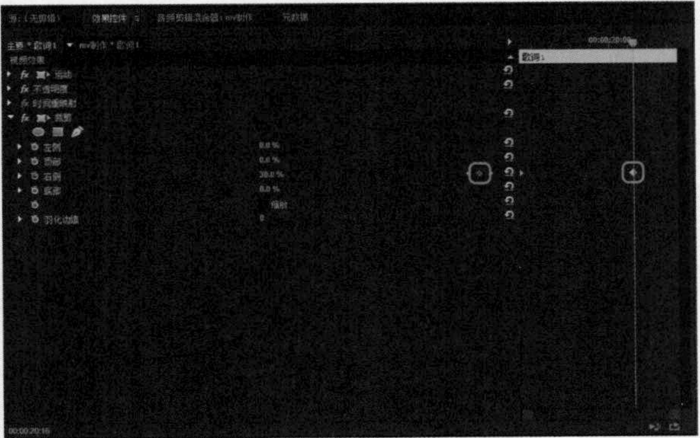

步骤 23 下面介绍最后一句“有你的地方才是天堂”中长音的调节，首先点选V3轨道上的这段歌词，在“效果控件”面板中将时间帧移动到这句歌词的起点位置，在“效果控件”面板将裁剪右侧的起点关键帧设为70，按下空格键监听最后一个字的出现时间为00:03:12:22，在这个位置设置一个关键帧，将右侧的参数设为35，在收音前的5帧位置00:03:15:00做最后一个字收音帧参数设为30。在遇到有长音的歌词时，可以多做个关键帧，让长音跟随画面与歌曲更加匹配与同步，如下左图所示。

步骤 24 设置完成后预览于制作的MV效果，效果无误，便可输出，如下右图所示。

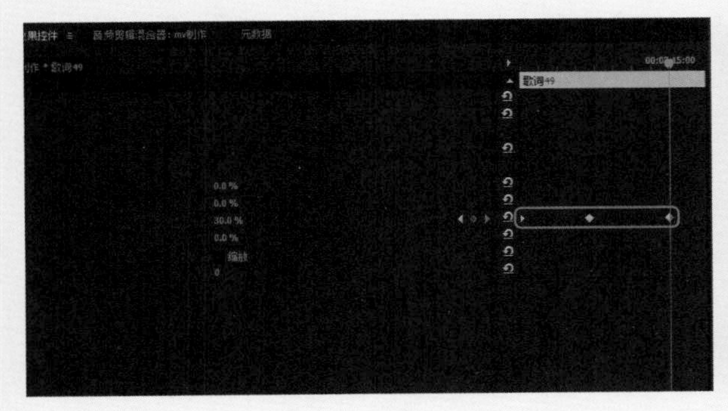

课后练习

1. 选择题

（1）在字幕制作面板的工具箱中包含一个钢笔工具，还有三个与之对应的工具，它们分别是添加锚点工具、删除锚点工具和＿＿＿＿＿＿工具，用于编辑使用钢笔工具绘制的图形。

A. 路径　B. 文字　C. 矩形　D. 转换锚点

（2）除了路径类型工具可以绘制文字路径外，Premiere Pro CC 2019还提供了＿＿＿＿＿＿专门用于绘制和编辑路径。

A. 钢笔工具　B. 文字工具　C. 铅笔工具　D. 垂直文字工具

（3）“字幕属性”面板位于“字幕设计器”面板的＿＿＿＿＿＿侧，在该面板中可设置字体或者图形的相关参数。

A. 右　B. 左　C. 上　D. 下

（4）矩形工具用于绘制各种矩形形状，在绘制的时候同时按下＿＿＿＿＿＿键可以绘制正方形。

A. Alit　B. Alt+Ctrl　C. Shift　D. Ctrl

（5）字幕设计器的＿＿＿＿＿＿区有各种用于对齐、居中和分布字幕的工具。

A. 字幕工具　B. 字幕动作　C. 字幕类型　D. 字幕编辑

2. 填空题

（1）从表现角度而言，字幕可以分为两大类：标题性字幕和＿＿＿＿＿＿。

（2）字幕类型区位于字幕编辑区的上方，主要用于设置字幕的＿＿＿＿＿＿。

（3）“阴影”选项区域的参数主要用于为字幕添加阴影效果，包含“颜色”、“不透明度”、“距离”、＿＿＿＿＿＿、“大小”和“扩展”参数。

（4）＿＿＿＿＿＿工具用于将文字沿着曲线路径排列。

（5）填充类型包括“实底”、“线性渐变”、“径向渐变”、＿＿＿＿＿＿、“斜面”、“消除”和“重影”7种类型。

3. 上机题

在一个影片结束时，若需要在屏幕上显示出如赞助公司、剧组成员和演出人员等一系列公司名和人名时，就运用到了滚动字幕的特技来表现这一过程，结合本章知识，设计一个滚动字幕，最后的效果如下图所示。

操作提示

1. 创建字幕。
2. 编辑字体的属性。

Chapter 07 音频效果

本章概述

视频作品的每幅画面决定了观众所听到声音的反应，而每一种声响又都影响着观众对所看见画面的反应。在视频处理时，必须根据视觉表现的效果合理使用各种音效，使画面语言更为自然流畅。本章将介绍音频编辑处理的基础知识和具体应用。

核心知识点

❶ 了解音频编辑的基础知识
❷ 掌握音频素材的添加和设置
❸ 掌握音频混合处理的方法
❹ 熟悉应用音频效果的方法

7.1 音频效果基础

声音是多媒体影音作品意义建构中必不可少的媒体，它与图像、字幕等有机地结合在一起，共同承载着制作者所要表现的客观信息和所要表达的思想、感情。因此，声音素材的制作与运用是多媒体影音制作非常重要的一环。以往，无论是声音的拾取与记录，还是音频信号的调音和效果处理，均需要昂贵的专业设备和专业人员操作。为了获得理想的音响效果，专业声音素材制作中还需要专业乐队的演奏。

而今，随着数字技术的广泛应用，不仅使得各种音频制作设备以其高性能、低价格而得以“飞入寻常百姓家”，而且随着PC的普及与性能的不断提高，更使得原来许多只有价格昂贵、体积庞大的专业音频制作设备才具有的强大功能，可以通过软件而得以实现。而这些数字音频应用程序的用户界面又通常非常友好，不仅符合专业音响工程师的专业操作习惯，而且因为其直观易懂，一般多媒体开发人员也能很快掌握其操作使用的方法。正是这些数字音频技术的普及，使得今天的音频素材制作已经不再是专业影音制作单位的专营业务，也不再是音响工程师们垄断的职业。在Premiere Pro CC 2019中可以很方便地编辑音频效果，本节主要介绍处理音频效果时的基本常识。

7.1.1 音频的分类

在Premiere Pro CC 2019中，用户可以新建单声道、立体声及5.1声道3种类型的音频轨道，每一种轨道只能添加相应类型的音频素材，下面分别对这3种音频进行介绍。

1. 单声道

单声道的音频素材只包含一个音轨，其录制技术是最早问世的音频制式。单声道以文件较小、对硬件要求较低的特点，依然有着广阔的生存空间，如应用于手机铃声。若使用双声道的扬声器播放单声道音频，两个声道的声音完全相同。

单声道音频素材在源监视器面板中的显示效果如下左图所示。

2. 立体声

立体声是在单声道的基础上发展起来的，该录音技术至今依然被广泛使用。在使用立体声音录音技术录制音频时，使用左右两个单声道系统，将两个声道的音频信息分别记录，可以准确再现声源点的位置及其运动效果，其主要作用是能为声音定位。

立体声音素材在源监视器面板中的显示效果如下右图所示。

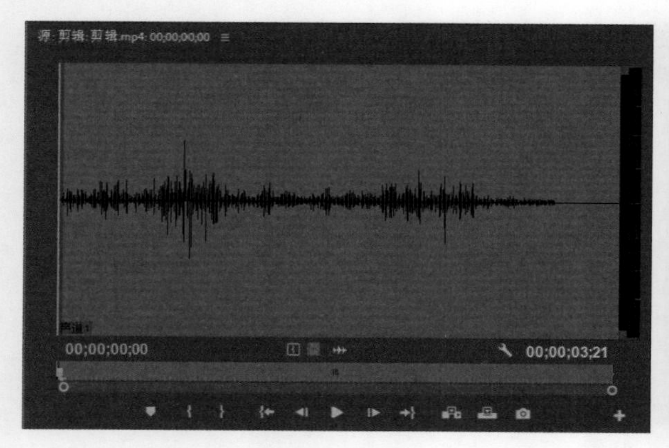

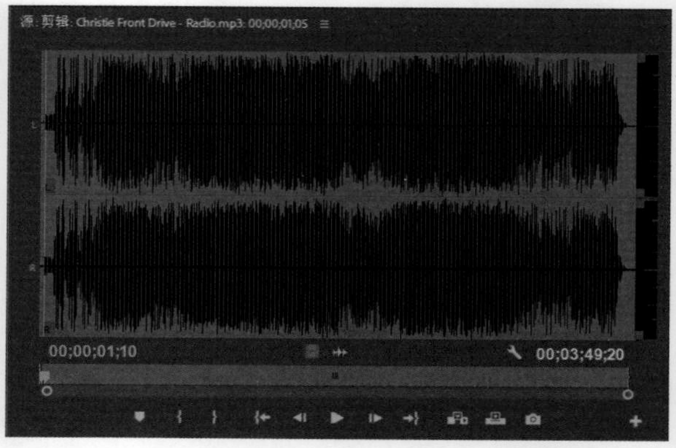

目前，在视频编辑中常用的音频类型为“立体声”，在有DVD等高品质音频需要时均采用“5.1”声道环绕声系统，“单声道”类型已经很少使用。

3. 5.1声道

5.1声道录音技术是美国杜比实验室在1994年发明的，因此该技术最早名称即为杜比数码 Dolby Digital（俗称AC－3）环绕声，主要应于电影的音效系统，是DVD影片的标准音频格式。该系统采用高压缩的数码音频压缩系统，能在有限的范围内将5＋0.1声道的音频数据全部记录在合理的频率带宽之内。

5.1声道包括左、右主声道，中置声道，右后、左后环绕声道以及一个独立的超重低音声道。由于超重低音声道仅提供100Hz以下的超低音信号，该声道只被看作是0.1个声道，因此杜比数码环绕声又简称5.1声道环绕声系统。

7.1.2 音频处理的基本常识

画面与声音元素有机结合，可以共同构筑形象，产生视听结合的综合信息，让观众在视觉和听觉上共同感受。视频作品最大的特点就是能诉诸视觉和听觉，视听关系处理是否得当将关系到影片表现是否充分、完美。下面介绍一些影视有声语言的基本常识。

1. 声音在影片中的作用

声音在影片中的作用主要表现在以下方面：

- 合理运用声音，可以节省视觉画面，扩展影视时空。
- 由于声音的连贯，容易获得顺畅流利、不露剪接痕迹的效果。在不同时间、不同场面的镜头或镜头段落之间的连接上，用持续的同一声音（画外解说、人物内心独白、音乐、音响、插曲等）作为背景，可以使一些不同场景的镜头自然地贯串为一组，给观众造成相互关联的印象。
- 通过对话，刻画人物性格：应用画外解说、人物内心独白、回忆的声音、幻觉中的声音，以及人物主观对声音的歪曲等，可以揭示人物内心世界。
- 声音也可以描写环境，烘托气氛，给场景增加真实感。
- 影视中常常通过声音与画面之间的对位，使音响的艺术运用具有深刻的表意功能，能表现出画面蕴含的哲理。

2. 人的声音语言

在影片中人的声音语言包括台词对白，以及以画外音形式出现的独白、旁白（含解说词）等，这都是影视声音中最积极、最活跃的因素。人声语言除了具有表达逻辑思维的功能之外，其音调、音色、力度、节奏等因素具有情绪、性格、气质等形象方面的丰富表现力。

- **对白：**即人物之间的对话。这种对话，可以传递信息、表达想法；可以刻画性格、吐露感情；还可以烘托环境、发展情节。
- **独白：**用表现人物某个时刻的想法和心理过程，是人物独自表述或倾吐自己的内心活动的一种画外音，是进行心理描写的重要手段。
- **旁白：**旁白也是一种画外音，是叙事、抒情的重要手段。主要用于介绍故事发生的时间、地点，以及时代背景、社会环境，也可以结合人物首次出场的肖像造型，对人物的姓名、职业年龄及重要的前史做简要介绍，还可能在剧情大幅度时空跳跃时，对省略的事件过程做简短的说明，使之过渡自然。此外，旁白也用于对剧情发表点评。
- **解说词：**用于从客观叙述者的角度对画面进行交待、说明或评论。它主要是以画面内容为基础，根据国画内容的发展而编写的一种旁白语言，在电视新闻、纪录片和科教片中被广泛地应用。

3. 音乐语言

音乐语言是指为影视作品编配的，是作品中一个重要的表意、抒情的语言因素。在影视中的音乐除具有一般音乐艺术的共性外，还具有以下特点：

- **附属性：**即一般不是一个孤立的作品，而是需要与画面结合，其主题的显示和发展，和声、配器等作曲技巧的使用，风格的确定和段落的安排等都必须与整个画面形象交融为一体。
- **间断性：**音乐语言不可能自始至终充斥在影视作中，它只能根据内容的需要，在若干地方发挥作用，与影视作品的总体流程相伴而行、分段陈述、间断出现。

音乐语言的种类很多，有说明或交待背景的“背景音乐”，有抒发人物或创作者内在情感的“抒情性音乐”，有对画面上的事物及具体音响特征进行描绘的音乐，有表现处于矛盾冲突中人物情感和心理状态的戏剧性音乐，有说明画面动作、速度节奏、民族色彩、时代特征等的说明性音乐，还有主题歌、主题音乐和插曲等等。

4. 音响语言

影视音响是除人声和音乐语言外，所有能够传达倍息、表达思想或交待环境的声音形态的总称，常见的音响语言有以下几种：

- **自然音响：**如风声、雷声、流水声、波涛声、动物吼叫声、虫鸣声等。
- **机械音响：**如汽车声、飞机声、轮船声、机器声等。
- **人的非语言声：**如笑声、哭声、走路声等。

7.1.3 数字音频的处理

我们已经知道了什么是数字音频，以及怎样采集音频素材。而我们在影视合成中所使用的音频，必须通过一系列的编辑处理，这就是音频的剪辑与特效应用，也叫音频媒体的数字化处理。

基本的音频数字化处理包括不同采样率、频率、通道数之间的变换和转换。其中变换只是简单地将其视为另一种格式，而转换则通过重新采样来进行，其中还可以根据需要采用插值算法以补偿失真。针对音频数据本身进行各种变换，如淡入、淡出、音量调节等。通过数字滤波算法进行变换，如高通、低通、带通等滤波处理。

长期以来，计算机的研究者们一直低估了声音对人类在信息处理中的作用。当虚拟技术不断发展之时，人们就不再满足单调平面的声音，而更倾向于具有空间感的三维声音效果。人类感知声源位置最基本的理论是双耳理论，这种理论基于两种因素：两耳间声音的到达时间差和两耳间声音的强度差。时间差是由于距离原因造成的，当声音从正面传来，距离相等，所以没有时间差，但若偏右三度则到达右耳的时间就要比左耳约少三十微秒，而正是这三十微秒，使得我们辨别出了声源的位置：强度差或是因为人的头部遮挡，使声音衰减，产生了强度的差别，使得靠近声源一侧的耳朵听到的声音强度要大于另一耳。

基于双耳理论，同样地，只要把一个普通的双声道音频在两个声道之间进行相互混合，便可以使普通双声道声音听起来具有三维音场的效果，这涉及到有关音场的两个概念：音场的宽度和深度。

音场的宽度是利用时间差的原理完成，由于现在是对普通立体声音频进行扩展，所以音源的位置始终在音场的中间不变，这样就简化了我们的工作。要处理的就只有把两个声道的声音进行适当延时和强度减弱后相互混合。由于这样的扩展是有局限性的，即延时不能太长，否则就会变为回音。音场的深度利用强度差的原理完成，具体的表现形式是回声音场越深，则回音的延时越长，所以在回音的设置中应至少提供三个参数：回音的衰减率、回音的深度和回音之间的延时。通过这些针对性的处理，我们可以很好地模拟出三维空间的声音。

声音的三维化处理可以使听觉通道与视觉通道同时工作，视频与音频信息的多通道结合可以创造出极为逼真的虚拟空间。

7.2 编辑音频

在Premiere Pro CC 2019中，包含多种对音频素材进行编辑的方法，用户可以根据自身的习惯选择适合自己的编辑方法。在本节中将以调整音频速度、调整音频增益等操作，向读者介绍音频素材的编辑方法。

7.2.1 音频素材的基本应用

在Premiere中如果想要很方便地编辑音频效果，首先要掌握对音频素材的基本使用，包括音频轨道和导入音频素材方面的知识，下面分别进行介绍。

1. 音频轨道

音频轨道与视频轨道虽然同处时间线面板中，但是它们本质是不同的。首先，视频轨道在顺序上的先后，上面轨道中的图像会遮盖下面轨道的图像；音频轨道没有顺序上的先后，也不存在遮挡关系。其次，视频轨道都是相同的，而音频轨道有单声道和双声道等类型之分，一种类型的轨道只能引入相应的音频素材。音频轨道的类型可以在添加轨道时进行设置。音频轨道面板如下图所示。

音频轨道还有主轨道和普通轨道之分，主轨道上不能引入音频素材，只起到从整体上控制和调整声音的效果。

2. 导入音频素材

在Premere中，导入音频的方法与导入视频的方法相似。执行“文件>导入”命令，在弹出的“导入”对话款中选择准备导入的音频文件❶，例如*.mp3，*.avi，*.wav等格式的文件，单击“打开”按钮❷，如下左图所示。导入的音频片段就会出现在“项目”面板中，如下右图所示。

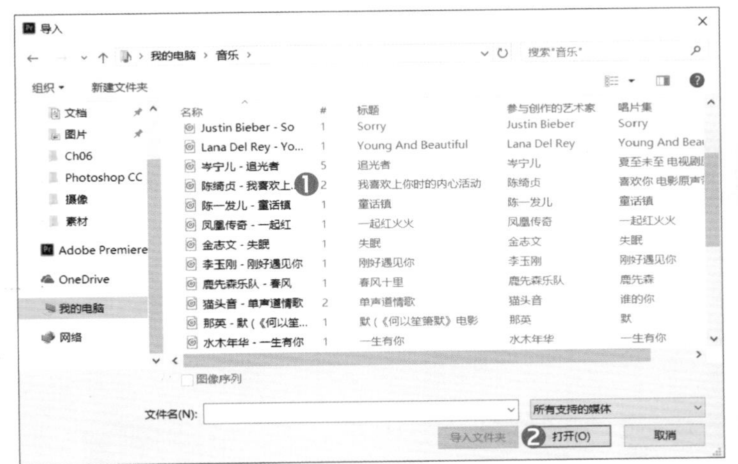

这时，将鼠标指针拖至音频片段的图标处，按住鼠标左键不放，这时鼠标指针会变成握拳的状态，然后将音频片段拖动到时间线窗口的音频轨道上，音频轨道呈绿色显示，如下图所示。

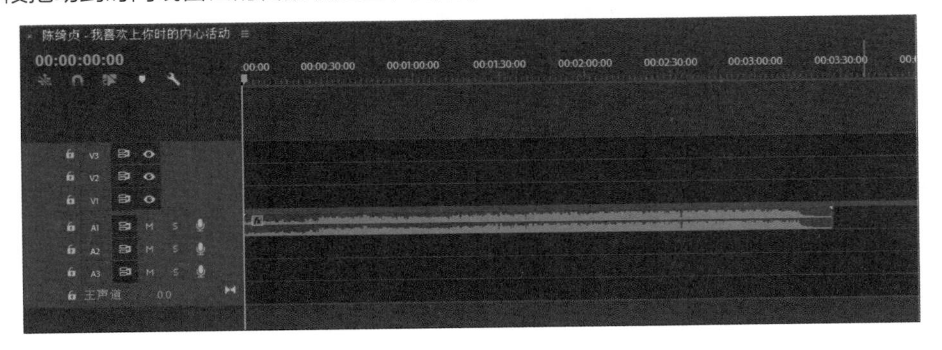

音频片段在音频轨道上的位置可以通过鼠标拖动来改变，从而配合不同的视频片段。

7.2.2 调整音频速度

在Premiere Pro CC 2019中，用户同样可以像调整视频素材的播放速度一样，改变音频的播放速度，且可在多个面板中使用多种方法进行操作，本小节将介绍如何通过执行“速度/持续时间”命令来调整播放速度。

音频的持续时间就是指音频入点、出点之间的素材持续时间。因此，对于音频持续时间的调整就是通过入点、出点的设置来进行的。改变整段音频可以在时间标尺面板中选择工具直接拖动音频的边缘，以改变音频轨迹上音频素材的长度。这样就可以调整音频速度了。当然，还可以执行“速度/持续时间”命令从以下几个途径进行设置。

1. 在“项目”面板设置

首先在“项目”面板中选择需要设置的素材，如下左图所示。之后再单击鼠标右键，在弹出的快捷菜单中执行“速度/持续时间”命令即可，如下右图所示。

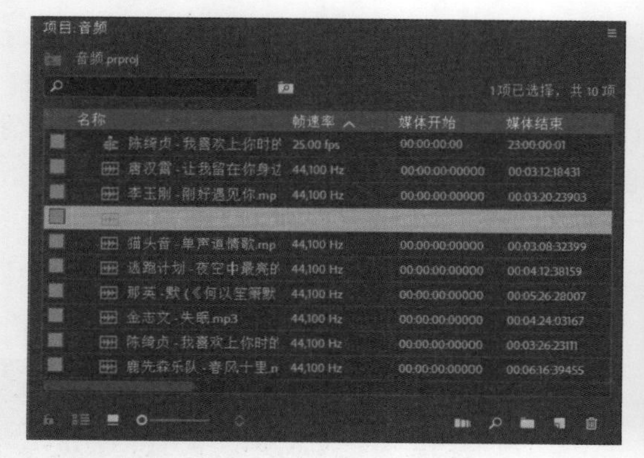

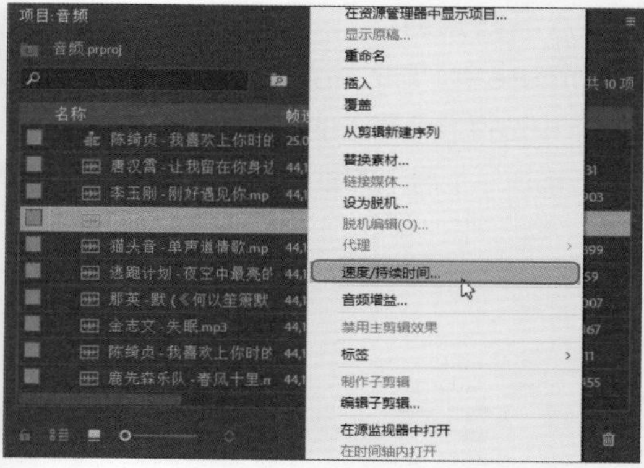

2. 在源监视器面板设置

在源监视器面板中，要执行“速度/持续时间”命令，则首先需要将要调整的音频素材在源监视器面板中打开，如下左图所示。之后在源监视器面板的预览区中单击鼠标右键，在弹出的快捷菜单中执行“速度/持续时间”命令即可，如下右图所示。

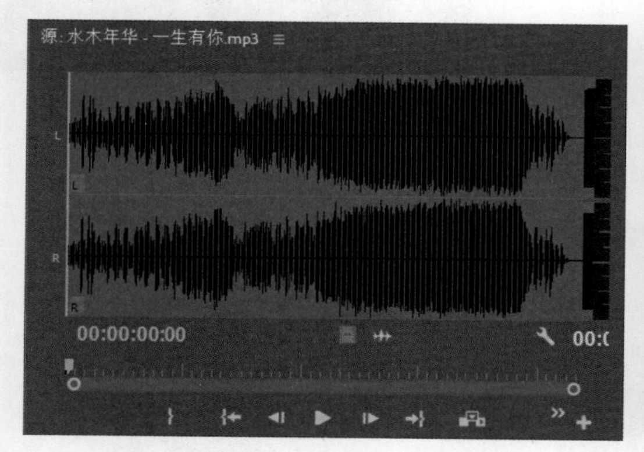

3. 在时间线面板中设置

时间线面板是Premiere中最主要的编辑面板，在该面板中可以按照时间顺序排列和连接各种素材、剪辑片段和叠加图层、设置动画关键帧和合成效果等。

在时间线面板中，执行“速度/持续时间”命令比较简单，首先需要将素材插入到时间线面板并选择素材，如下左图所示。再单击鼠标右键，在弹出的快捷菜单中执行“速度/持续时间”命令即可，如下右图所示。

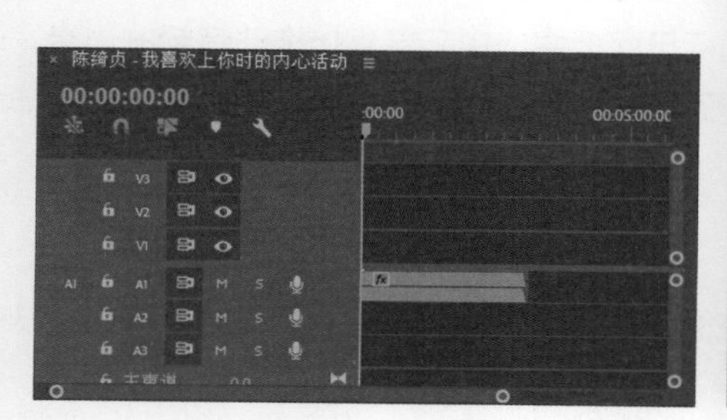

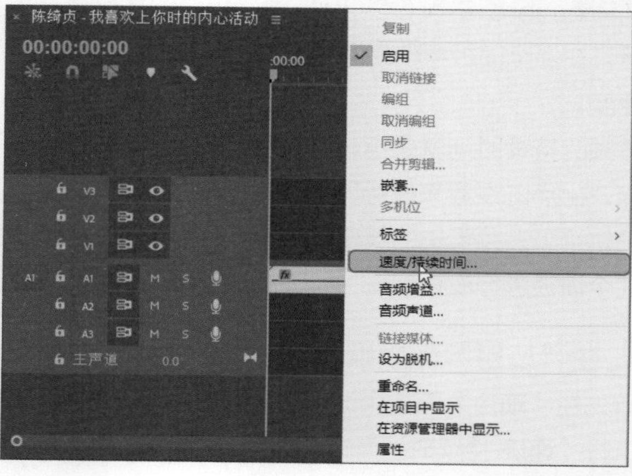

4. 使用菜单栏设置

“剪辑”菜单中的命令主要用于对素材文件进行常规的编辑操作，该菜单中也包括“速度/持续时间”命令。

在执行“速度/持续时间”命令之前，首先需要选择素材，如在“项目”、“源监视器”、“时间线”等面板中选择素材，之后再执行“剪辑>速度/持续时间”命令，如下左图所示。

通过以上方法执行“速度/持续时间”命令之后，在弹出的“剪辑速度/持续时间”对话框中设置素材的播放速度，如下右图所示。

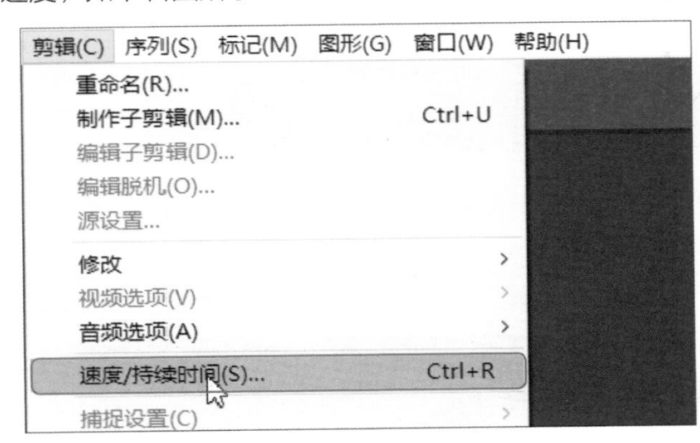

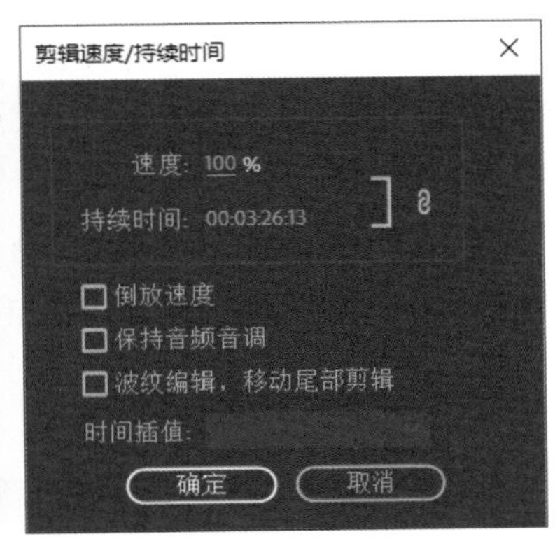

在默认参数下，“速度”参数与“持续时间”参数是相关联的，其中任何参数变动时，另一个参数都会自动发生相应变化。用户若只是需要调整的参数变化，而未调整的参数不变，则需要将这两个参数解除链接关系。

实战练习 制作童音歌曲

学习了音频效果编辑的相关知识后，下面介绍对童音歌曲进行编辑的操作方法，具体步骤如下。

步骤 01 启动Premiere Pro CC软件，首先新建一个项目，参数设置如下左图所示。

步骤 02 将“素材文件”文件夹中的a song.mp3音频素材导入“项目”面板中，如下右图所示。

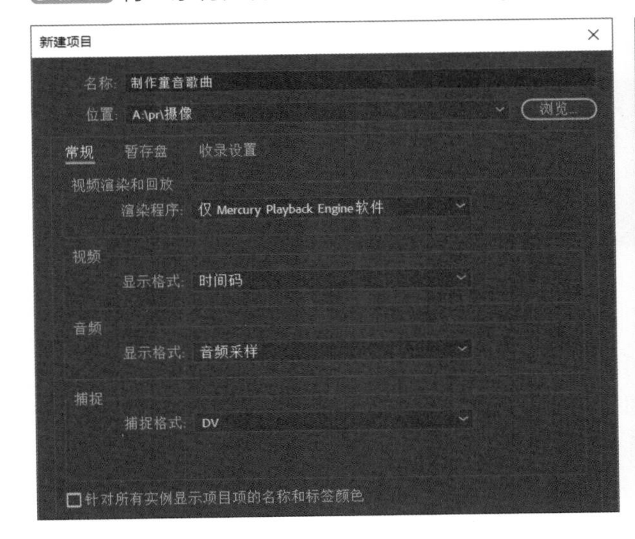

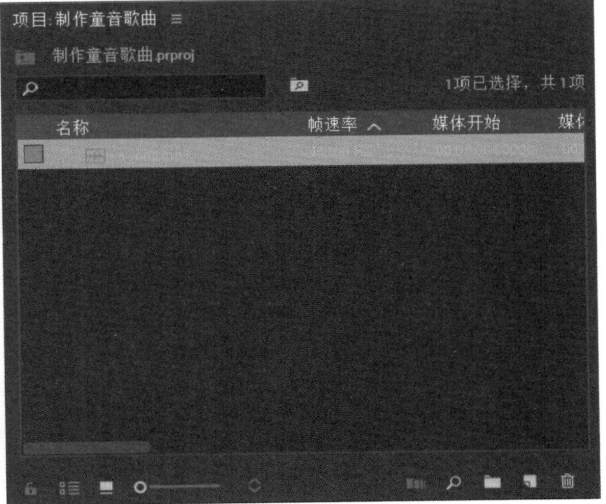

步骤 03 将“项目”面板中的a song.mp3素材插入到时间轴面板的A1轨道上，如下左图所示。

步骤 04 选择插入的a song.mp3素材，单击鼠标右键，在快捷菜单中执行“速度/持续时间”命令，如下右图所示。

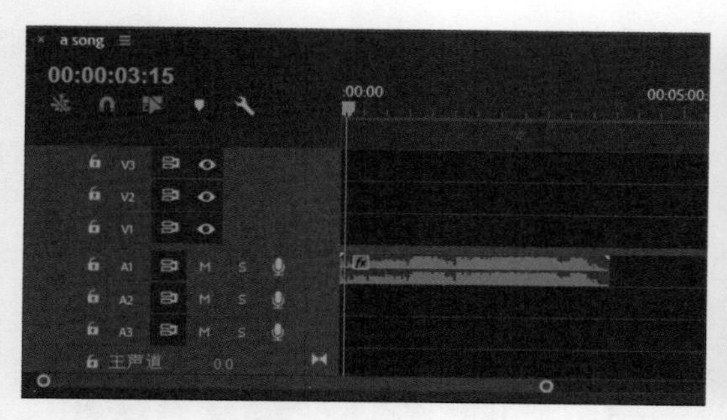

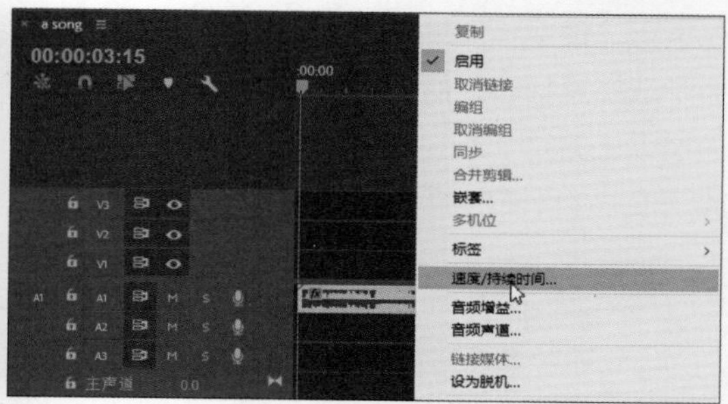

步骤 05 在打开的“剪辑>速度/持续时间”对话框中设置“速度”为150%❶、“持续时间”为00:02:37:15❷，单击“确定”按钮❸，如下左图所示。

步骤 06 执行“文件>导出>媒体”命令，在打开的“导出设置”对话框中设置导出参数，如下右图所示。

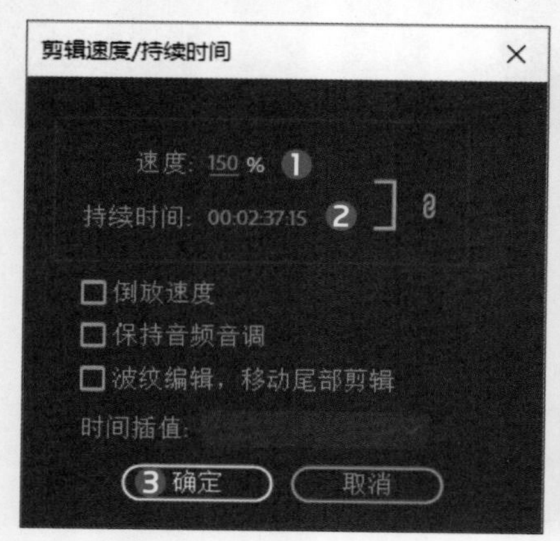

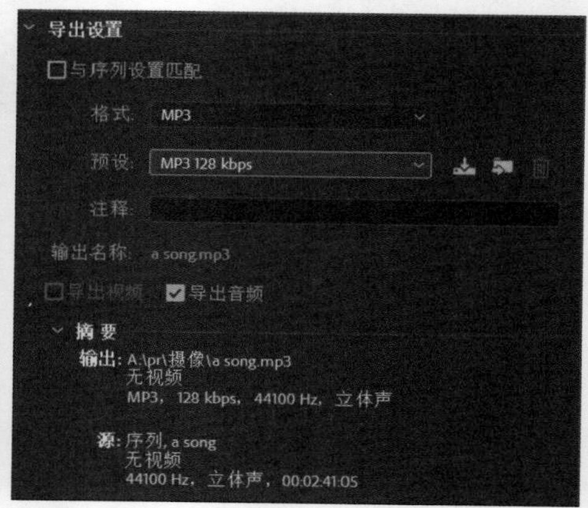

步骤 07 在“导出设置”对话框中，单击“音频”选项卡，在该选项卡中设置音频的导出参数，如下图所示。将当前编辑项目导出，然后执行“文件>存储”命令，对当前的编辑项目进行保存。

7.2.3 调整音频增益

音频增益是指音频信号电平的强弱，其直接影响音量的大小。在节目中经常处理声音的声调时特别是在“时间线”中有多条音频轨道且多条音频轨道上都有音频素材文件，此时就需要平衡这几个音频轨道的增益。否则一个素材的音频信号或低或高将会影响浏览。

同时，如果一个音频素材在数字化的时候，由于捕获的设置不当，也会造成增益过低，而用Premiere Pro CC 2019提高素材的增益，有可能增大了素材的噪声设置造成了失真。在本节中，将通过对浏览音频增益效果的面板与调整音频增益强弱的命令两方面知识的讲解，来向读者介绍调整素材音频增益效果的操作方法。

1. 浏览音频增益面板

在Premiere中，用于浏览音频素材增益强弱的面板是主音频计量器面板，该面板只能用于浏览，而无法对素材进行编辑调整，面板如下图所示。

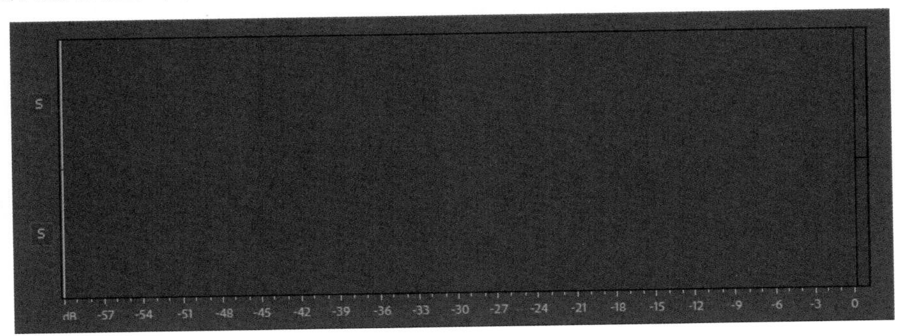

将音频素材插入到时间线面板，在节目监视器面板中播放音频素材时，在“主音频计量器”面板中，将以两个柱状来表示当前音频的增益强弱，如下左图所示。若音频音量超出安全范围，柱状将显示出红色，如下右图所示。

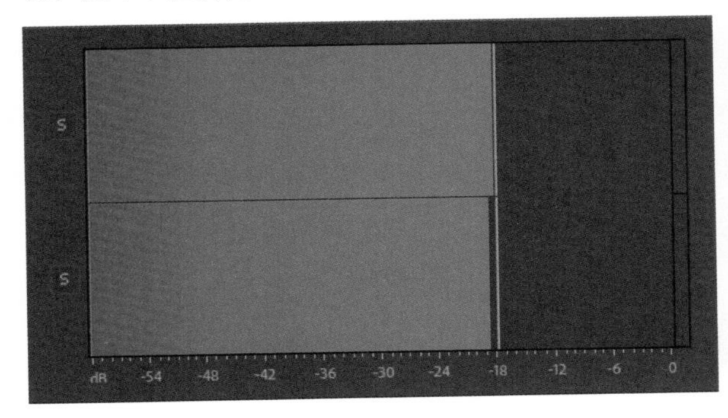

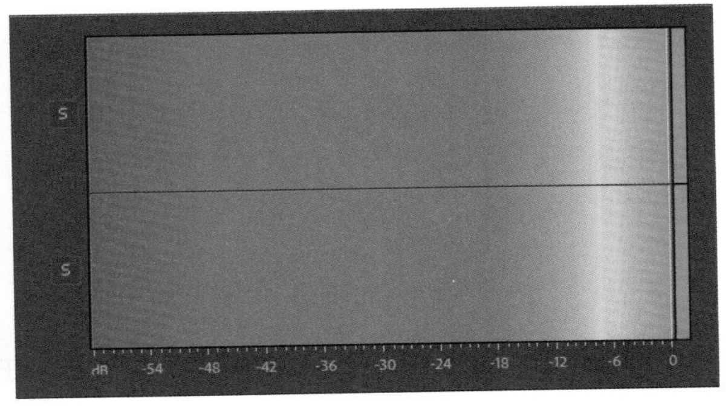

2. 调整音频增益强弱的命令

调整音频增益强弱的命令主要指的是“音频增益”命令，执行该命令之后，即可打开下图所示的“音频增益”对话框。

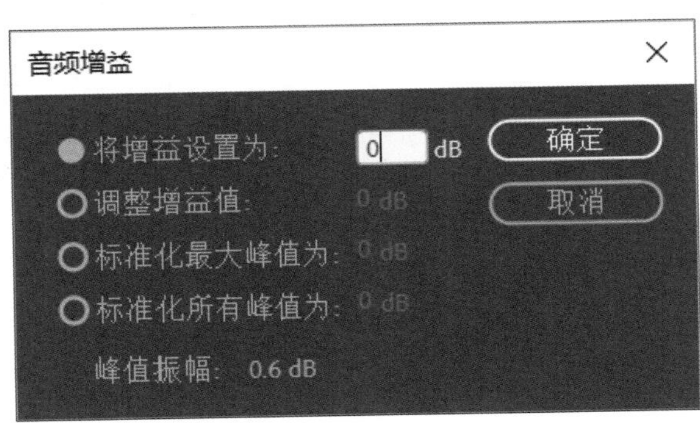

下面对“音频增益”对话框中各参数的应用进行详细介绍。

- **将增益设置为：** 单击该单选按钮，能够将素材的增提峰值降低到用户设置的参数。
- **调整增益值：** 在没有选中“将增益设置为”单选按钮之前，设置“调整增益值”参数效果与选中“将增益设置为”单选按钮相同，如下左图所示；但是在设置“调整增益值”参数之后，再设置“调整增益值”参数时，将会在“将增益设置为”参数的基础上设置素材音频增益，如下右图所示。

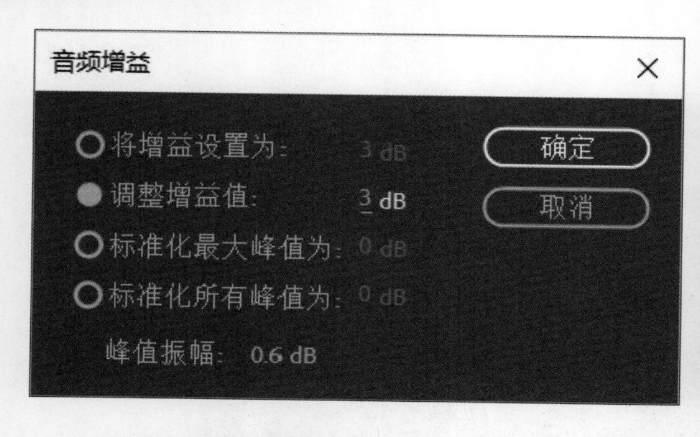

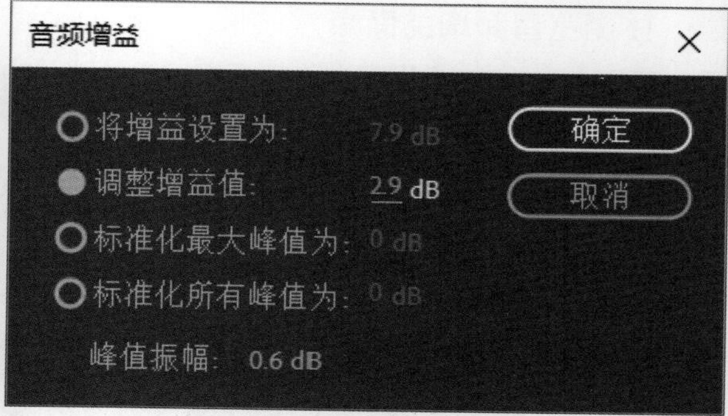

- **标准化最大峰值为：**前面的两个单选按钮都是整体调整音频素材的增益参数，而“标准化最大峰值为”单选按钮则用于控制音频增益的最大峰值。
- **标准化所有峰值为：**与“标准化最大峰值为”单选按钮相比，“标准化所有峰值为”用于调整整个素材音频增益的峰值，而不是如“标准化最大峰值为”单选按钮那样仅仅调整最大的音频增益峰值。

7.3 音频过渡和音频效果

音频效果是Premiere Pro CC 2019音频处理的核心。Premiere的音频过渡和音频效果与视频过渡和视频效果一样，也可以使用音频效果来改变音频质量或者创造出各种特殊的声音效果。本节中将向用户介绍音频过渡和音频效果的使用方法。

7.3.1 应用音频过渡

如果音频轨道中有两个相邻的音频素材，可以在两者之间设置过渡效果。音频的过渡效果与视频切换效果相似，可以使两端音频平滑过渡。

Premiere Pro CC 2019设置了3种音频过渡效果，在“效果”面板中展开“音频过渡”选项，再展开其下方的“交叉淡化”选项，如下图所示。

各个音频过渡选项的含义介绍如下。

- **恒定功率：**用于使两段素材的淡化线按照抛物线方式进行交叉，这种过渡效果很符合人耳的听觉规律。
- **恒定增益：**用于实现第2段音频淡入、第1段音频淡出的效果。
- **指数淡化：**用于使第1段音频在淡出时，音量一开始下降很快，到后来逐渐平缓，直到该段声音完全消失为止。

使用音频过渡的方法很简单，用户只需将需要的过渡效果从“效果”面板中拖入两个音频素材之间即可，如下图所示。添加音频过渡后，可以在“效果控件”面板中设置过渡效果的参数。

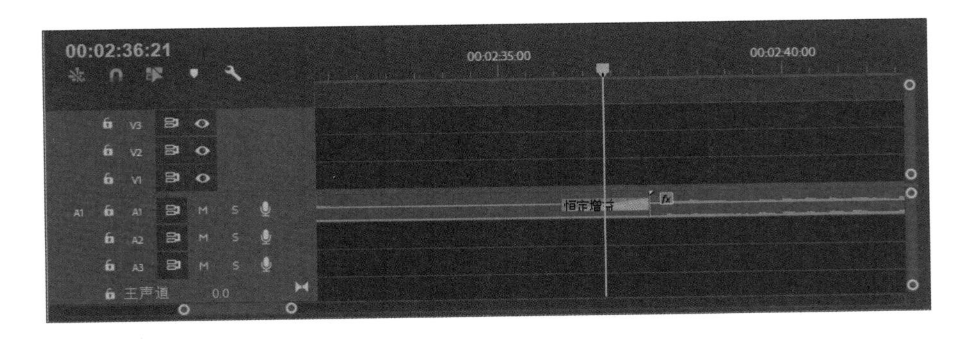

7.3.2 添加音频效果

音频效果位于“效果”面板的“音频效果”扩展面板中，如下图所示。

音频效果
过时的音频效果
吉他套件
多功能延迟
多频段压缩器
模拟延迟
带通
用右侧填充左侧
用左侧填充右侧
电子管建模压缩器
强制限幅

添加音频效果的方法是：展开“效果”面板中“音频效果”面板，根据当前音频轨道的类型再展开“过时的音频效果”扩展面板，选择需要应用的视频效果，然后将其拖入“时间线”面板中的音频素材上，如下左图所示。

应用了音频效果的音频素材，再打开“效果控件”面板，即可对所应用的效果进行参数设置，如下右图所示。

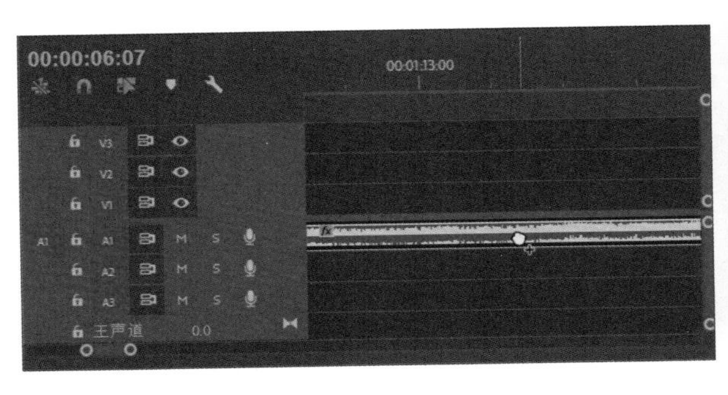

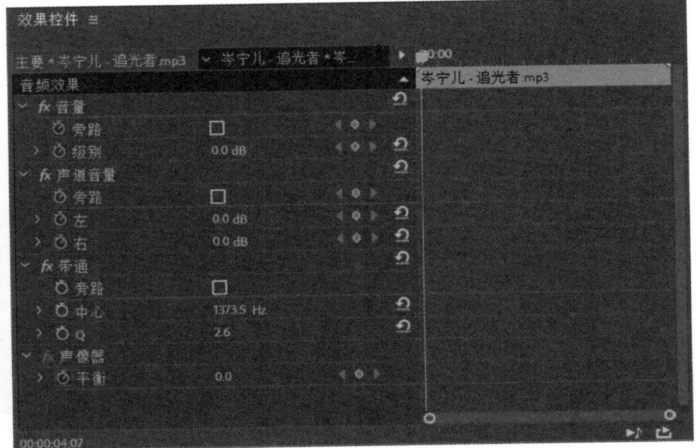

7.3.3 音频效果的分类

在“过时的音频效果”扩展面板中有50种音频效果，用户可以根据需要对音频素材应用带通、延时、平衡等效果。下面对这些音频效果进行简单介绍。

（1）带通：使用“带通”音频效果可除去一个音频的低频部分和高频部分，可用于5.1、立体声和诞生音频。这种音频效果用在下列情况：

- 通过提高声音的增益用保护声音仪器，因使用该效果可以避免仪器对允许频率范围以外的频率进行处理。

- 创建特殊效果，将一个合成的频率传递给需要特殊频率的仪器。例如，把一个低频处理音频效果分离成一定频率的声音提供给次低音音频效果。

“带通”音频效果在“效果控件”面板中有两个选项，如下图所示。

- **中心：**在指定范围的中间部位设置频率。
- **Q：**设置要保留的频宽。数值越小，频宽越大；数值越大，频宽越小。

（2）平衡：使用这种音频效果可允许控制左右声道的音量。使用正值可增加右声道的比例，使用负值可增加左声道的比例。这种音效只用于立体声音频剪辑。

（3）低音：用于增加或减小较低的频率，如200Hz或更低，用户可通过增加分贝来增加低频。这种音效可用于5.1、立体声和单道音频。

（4）声道音量：使用声道音量效果可允许我们独立地控制立体声或者5.1音频剪辑中的每个声道。每个声道的音量单位是分贝。

（5）自动咔嗒声移除：该效果用于自动消除声音中的各种杂音、爆音，大大提高声音质量。用户可根据需要对其参数选项进行设置，如下图所示。

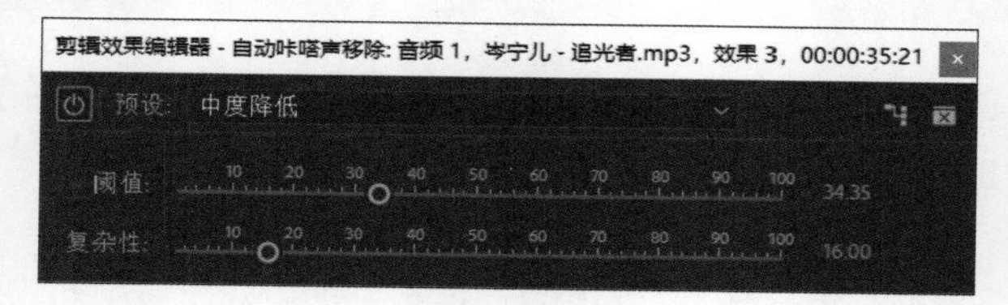

（6）和声/镶边：该效果用于模拟一种和声效果，即通过复制一个原始声音并将其做降调处理或将频率稍加偏移形成一个效果声，然后让效果声与原始声音混合播放。对于仅包含单一乐器或语音的音频信号来说，运用“和声”音频效果通常可以取得较好的效果。用户可以打开自定义对话框对其参数进行设置，如下图所示。

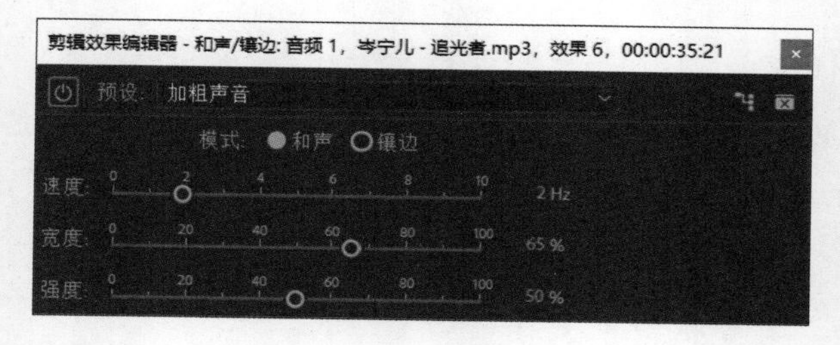

- **速度：**用于设定震荡速度。
- **宽度：**用于设定效果声延时的程度。
- **强度：**用于设定原始声音与效果声混合的程度。

（7）延迟：该效果用于在音频播放后为其添加回声效果，可以指定原始音频和它的延迟间隔时间。这种音效可用于5.1、立体声和单声道音频，该效果有3种音效控制选项，如下图所示。

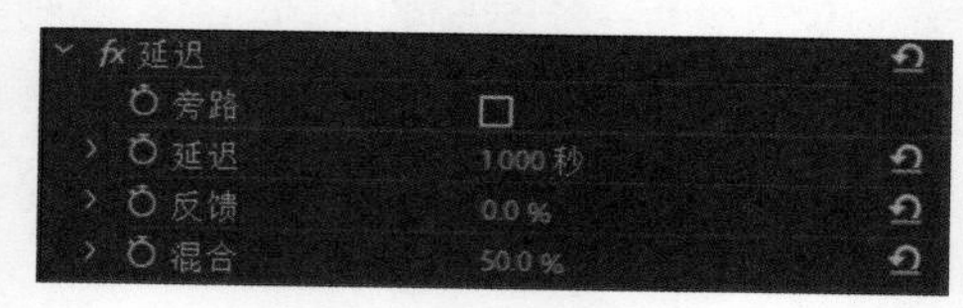

- **延迟：** 指定回声播放前的时间，最大值为2秒。
- **反馈：** 指定延迟信号的百分比，用于创建多重延迟回声。
- **混合：** 指定回声的数量。

（8）动态：该音频效果为我们提供了一组附加控制，可单独或者与其他控制以组合的方式控制音频。用户可以在“效果控制”面板的自定义设置区域中使用图表来控制音频。这种音效可以用于5.1、立体声和单声道音频。该音效有4种主要类型的控制选项，如下图所示。

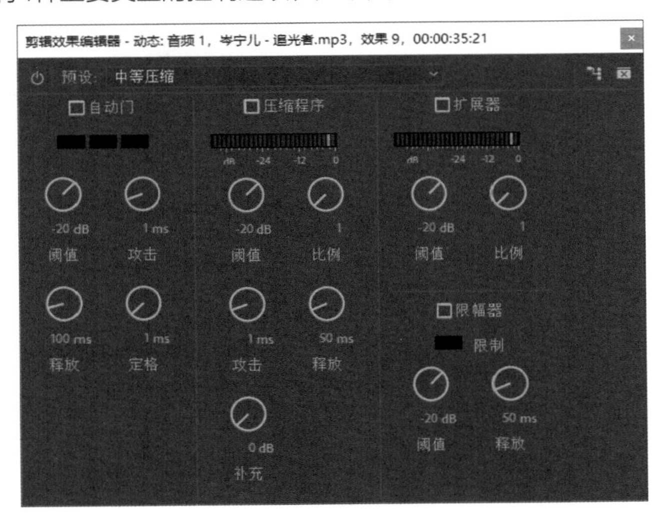

- **自动门：** 当音量低于设置的阈值时，用于切断信号，即去除记录中不需要的背景信号。
- **压缩程序：** 通过增大柔音的音阶或降低较大音频的音阶，从而产生一个标准音阶来平衡动态的范围。
- **扩展器：** 用于根据设置的比率清除所有低于极限值的值信号。
- **限幅器：** 指定信号的最大音量，范围为-12dB~0dB，超出该阈值的所有信号将被缩减到指定的音量。

（9）高音效果：使用该效果可增加或者减少更高的频率，如4000Hz或者更高。用于5.1、立体声和单声道音频，其控制选项如下图所示。

- **提升：** 用于设置增加或减少高频的数量，以分贝为单位。

（10）音量：当信号频率超出硬件可接受的动态范围时就会出现剪切现象，使用“音量”音频效果可以为音频剪辑创建一个封套，从而更方便地增加音量，而不会出现剪切现象。正直表示音量增加，负值表示音量减少。

7.4 使用音轨混合器

作为专业的视频编辑软件，Premiere Pro CC 2019对音频的控制能力同样是非常出色的，除了可在多个面板中使用多个方法编辑音频素材外，还为用户提供了专业的音频控制面板——“音轨混合器”面板。本节将向用户介绍使用音轨混合器对声音进行混合和美化的方法。

7.4.1 音轨混合器面板

“音轨混合器”面板就像一个音频合成控制台，为每一条音轨都提供了一套控制。每条音轨也根据“时间线”面板中的相应音频轨道进行编号。通过该面板用户可以更直观地对多个轨道的音频执行添加效果或录制声音等操作，如右图所示。

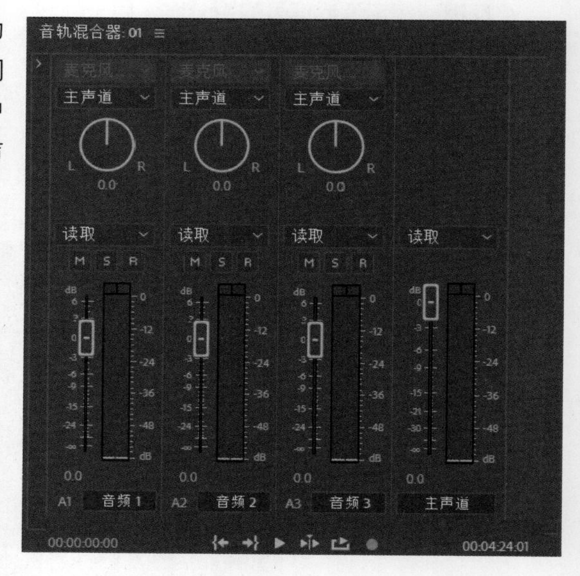

下面将对“音轨混合器”面板中的工具及工具栏工具的应用进行介绍。

- **轨道名：** 在该区域中显示了当前编辑项目中所有音频轨道的名称，用户可以通过“音轨混合器”面板随意对轨道名称进行编辑。
- **自动模式：** 在每个音频轨道名称的下面，都有一个“自动模式”按钮，单击该按钮即可打开当前轨道的多种自动模式，如下左图所示。

“自动模式”中的选项决定了Premiere是否能够读取，或者使用保存于“音轨混合器”面板的“时间线”窗口中素材所做的关键帧调整。

- **左/右平衡控件：** 在“自动模式”按钮上方，就是左/右平衡控件，该控件用于控制单声道中左右音量的大小。在使用左/右平衡控件调整声道左右音量大小时，可以通过左右旋转及设置参数值等方式进行音量的调整。
- **音量控件：** 该控件用于控制单声道中总音量的大小。每个轨道下都有一个音量控件，包括主声道。
- **显示/隐藏效果与发送：** 主要用于显示、隐藏效果与发送选项。单击该按钮，即可显示出效果及发送选项的面板，如下右图所示。

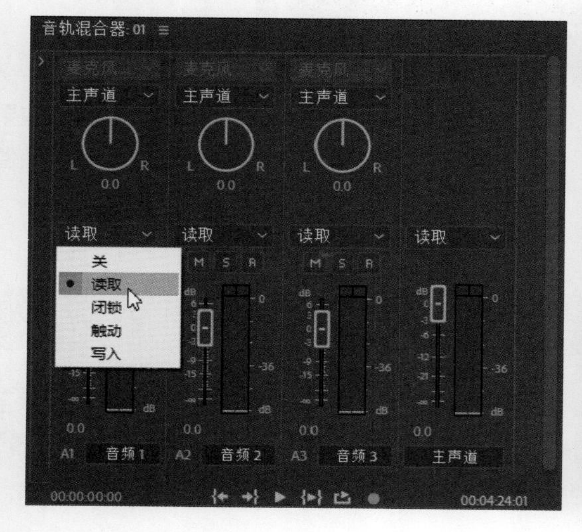

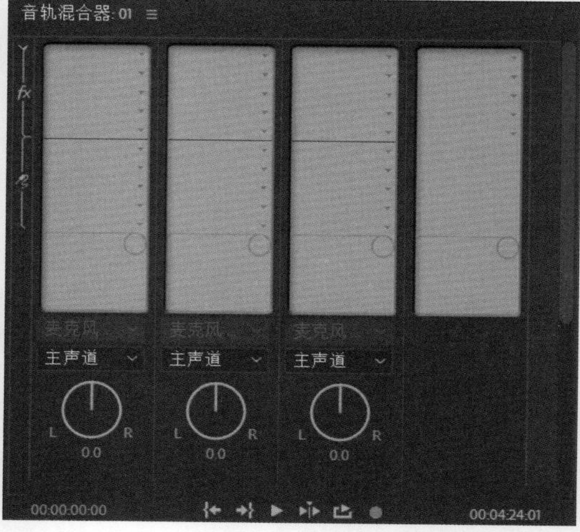

7.4.2 自动化音轨控制

在使用自动化音频控制之前，首先介绍两个概念：声像与平衡。

声像又称虚声源或感觉声源，指用两个或者两个以上的音箱进行立体声放音时，听者对声音位置的感觉印象，有时也称这种感觉印象为幻像。使用声像，可以在多声道中对声音进行定位。

平衡是在多声通之间调节音量，它与声像调节完全不同，声像改变的是声音的空间信息，而平衡改变的是声道之间的相对属性。平衡可以在多声道音频轨道之间重新分配声道中的音频信号。

调节单声道音频，可以调节声像，在左右声道或者多个声道之间定位。例如，一个人的讲话，可以移动声像同人的位置相对应。调节立体声音频时，左右声道已经包含了音频信息，所以声像无法移动，调节的是音频左右声道的音量平衡。

在播放音频时，使用音轨混合器的自动化音频控制功能，可以将对音量、声像、平衡的调节实时自动地添加到音频轨道中，产生动态的变化效果。

使用自动化功能调节轨道音量的方法很简单，具体如下：

（1）新建项目文件，导入音频素材文件。

（2）拖动素材到“时间线”面板的“音频1”轨道上。

（3）打开“音轨混合器”面板，找到与要调整的“时间线”面板音轨道对应的“音频1”轨道，在顶部的下拉列表中选择“写入”选项，如下图所示。

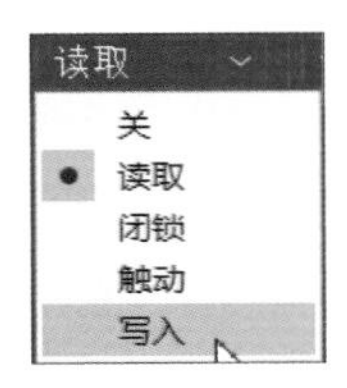

- **关：** 忽略播放过程中的任何修改，只测试一些调整效果，不进行录制。
- **读取：** 在播放时读取轨道的自动化设置，并使用这些设置控制轨道播放。如果轨道之前没有进行设置，调节任意选项将对轨道进行整体调整。
- **闭锁：** 播放时可以修改音量等级和声音的卢像、平衡数值，并且进行自动记录。释放鼠标以后，控制将回到原来的位置。
- **触动：** 播放时可以修改音量的等级和声音的声像、平衡数值，并且进行自动记录。释放鼠标以后，保持控制设置不变。
- **写人：** 播放时可以修改音量等级和声音的声像、平衡数值，并且进行自动记录。如果想先预设值，然后在整个录制过程中都保持这种特殊的设置，或者开始播放后立即写入自动处理过程，应该选择此项。

（4）单击“音轨混合器”面板的▶按钮开始播放，或者单击⊮按钮，在入点和出点之间播放。

（5）拖动音量调节滑杆改变音量，向上拖动可以增大音量，向下施动可以减少音量。如果主VU表顶部的红色指示灯变亮，如右1图所示，表示音量超过了最大负载，俗称“过载”。拖动时应确保主VU表上显示的峰值最多为黄色，如右2图所示。

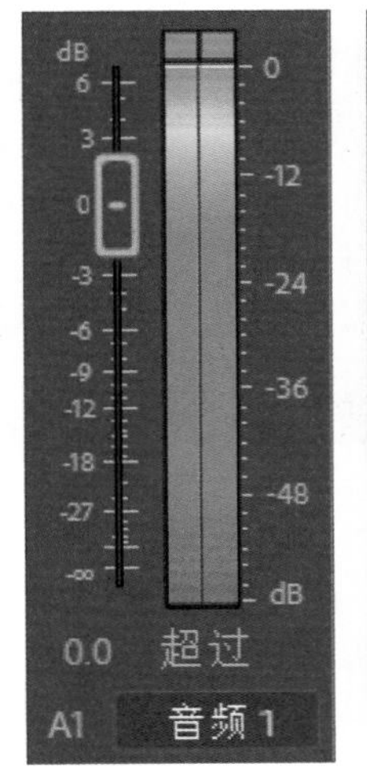

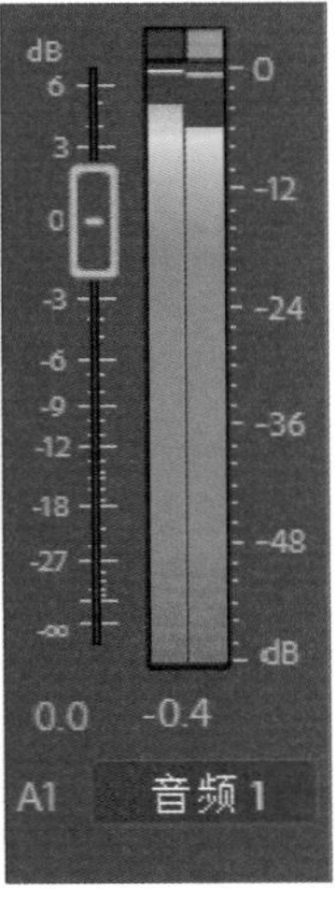

（6）单击“停止”按钮■停止播放。

（7）将时间指针拖曳到调整的开始位置，单击“播放”按钮▶，对音乐进行预览播放，声音音量的变化过程被系统自动记录。即可完成自动化调节音量的过程。

7.4.3 录制音频

Premiere Pro CC 2019的音轨混合器具有录音功能，可以录制由声卡输入的任何声音。使用录用功能，首先必须保证计算机的硬件输入设备正确连接。录制的声音可以成为音频轨道上的一个音频素材，还可以将其输出保存。

要使用Premiere Pro CC 2019“音轨混合器”面板中的功能，则在“音轨混合器”面板中单击“启动轨道以进行录制”按钮R，激活要录制的音频轨道。激活录音后，单击“音轨混合器”面板下方的“录制”按钮●，然后单击“播放”按钮▶，即可进行解说或演奏。单击“停止”按钮■即可停止录制，刚才录制的声音会出现在当前音频轨道上。

知识延伸：高、低音的转换

下面介绍如何通过对音频素材添加特效来调整高低音的转换，过程提示如下。

（1）在“效果”面板中选择“音频效果”选项，在其下拉菜单中选取“低音”和“高音”音频效果，将之拖到音频轨道中。

（2）在“效果控件”面板中通过“低音”效果控制面板中的三角形滑块，用户可以对音频素材中低音部分的强度进行设定，或者直接在右边的数字框中输入合适的数值，如下图所示。

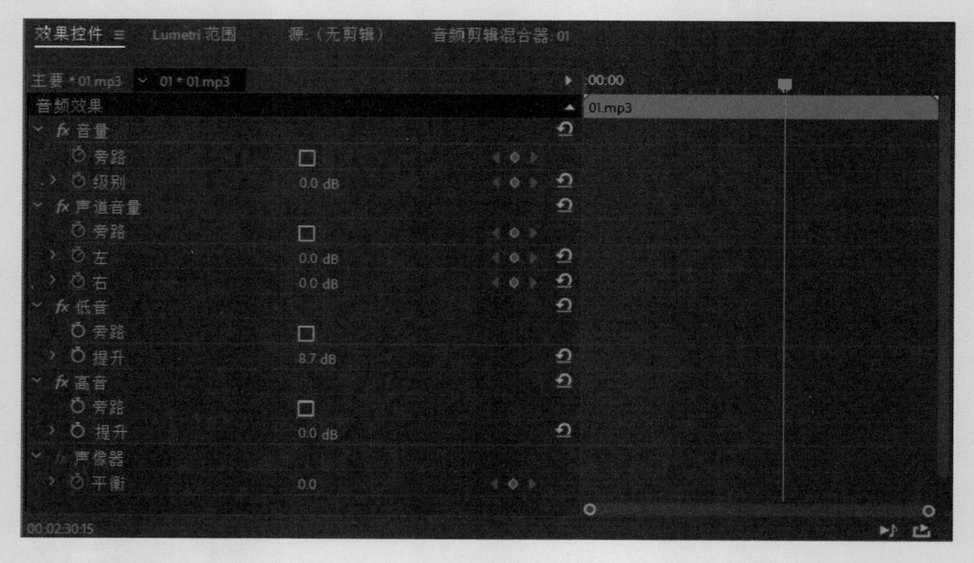

（3）“高音”效果控制面板中的调节方法与“低音”是类似的。它的作用是调节音频素材中高音部分的强度，用户可以直接在数字框中输入适当的数值来控制强度。

（4）用户可以进行特技效果的预演，系统将截取声音素材的一小部分应用特技并反复播放。预演的效果可以随用户对各项设定的变动进行动态调整。

（5）当用户对设置的效果不满意时，可以单击“重置参数”按钮，将低音和高音两项的控制值同时设置为0，然后重新开始设置。

（6）用户可以在关键帧设置区中设定多个控制点，并对它们分别设以不同的特性值，系统将根据各点的特性自动生成音频素材中音质的渐变过程。

（7）无需合成就可以对声音特效进行预演，并动态调节设置效果，用户在实际操作中应当充分利用这一有效的工具。

音频素材中的声音效果可以分为两部分，即高音部分和低音部分。利用低音和高音视频效果，用户可以对音频素材中的高音部分和低音部分的强度分别进行设定。

当素材中低音部分的强度被提高时，高音部分被抑制。在音频素材之中，占主导因素的部分就是低音部分，高音部分并不明显。而此时播放音频素材，效果就会变得低沉、浑厚、坚实，富有震撼力。

当素材中高音部分的强度被提高时，低音部分被抑制，音频素材所产生的数果就会变得高、响亮、悦耳，令人振奋。

当两部分以同样幅度增大或减小时，整个素材的音量会相应地放大或减小。用户可以通过使用这种滤镜，将高音部分与低音部分的强度比例整合到相近的程度，从而改善原有音频素材的音质，使之符合影片的要求。

上机实训：制作动物介绍视频

学习了音频效果的相关知识后，下面以介绍制作动物介绍的短视频为例，进一步巩固音频素材应用的相关操作，具体操作方法如下。

步骤 01 新建一个项目，执行“文件>新建>序列”命令，并在“新建序列”对话框中设置序列名称为“动物”❶，再根据要求设置其他参数❷，然后单击“确定”按钮❸，如下左图所示。

步骤 02 将素材文件夹中的“素材”文件夹拖入“项目”面板，如下右图所示。

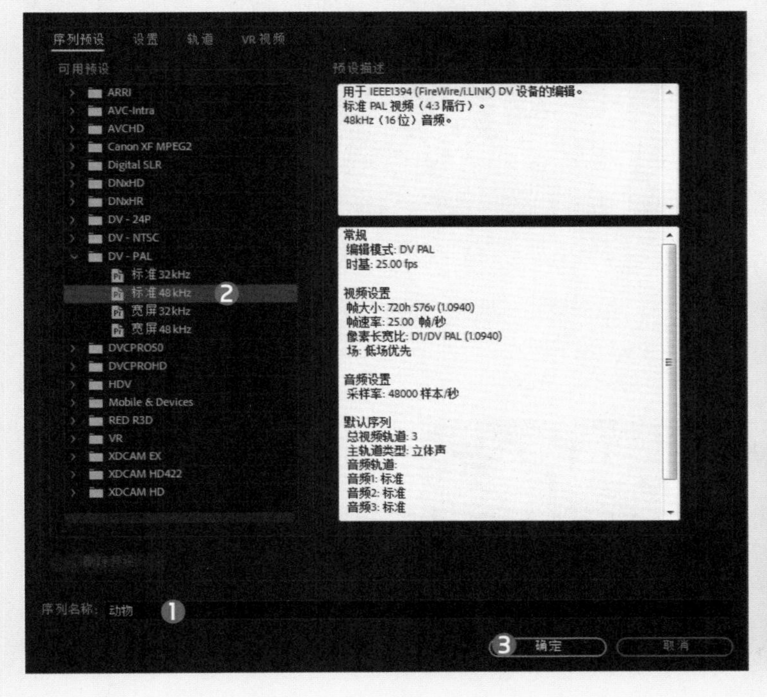

步骤03 在“项目”面板中选中“素材”文件夹下的所有图片素材，单击“项目”面板右下角“自动匹配序列”按钮，在弹出的“序列自动化”对话框中单击“确定”按钮。“时间轴”面板中的图片根据标号依次显示在V1轨道上，如下左图所示。

步骤04 按空格键预览图片，查看图片是否铺满全屏且动物主体显示出来。此时会发现第4张小猫的图片，主体偏小而且在屏幕的右侧。在“时间轴”面板中选中该张图片，在“效果控件”面板中调整图片的位置和“缩放”等参数，如下右图所示。

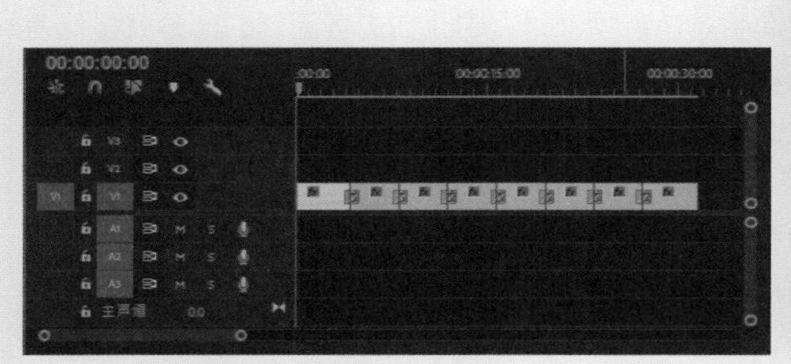

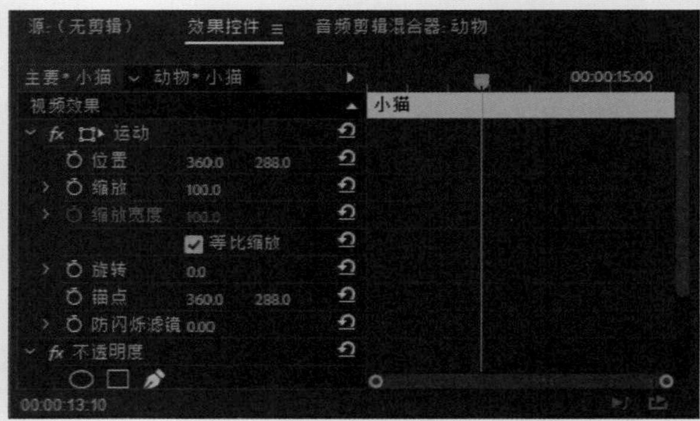

步骤05 视频中的图片处理完成后，还需要添加音频素材，在“项目”面板中将“素材”文件中的“音频.mp3”素材拖到时间轴A1音频轨道上。然后删除V1轨道上最后一张图片，再使用“剃刀工具”单击音频时间线处，选中后面部分，按Delete键删除，使音频和图片的时间长度一致，如下左图所示。

步骤06 在“时间轴”面板中选中音频，在“效果控件”面板的“音量”区域设置“级别”中间两帧级别参数为0、两端参数为-287.5，将这个音频制作成淡入淡出的效果，如下右图所示。

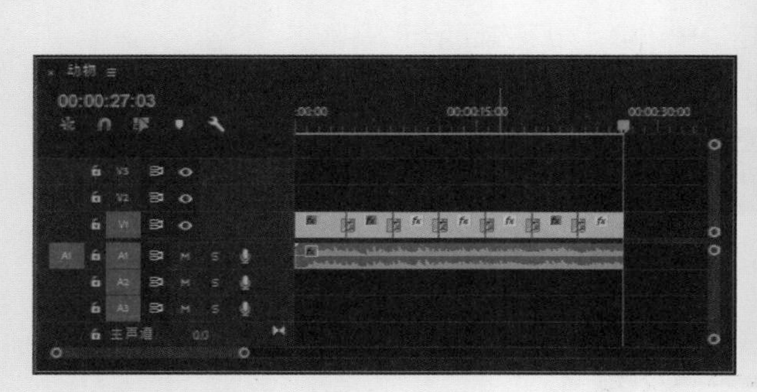

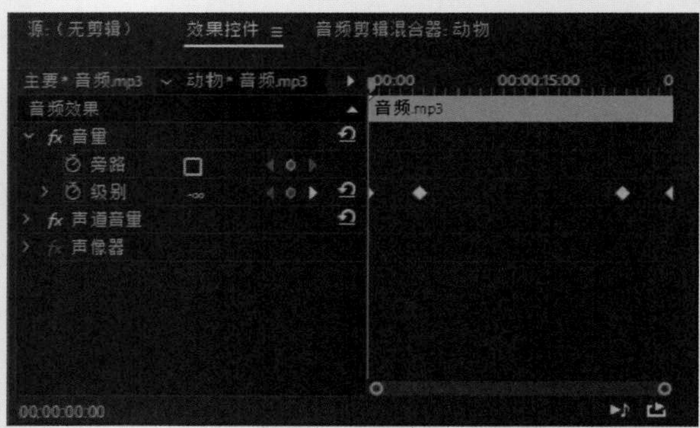

步骤07 接着为视频创建字幕，字幕内容是动物的名称，并让它们出现在合适的地方。首先选择“文件>新建>旧版标题”命令，弹出“新建字幕”对话框，设置视频的宽度、高度和像素长宽比❶，在“名称”文本框中输入“长颈鹿”❷，最后单击“确定”按钮❸，如下图所示。

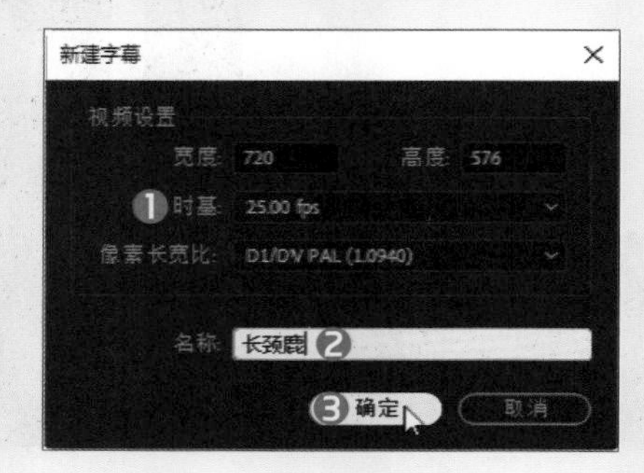

步骤 08 进入字幕创建界面，在界面左上角输入“长颈鹿”文本，使用移动工具移至合适位置，设置文字的字体、大小和字体颜色，最后关闭该窗口，如右图所示。此时，在“项目”面板中多了一个字幕文件。根据相同的方法制作其他动物的字幕。注意，编辑其他动物字幕时，尽量在时间轴上将时间线定位到那个动物图片，可以实时预览字幕在动物图片的位置。

步骤 09 在制作视频时，我们希望每个动物字幕显示时间和其图片同步。以长颈鹿字幕为例，将长颈鹿字幕放到V2轨道上，持续时间与长颈鹿图片一样长。选中时间轴上的长颈鹿字幕，打开“效果控件”面板，设置“不透明度”参数，中间两帧设为100，两端帧数设为0，制作字幕渐现渐隐的效果，如右图所示。然后根据相同的方法设置其他字幕。

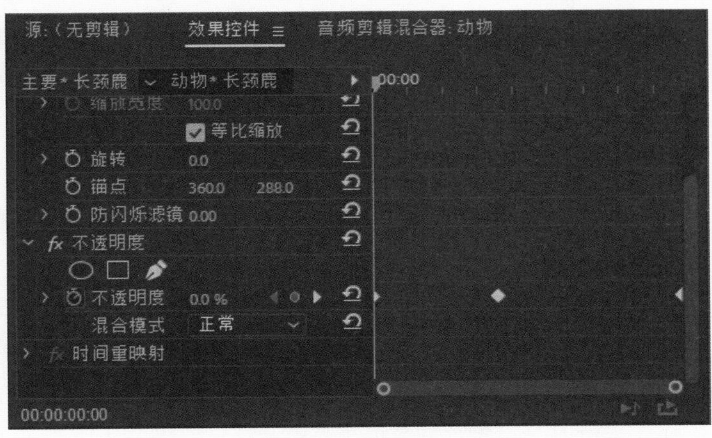

步骤 10 至此，该视频制作完成，按下空格键预览效果。在“项目”面板中选中“动物”序列，按Ctrl+M组合键，弹出“导出设置”对话框，单击动物.avi按钮，在打开的“另存为”对话框中设置视频保存位置、视频名称及视频保存类型，然后单击“导出”按钮，如右图所示。

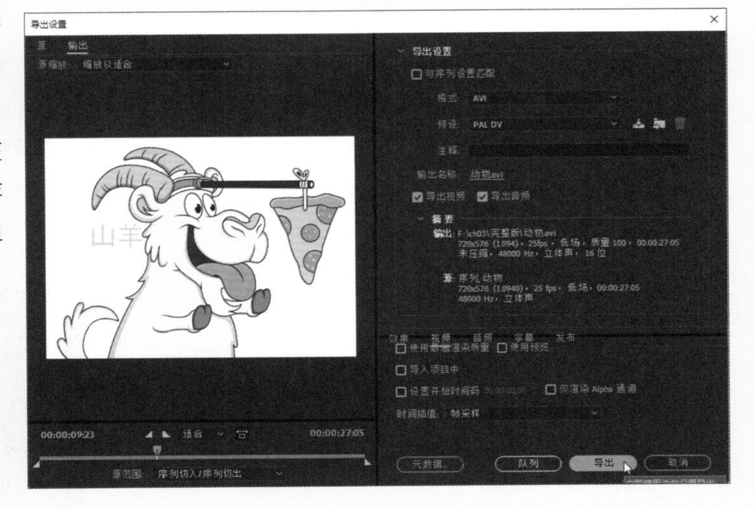

课后练习

1. 选择题

（1）影视是一种视听艺术，声音是构成这种视听艺术非常重要的内容。影视声音按照性质和功能可以分为语言、音乐和________三种类型。

A. 音响　　B. 音频　　C. 音色　　D. 音调

（2）在实际应用中，评判任何音频制作设备的性能都离不开4个基本指标：频率响应、________、信号噪声比和动态范围。

A. 震动幅度　　B. 信号强度　　C. 总谐波失真　　D. 波动频率

（3）在音频效果中________为我们提供了一组附加控制，可单独或者与其他控制以组合方式的控制音频。

A. 平衡　　B. 带通　　C. 延迟　　D. 动态

（4）5.1声道录音技术是美国杜比实验室在________年发明的，因此该技术最早名称即为杜比数码环绕声，主要应于电影的音效系统，是DVD影片的标准音频格式。

A. 1992　　B. 1994　　C. 1995　　D. 1996

（5）音频素材中的声音效果可以分为高音部分和低音部分，当素材中低音部分的强度被堤高时，高音部分被________。

A. 抑制　　B. 提高　　C. 不变　　D. 不知道

2. 填空题

（1）根据听觉效果，按照声道的多少划分为单声道、立体声道和__________。

（2）在“效果”面板中展开“音频过渡”选项面板，再展开其下方的“交叉淡化”选项区域，包括恒定功率、恒定增益和__________。

（3）__________是多媒体影音作品意义建构中必不可少的媒体，它与图像、字幕等有机地结合在一起，共同承载着制作者所要表现的客观信息和思想、感情。

（4）__________是指音频信号电平的强弱，直接影响音量的大小。

（5）使用__________效果可允许控制左右声道的音量。使用正值可增加右声道的比例，使用负值可增加左声道的比例，这种音效只用于立体声音频剪辑。

3. 上机题

音响效果是一个影视作品中不可或缺的部分，要学习影视节目的编辑，就要掌握如何将音响效果制作得更加完美。下面结合本章学习的内容，利用给出的音频素材文件，制作出一个回音效果的音频。参数设置如右图所示。

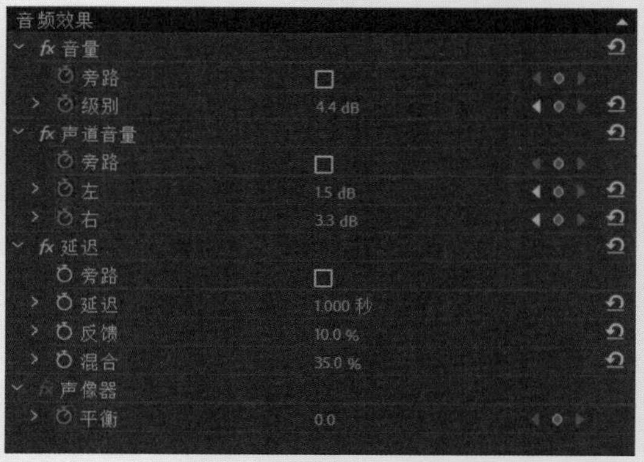

操作提示

1. 应用音频效果。
2. 编辑音频效果的属性。

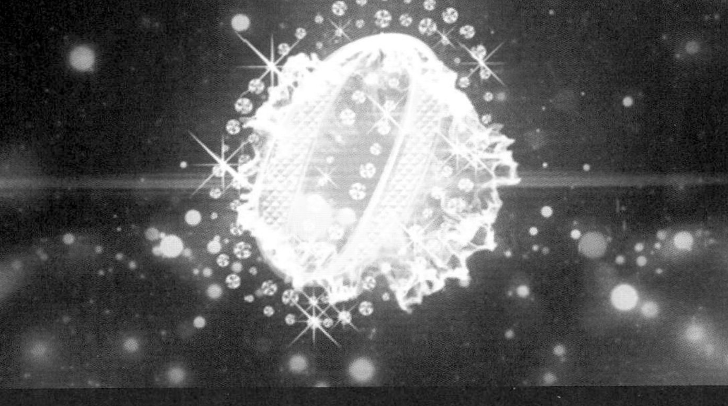

Part 02

综合案例篇

综合案例篇共5章内容，主要通过对视频片头、视频效果以及动画效果操作过程的讲解，从而对Premiere Pro CC 2019常用和重点知识进行精讲和操作。通过本部分内容的学习，可以使读者更加深刻地掌握Premiere软件的应用，达到运用自如、融会贯通的学习目的。

Chapter 08 制作视频片头

本章概述

在视频播放的时候，如果一开始就直接进入主题，会显得比较唐突，因此需要有一个片头视频将观众带入视频中。本章将介绍使用Premiere制作片头视频的方法，如制作保护地球宣传片头、快闪2维片头和倒计时片头。

核心知识点

❶ 掌握关键帧的应用
❷ 掌握混合模式的应用
❸ 掌握字幕的添加方法
❹ 掌握各种片头的制作要点

8.1 制作保护地球宣传片头

随着工业的发展，人们的各种开采作业已经让我们赖以生存的地球遍体鳞伤，人们毁坏了覆盖在它表面的森林、污染了滋润全身的河流、破坏保护它的臭氧层。下面将通过制作一个保护地球宣传片头的视频，来传播“保护地球，人人有责”的义务。

8.1.1 新建项目并导入素材

本节将对新建项目和序列、导入素材以及设置视频混合模式的相关操作进行介绍。

步骤 01 启动Premiere CC软件，新建项目文件后，执行“文件>新建>序列”命令，在打开的“新建序列”对话框中设置序列参数❶，新建“保护地球”序列❷，如下左图所示。

步骤 02 将“素材”文件夹拖入“项目”面板，可见文件夹中还包含“视频素材”❶和“音频.mp3”❷两个文件，如下右图所示。

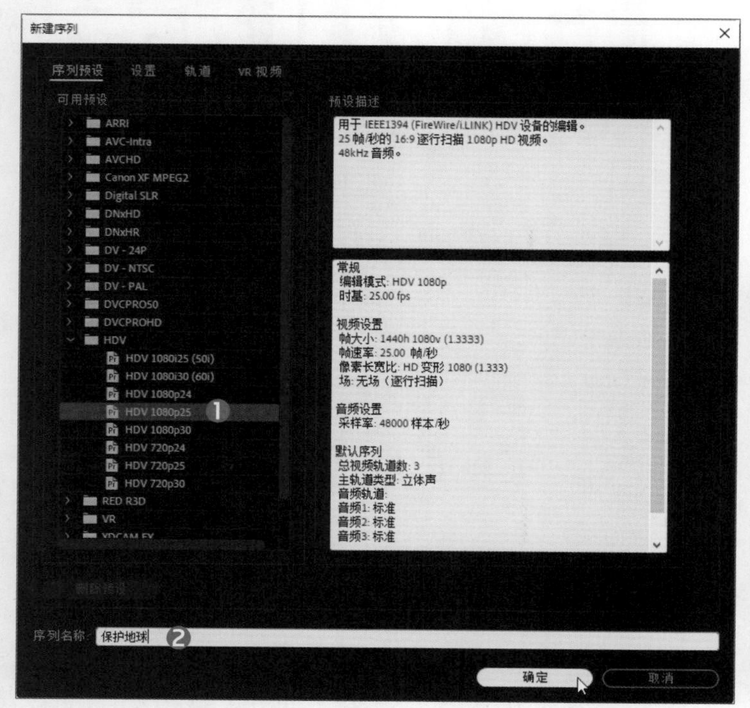

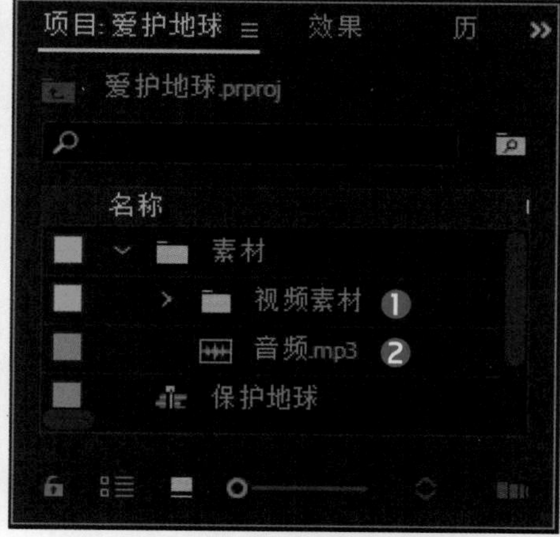

步骤 03 将“项目”面板的“视频素材”文件夹中“地球.mov”文件拖到视频轨道V1上，在弹出的对话框中单击“更改序列设置”按钮，此时视频已和序列设置匹配，“时间轴”面板如下左图所示。

步骤 04 将“项目”面板的“视频素材”文件夹中“线框.mov”文件拖到视频轨道V2上，此时如果预览效果，线框视频会覆盖住地球视频。选择“线框”视频，然后在“效果控件”面板中将“混合模式”改为“滤色” 混合模式 滤色 。若此时预览视频，可见线框黑色的背景被删除了，效果如下右图所示。

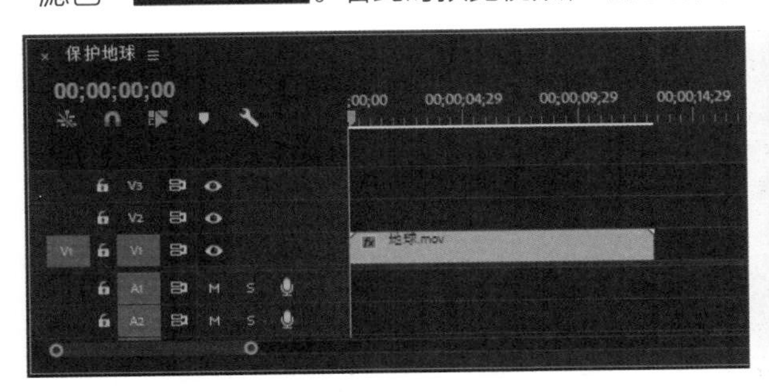

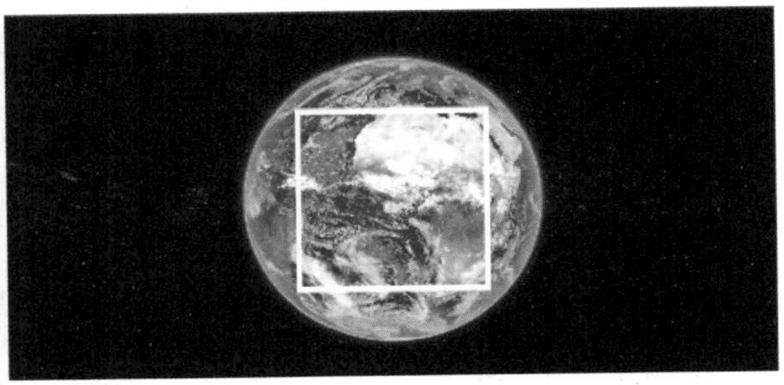

8.1.2 制作字幕

下面将对字幕的创建和格式设置、椭圆蒙版的创建以及添加关键帧制作伪扫光的效果的操作方法进行详细介绍。

步骤 01 选择“文件>新建>旧版标题”命令，在打开的“新建字幕”对话框设置相关参数，单击“确定”按钮。在字幕窗口中设置字幕的字体、大小❶、颜色❷，并将其水平、垂直居中显示❸，设置完成后输入所需字幕内容，如下图所示。

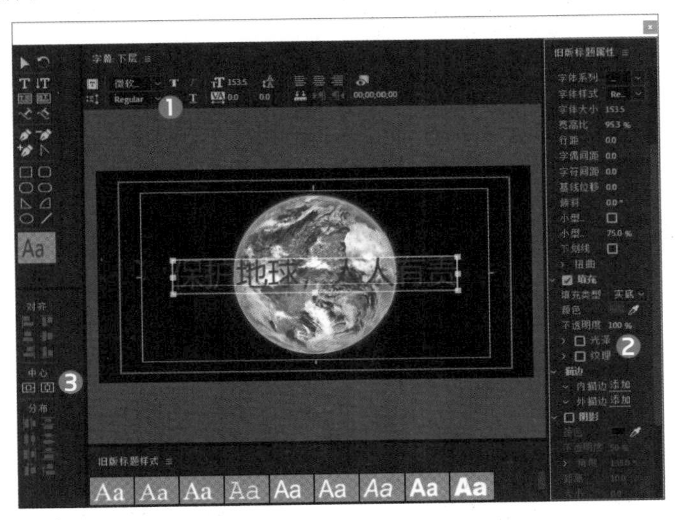

步骤 02 将字幕拖放到V3轨道上❶，字幕持续时间与V2轨道素材一致❷，如下图所示。

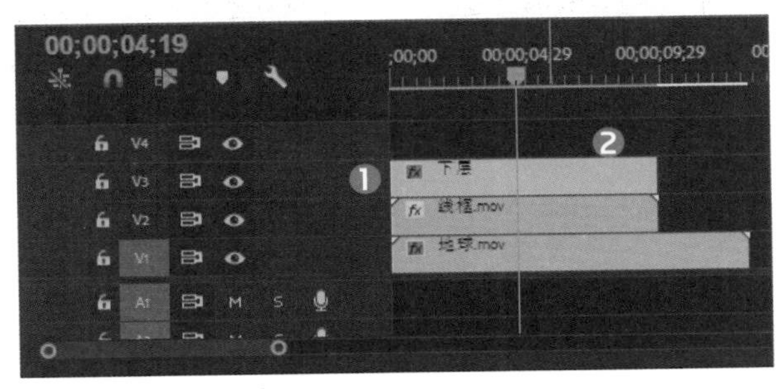

步骤 03 按住Alt键复制V3轨道素材至V4轨道并对齐。双击V4轨道素材，打开字幕窗口，将字幕颜色设置为白色。关闭该窗口预览效果，如下左图所示。

步骤 04 在“效果控件”面板中为V4轨道素材添加椭圆形蒙版，为“蒙版路径”添加关键帧动画。时间线定位第一帧，将蒙版圈调整到合适大小并拖放到字幕左端，设置“蒙版羽化”值为100；视频定位倒数第五帧，将蒙版圈拖放到字幕右端。此时“效果控件”面板如下右图所示。

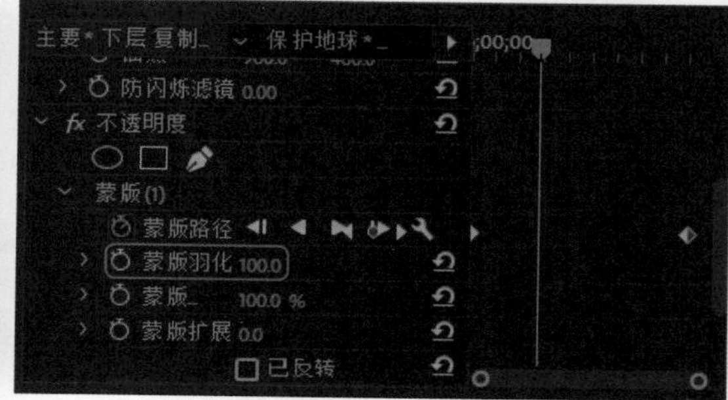

步骤 05 在“效果控件”面板中修改V2轨道素材“线框.mov”的“缩放”参数，使其大小匹配字幕大小。取消“等比缩放”复选框的勾选，分别修改此视频的“缩放高度”为50、“缩放宽度”为32，效果如下左图所示。

步骤 06 最后，在“项目”面板中将“音频.mp3”拖放到A1轨道上，去除多余尾部，使视频和音频同步，如下右图所示。

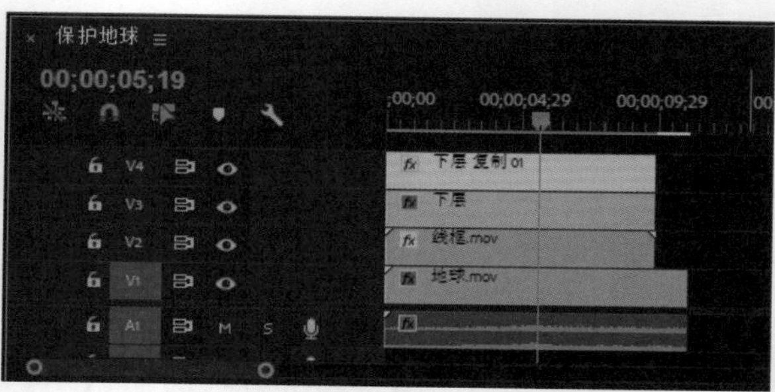

步骤 07 设置完成后预览最终的视频效果，可见从左到右制作出伪扫光的效果，如下图所示。

8.2 制作快闪2维片头

现在超火的各种类型快闪视频，席卷了各大社交平台，如朋友圈和抖音。下面将以制作一个快闪2维片头视频为例，介绍快闪视频的制作方法。

8.2.1 制作矩形快闪

在本案例中，快闪主要包括形状和文字两大类，首先介绍背景矩形形状的快闪制作，主要通过添加关键帧，并设置不同关键帧形状的缩放和位置参数。下面介绍具体操作方法。

步骤 01 首先启动Premiere CC软件，新建项目名称为“2维小片头”。然后在菜单栏中执行“文件>新建>序列”命令，在弹出的“新建序列”对话框中切换至“设置”选项卡❶，单击“编辑模式”下三角按钮，在列表中选择“自定义”选项❷，在“视频”选项区域中设置“帧大小”为540、“水平”为960❸，设置“序列名称”为“小片头”❹，如下左图所示。

步骤 02 接着在菜单栏中选择“文件>新建>旧版标题”命令，弹出“新建字幕”对话框，在“名称”文本框中输入“矩形1”❶，单击“确定”按钮❷，如下右图所示。

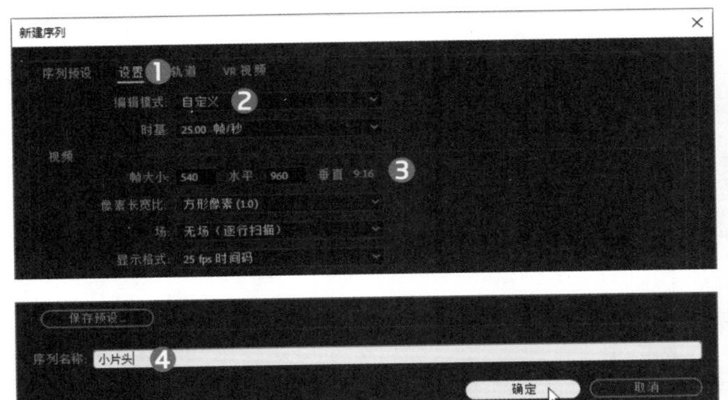

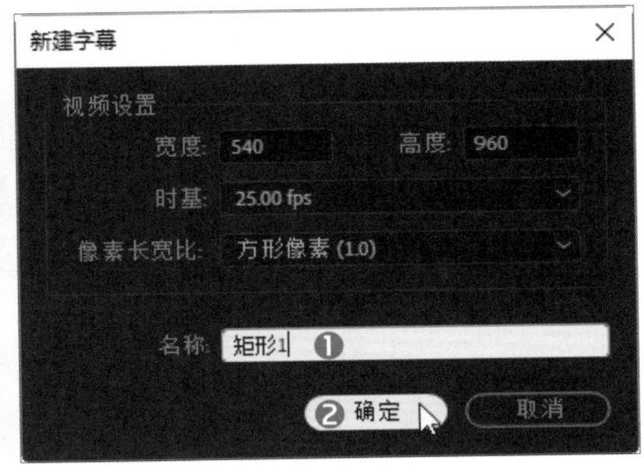

步骤 03 在打开的文本编辑窗口的工具箱中选择矩形工具❶，在监视窗中按住鼠标左键进行拖曳，绘制一个填充白色的矩形❷，在右侧属性栏的“变换”选项区域中设置“宽度”为147、“高度”为105❸，如下左图所示。

步骤 04 将窗口关闭，此时所绘制的矩形已在“项目”面板中显示，在“项目”面板选中矩形选项，按Ctrl+C组合键执行复制操作，按Ctrl+V组合键粘贴出5个矩形，项目名按“矩形1、2、3、4……”修改，对复制的五个项目双击一次进入编辑窗口，将5个项目的位置参数分别设置为X位置：150、Y位置：220；X：400、Y：170；X：150、Y：500；X：397、Y：447；X：150、Y：760；X：393、Y：705。设置完成后关闭窗口，将6个项目分别拖到视频轨道上，如下右图所示。

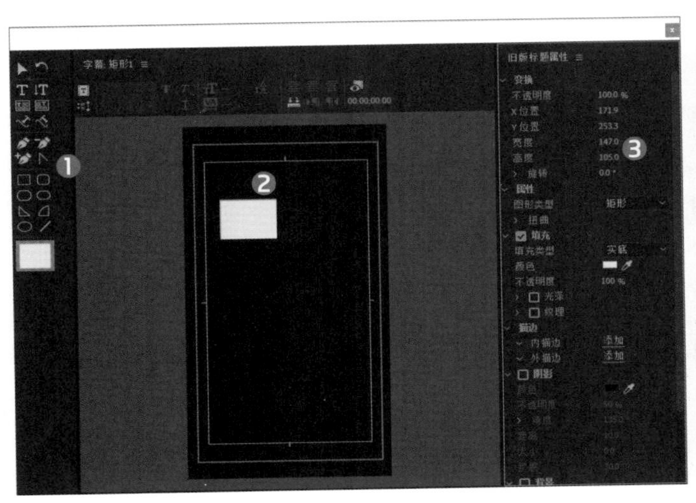

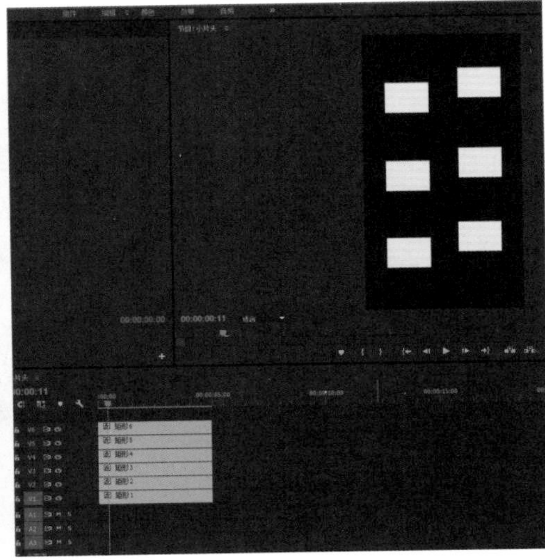

步骤 05 下面为6个矩形进行动画设置。首先打开“效果控件”面板，选择V1轨道上的“矩形1”项目，展开“运动”和“不透明度”选项，开始设置动画的各项参数，把时间帧拖到起点❶，在“运动”选项区域中单击“位置”和“缩放”左侧的“切换动画”按钮，添加关键帧❷，如下左图所示。

步骤 06 再将时间帧移到00:00:00:02处，将“缩放”设为259、“位置”为521和900；在00:00:00:05处添加关键帧，设置“缩放”为50、“位置”为191、334；在00:00:00:07处添加关键帧，设置“缩放”为130、“位置”为303、553；在00:00:00:10处添加关键帧，设置“缩放”为30、“位置”为150、270；时间帧移至00:00:00:13，对之前添加的关键帧进行复制并粘贴，在00:00:01:02处再执行一次粘贴。复制粘贴后进行预览，查看整体的节奏，并将时间帧移至最后一关键帧上，在“不透明度”选项区域中设置“不透明度”为35，如下右图所示。

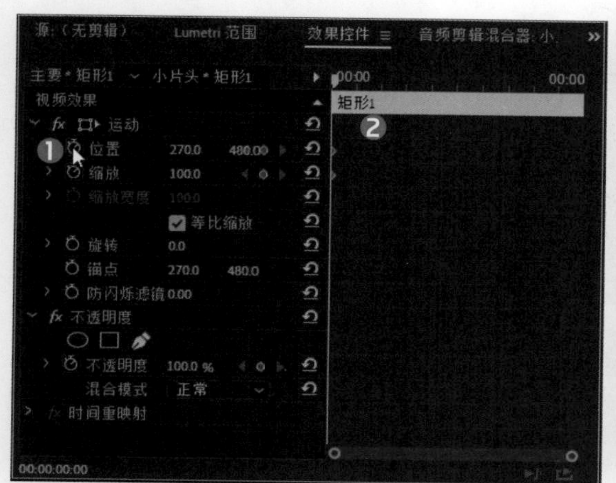

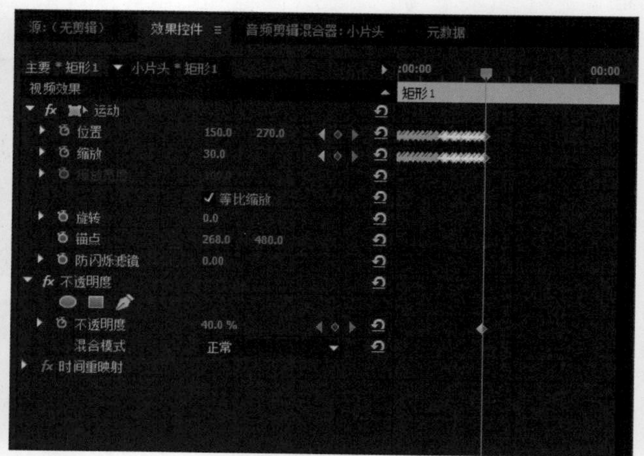

步骤 07 接着设置第6个矩形，进行交叉制作。在起点时间添加关键帧，设置“缩放”为30，“位置”为400、650，如下左图所示。在00:00:00:03处添加关键帧，设置“缩放”为150，“位置”为196、360；在00:00:00:05处添加关键帧，设置“缩放”为40，“位置”为370、601；在00:00:00:08处添加关键帧，设置“缩放”为270，“位置”为-28、130；在00:00:00:10处添加关键帧，设置“缩放”为100，“位置”为270、480；在00:00:00:13处添加关键帧。复制、粘贴前面的关键帧，在00:00:01:02处再粘贴一次。在结束处添加关键帧，并设置“不透明度”值为20。

步骤 08 选择“矩形2”，先将时间轴移至00:00:02:00处添加关键帧。设置00:00:01:20处的“缩放”为160，“位置”为158、711；设置00:00:01:14处的“缩放”为40，“位置”为363、242；设置00:00:01:07处的“缩放”为240，“位置”为2、945；设置00:00:01:00处的“缩放” 为95，“位置”为287、423，如下右图所示。复制关键帧，把时间帧移到起点并粘贴，在结尾添加不透明度关键帧并设置为45。

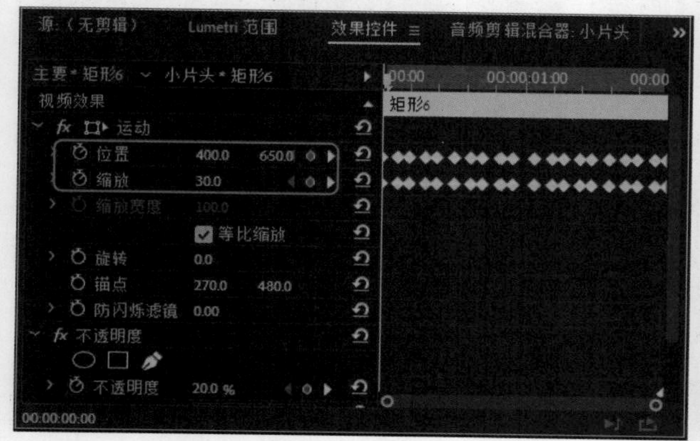

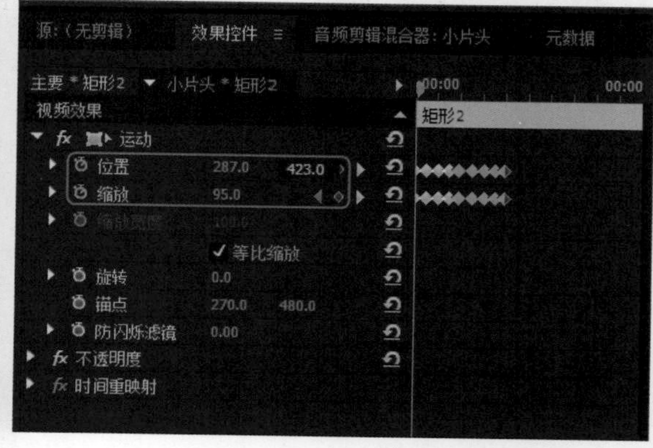

提示：设置其他矩形动画

首先设置“矩形3”的动画，在00:00:00:00处添加关键帧，设置“缩放”为180，设置“位置”为375、470；在00:00:00:04添加关键帧，设置“缩放”为70，设置“位置”为185、474；在00:00:00:10添加关键帧，设置“缩放”为240，设置“位置”为490、448；在00:00:00:16添加关键帧，设置“缩放”为100，设置“位置”为270、479。在00:00:01:03添加关键帧，复制粘贴前面的关键帧，在结尾设置“不透明度”为45。

然后设置“矩形4”的动画，在00:00:00:00添加关键帧，设置“缩放”为80，设置“位置”为326、484；在00:00:00:04添加关键帧，设置“缩放”为220，设置“位置”为65、484；在00:00:00:10添加关键帧，设置“缩放”为100，设置“位置”为299、484；在00:00:00:16添加关键帧，设置“缩放”为80，设置“位置”为139、484；在00:00:00:22添加关键帧，设置“缩放”为100，设置“位置”为331、484；在00:00:01:01添加关键帧，设置“缩放”为230，设置“位置”为22、484。对之前添加的关键帧执行复制、粘贴操作，在结尾处设置“不透明度”设为60。

最后设置“矩形5”的动画，在00:00:00:00添加关键帧，设置“缩放”为160，设置“位置”为349、369；在00:00:00:05添加关键帧，设置“缩放”为70，设置“位置”为213、563；在00:00:00:09添加关键帧，设置“缩放”为150，设置“位置”为341、406；在00:00:00:15添加关键帧，设置“缩放”为20，设置“位置”为106、812；在00:00:00:24添加关键帧，设置“缩放”为222，设置“位置”为460、169。把时间帧移至00:00:01:03，并复制粘贴关键帧。

步骤 09 所有矩形设置完成后，按空格键预览6个矩形的运动效果，各个矩形由小变大不停地闪烁，如下左图所示。

步骤 10 把时间帧移到两秒处，使用剃刀工具将两秒之后视频部分删除仅保留前两秒，如下右图所示。

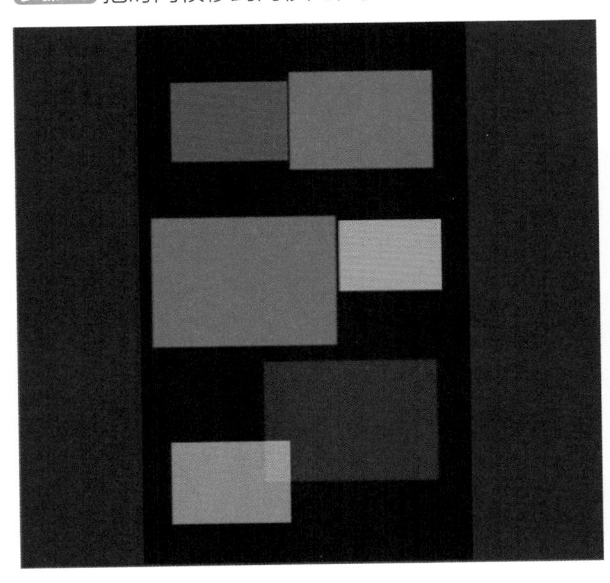

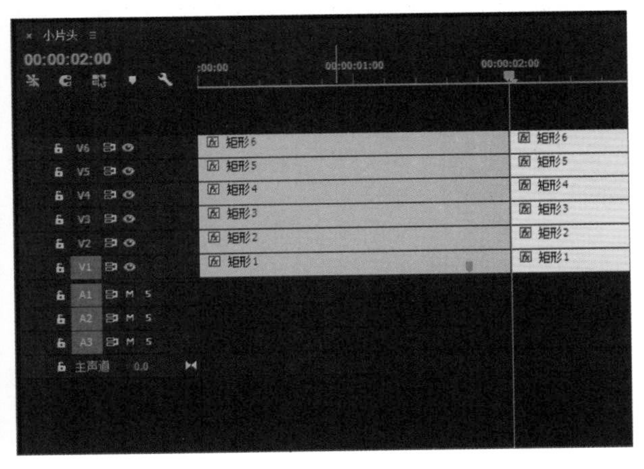

8.2.2 制作文字快闪

在制作文字快闪前需要新建字幕并输入文字，然后再设置文字的格式，设置完成后添加关键帧并设置位置参数，最后再添加背景音乐即可。下面介绍具体操作方法。

步骤 01 将时间帧定位在00:00:00:03的位置上，按Ctrl+T组合键，在“时间轴”面板中新建文本图层，在新建字幕设置面板的文本框中输入“小视频快闪”文本，进入字幕编辑面板，选择文字工具T，在监视窗添加文字“小视频快闪”，如下左图所示。

步骤 02 然后在“属性”选项区域中设置字体的属性，将字体设为黑体、大小为40❶、字体颜色为白色❷，设置外描边大小为30❸、阴影距离为8、扩展为0❹，如下右图所示。

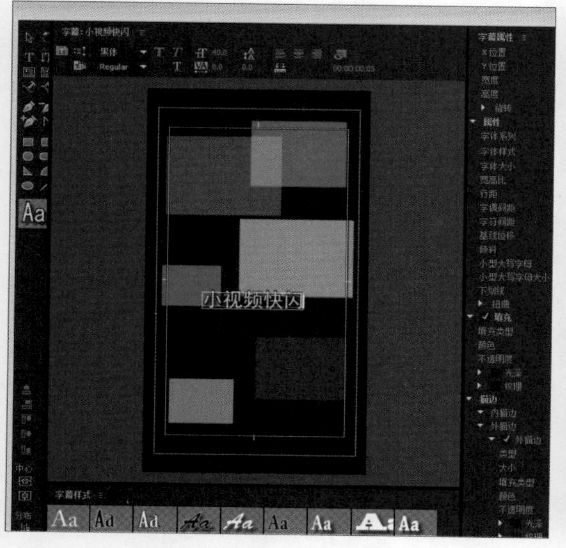

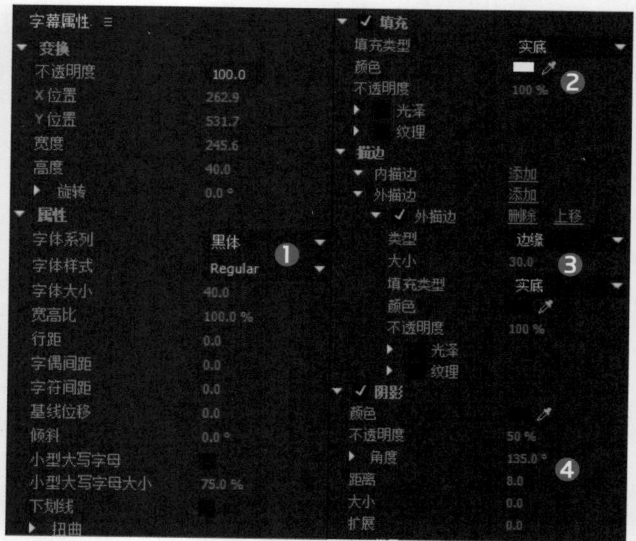

步骤 03 把制作的字幕拖到V7轨道上，并与时间帧对齐。将光标移到轨道面板的V1与A1中间，按住鼠标左键向下拖，调节视频轨道的面积，如下左图所示。

步骤 04 按Ctrl+T组合键新建字幕，输入数字2，设置字体为黑体、大小为100❶，设置字体颜色为白色、倾斜角度为25❷，再设置“描边”为外描边、大小为30、阴影距离为8、扩展为0❸，如下右图所示。

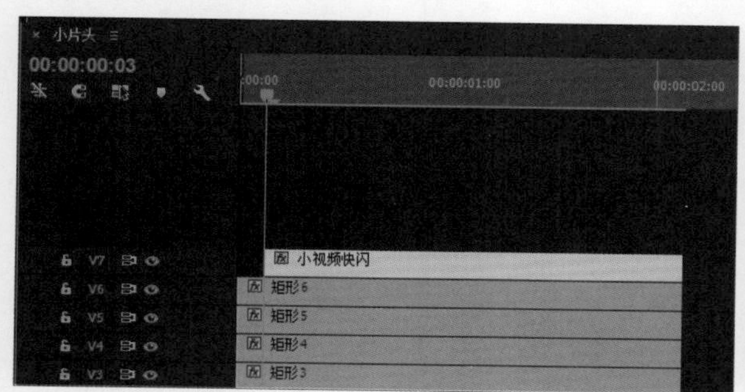

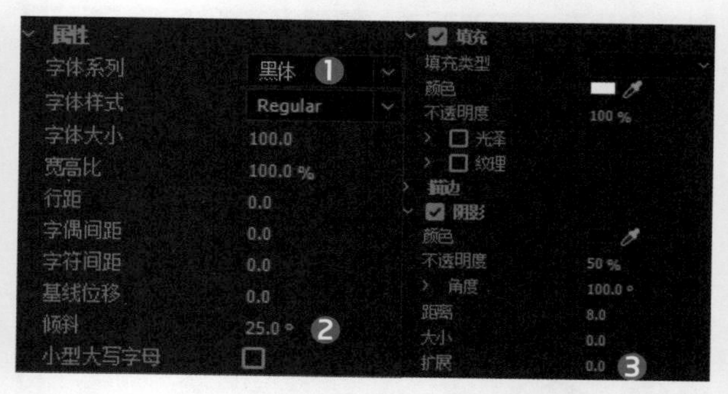

步骤 05 在“项目”面板中将“2”放入轨道V8上，并与之前的时间帧对齐。在“项目”面板中选中2选项，然后复制一份并双击，进入字幕编辑窗口，使用文字工具将“2”改成“维”字，然后在属性选项区域中修改X为300、倾斜为-12，效果如下左图所示。

步骤 06 关闭字幕窗口，将“项目”面板中复制的“2”改为“维”并拖放到轨道上与时间帧对齐，如下右图所示。

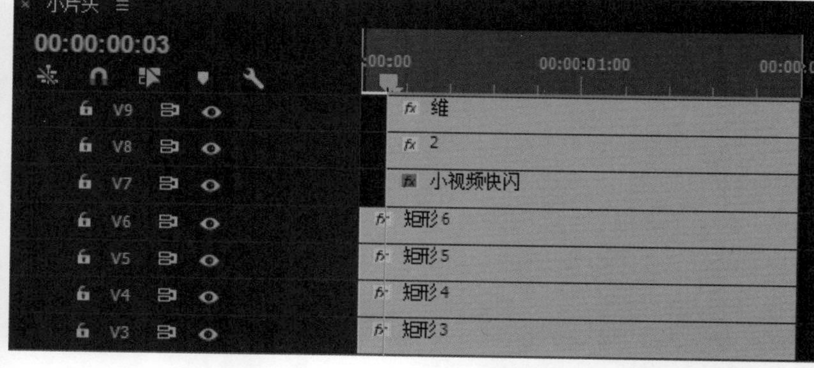

步骤 07 新建字幕“合成片头制作”，设置字幕X为267.2、Y为710.2❶、宽度为368.4、高度为50❷、字体为黑体、字体大小为50❸，并添加外描边，设置大小为25❹、阴影距离为8、扩展为0❺，如下左图所示。

步骤 08 将制作的字幕放置轨道并进行动作的编排，选择V8轨道上的“2”素材，时间指示器移到00:00:00:03的位置，在“效果控件”面板中添加运动位置的关键帧，设置参数为425、480；移至00:00:00:08的位置，设置位置参数为679、480；移到00:00:01:08位置，设置位置参数为287、480，如下右图所示。

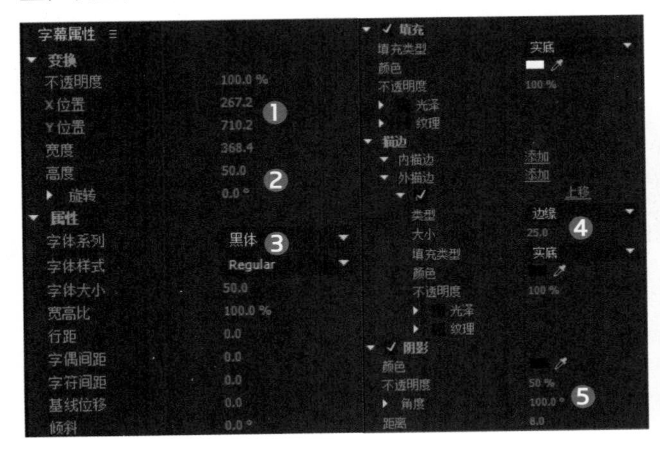

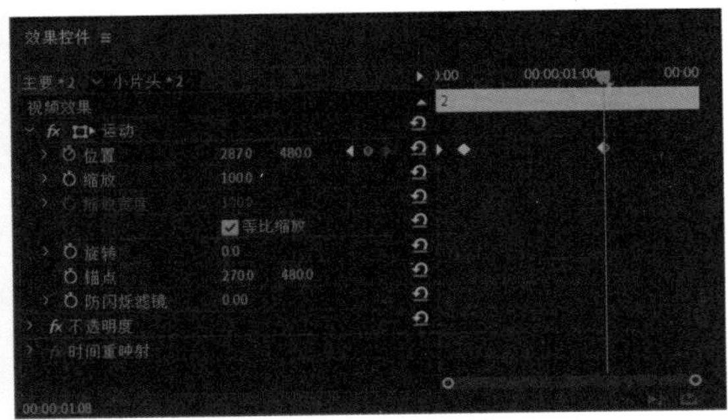

步骤 09 选择V9轨上的素材，将时间指示器移到00:00:00:03处，添加“位置”关键帧，设置参数为-104、480；移到00:00:00:08处，设置“位置”为187、480；移至00:00:01:08处，设置运动位置参数为289、480，如下左图所示。把时间帧移到起点，按空格键预览，两个字产生一个快慢交叉的动画效果。

步骤 10 两个字交叉时，进行一个摩擦时产生的火花，按Ctrl+I组合键，在弹出的对话框的案例文件夹中选择第一个文件❶，并勾选“图像序列”复选框❷，单击“打开”按钮❸，如下右图所示。

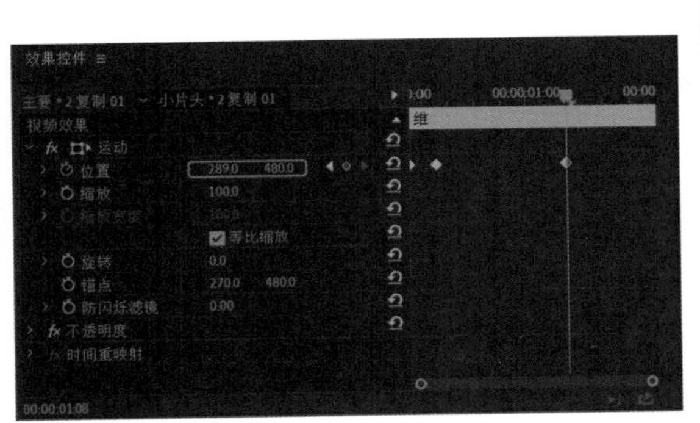

步骤 11 下面将小片头序列图片添加到“项目”面板中。首先选择图片序列的第一个，再勾选下方文件名位置的“图片序列”复选框。用同样的方法将“火花”文件夹中的图片也导入“项目”面板中，如下左图所示。

步骤 12 拖动时间指示器到两接点的00:00:00:09位置，并将导入的“小片头00000.tga”拖至V11轨上并点选素材，打开“效果控件”面板调节素材的“位置”参数为272、530。定位在00:00:00:15处，也就是字的上边相交点的位置，把“1火花00000.tga”放入V12轨上并设置“位置”参数为272、506。拖动鼠标预览，在00:00:01:08处用剃刀工具将多余的剪掉，如下右图所示。

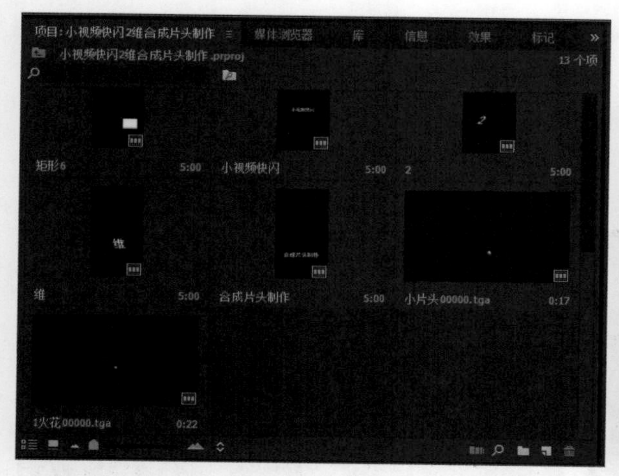

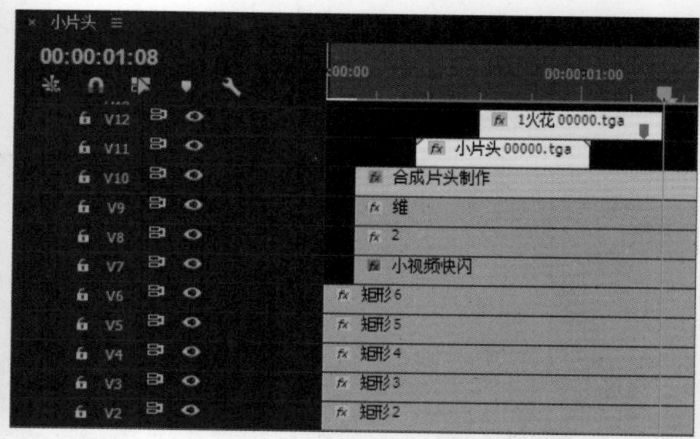

步骤13 定位在00:00:00:03处，选择V7轨上的素材，在“效果控件”面板中设置“位置”参数为276.5、610❶，设置“锚点”为275、610❷。定位在00:00:00:09处并添加“缩放”关键帧❸，再设置起点“缩放”参数为0❹，如下右图所示。

步骤14 再将时间帧定位到00:00:00:10的位置，打开“效果”面板，展开“视频效果”里的“生成”选项，将闪电效果拖到“小视频快闪”素材上，设置“起始点”为156、521❶，设置“结束点”为382、517❷，设置“分段”为12❸、“细节级别”为8❹、“随机植入”为9❺，如下右图所示。

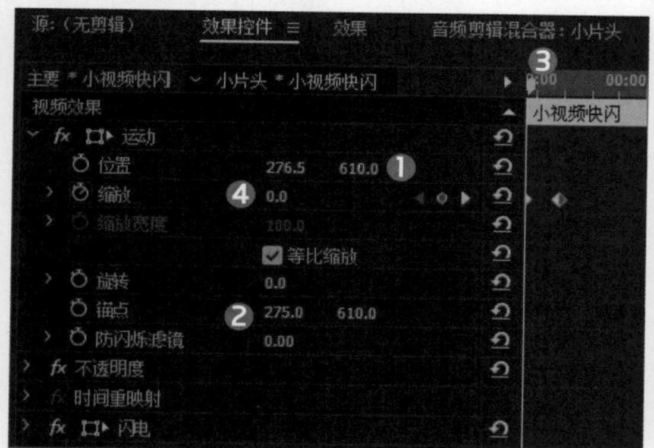

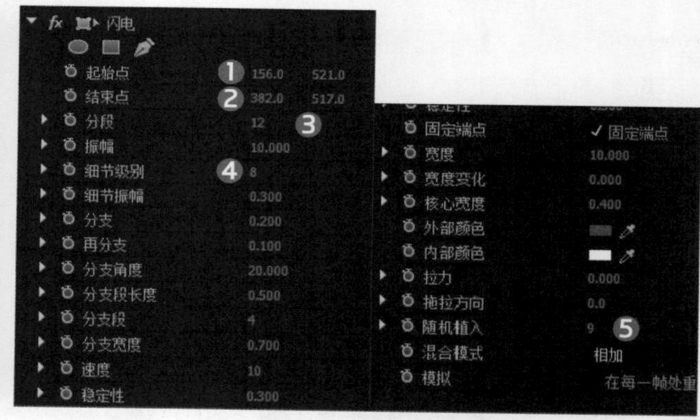

步骤15 将时间指示器定位在00:00:01:01的位置，调整素材的长短与时间帧对齐，在“项目”面板中将“合成片头制作”拖入V11轨道的“火花”后，与V10的素材对齐。将“效果”面板的“视频效果>变换>裁剪”效果拖放在V10轨的“合成片头制作”素材视频上，设置“左侧”参数为49%并添加关键帧；将时间帧移置00:00:01:15处，将“左侧”参数设为50%，如下左图所示。

步骤16 将时间指示器移到素材起点，设置“左侧”参数为87%，如下右图所示。

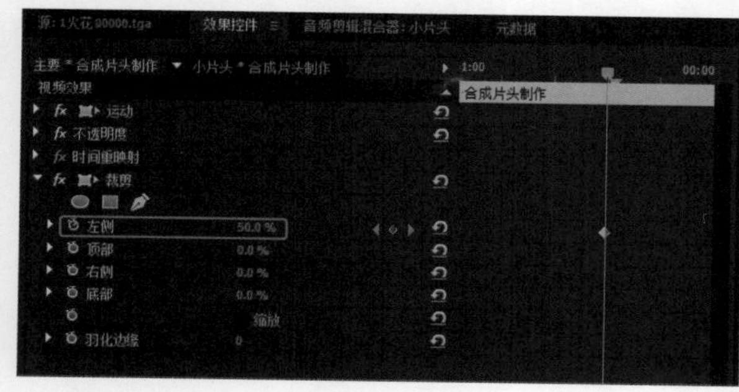

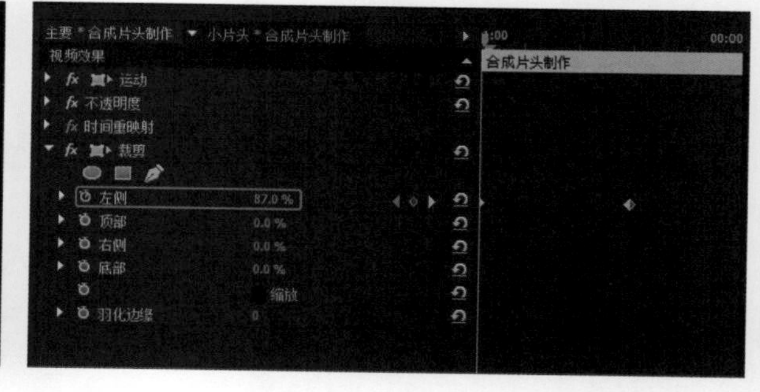

步骤 17 接下来对V11上的“合成片头制作”素材进行设置，首先将时间指示器移到素材的起点，添加右侧的关键帧，设置“右侧”参数为85%，如下左图所示。

步骤 18 再定位在00:00:01:15处添加右侧关键帧，设置“右侧”参数为50%，如下右图所示。

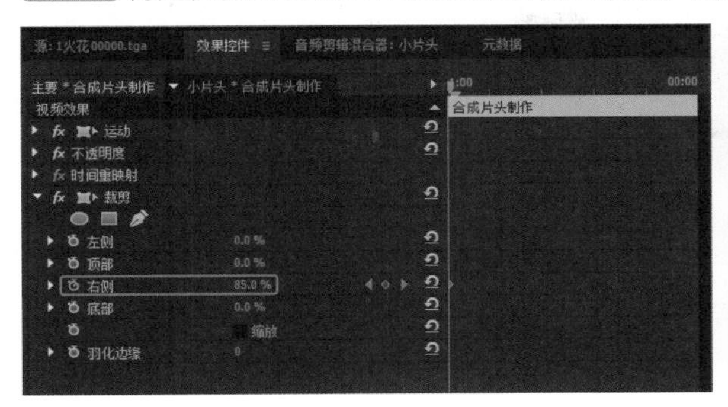

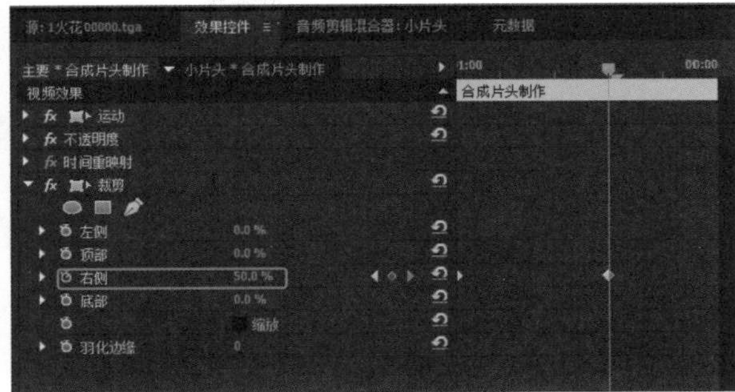

步骤 19 设置好参数，导入案例文件中的“背景音效.mp3”并拖到A1轨道，匹配视频的大小，按空格键进行预览，在播放时截取4个不同时间段的效果，如下图所示。最后将制作的小视频快闪文件导出并保存在合适的位置。

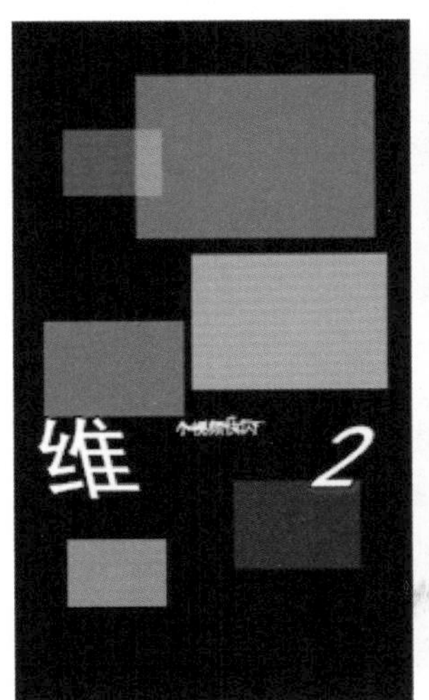

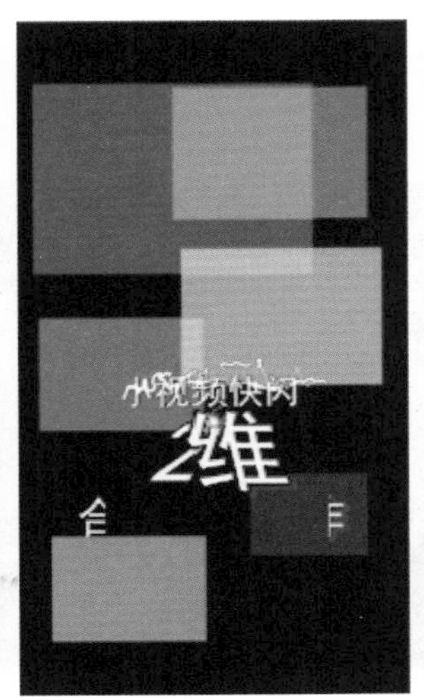

8.3 制作倒计时片头

倒计时片头主要用在视频的开始部分，本案例制作倒计时主要是将不同的数字放置在不同的位置，然后再添加关键帧并设置缩放的数值，下面介绍具体操作方法。

步骤 01 启动Premiere CC软件，新建一个项目，在对应的案例文件夹中，将“素材”文件夹、“背景素材.mp4”和“背景音乐.mp4”拖入“项目”面板，如右图所示。

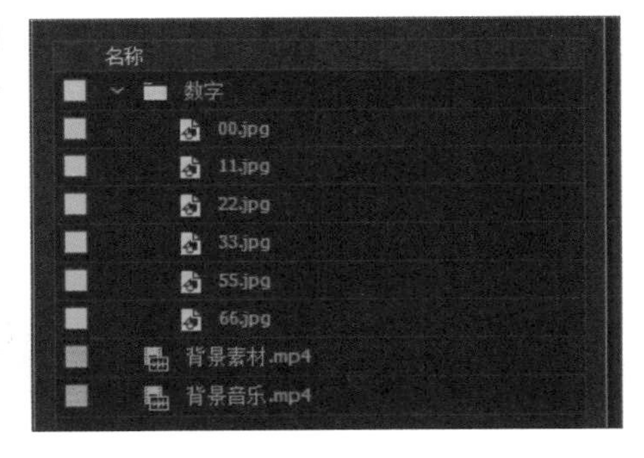

步骤 02 在“项目”面板中将“背景素材.mp4”拖入时间轴中，此时“项目”面板自动生成与视频同名的序列，在时间轴中右击“背景素材”，在快捷菜单中选择“取消链接”命令，再清除素材原音频，如右图所示。

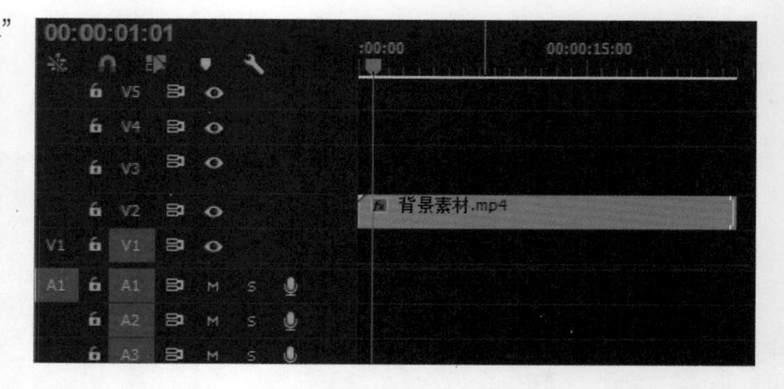

步骤 03 在“项目”面板中将“背景音乐.mp4”拖入音频轨道，对应“背景素材”调整音效位置，使用剃刀工具裁掉音频多余部分，如下左图所示。

步骤 04 在“项目”面板中将55.jpg拖入时间轴，放在“背景素材”轨道上方，原素材有黑色背景是需要去掉的，所以选中添加的图片，在“效果控件”面板中展开“不透明度”选项区域❶，设置“混合模式”为“滤色”❷，如下右图所示。

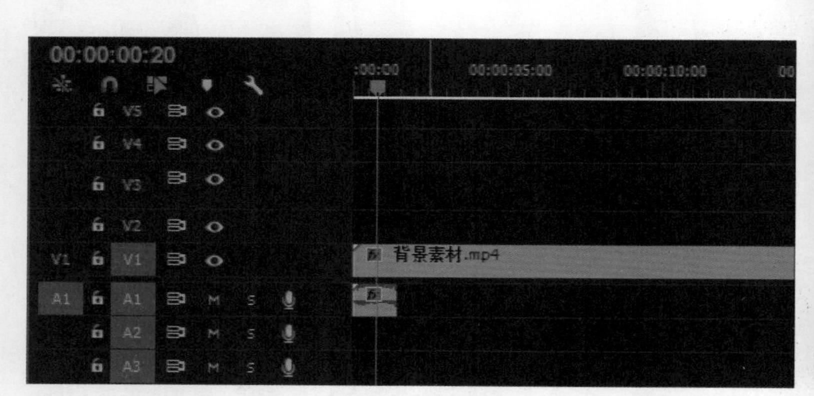

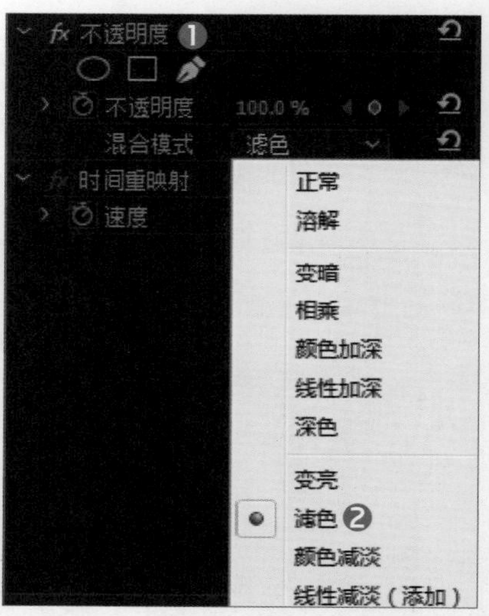

步骤 05 即可去除黑色背景，效果如下左图所示。

步骤 06 对应背景素材和音效，确定好时间轴上数字的开始时间和结束时间，使用剃刀工具裁掉多余部分，如下右图所示。

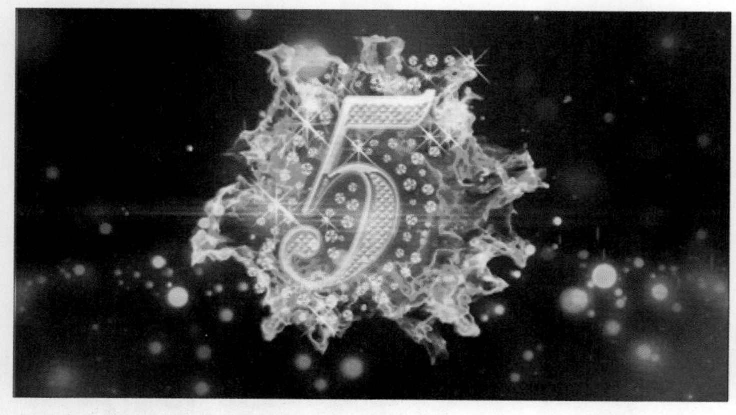

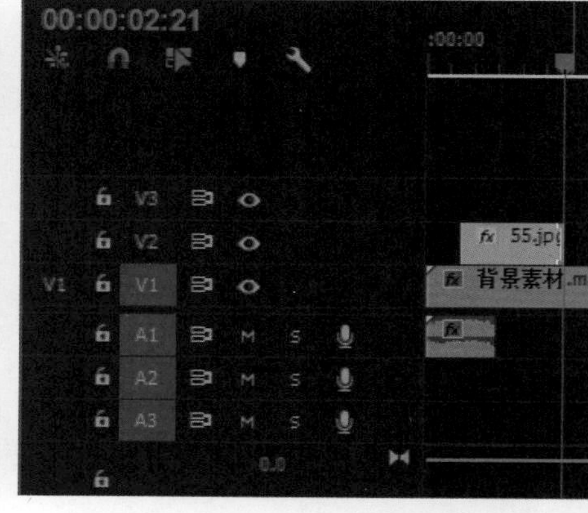

步骤 07 在“效果控件”面板右侧时间轴面板中将时间指示器移到最左边，在“运动”选项区中添加“缩放”关键帧，并设置“缩放”值为500； 然后分别在00:00:01:01、00:00:02:12和结束位置添加关键帧，并设置参数为150、200、0。此时特效设置完成，按空格键播放，预览效果，如下左图所示。

步骤 08 完成以上阶段， 接下来复制之前的音频对应背景画面依次排列，从“项目”面板中拖入余下的数字素材，按住鼠标左键拖动，批量选中剩下的数字素材并右击，在快捷菜单中选择“速度与持续时间”命令，在打开的对话框将“持续时间”改为00:00:02:04❶，单击“确定”按钮❷，如下右图所示。

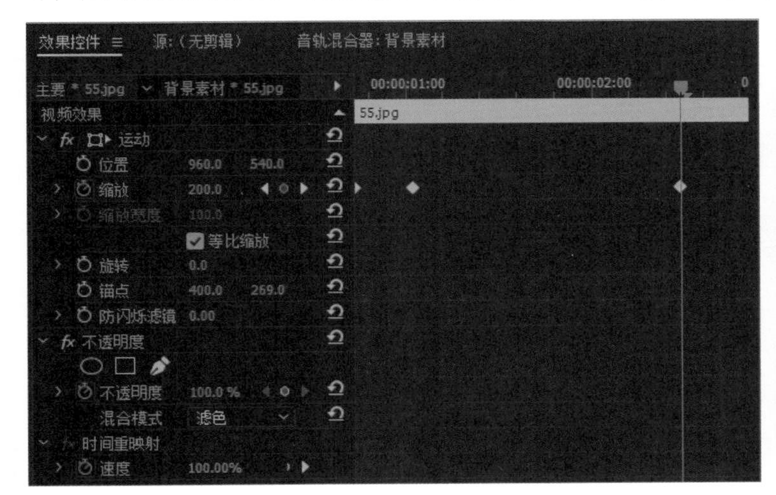

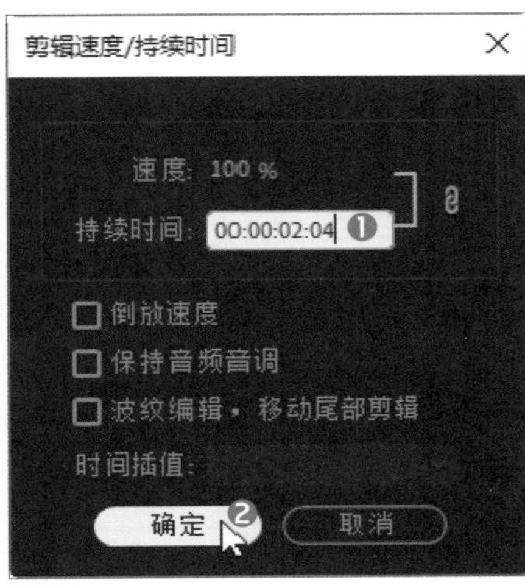

步骤 09 可见选中数据素材分别间隔2秒左右散放在时间轴上，然后将音频轨道上的声音复制5份，并分别放在数字素材的前面，如下图所示。

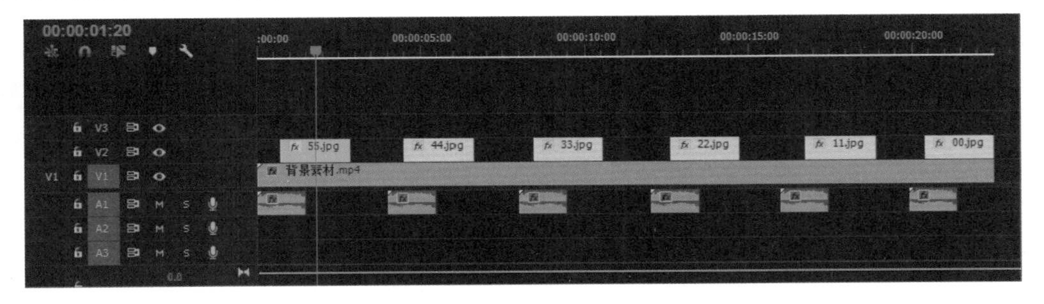

步骤 10 选择数字5素材，在“效果控件”面板的“运动”上方右击，选择“复制”命令，然后依次粘贴到余下的数字素材上，并更改“不透明度”选项区域中“混合模式”为“滤色”。此时所有的效果都已经完成，按空格键播放，预览后导出视频。下面展示数据5和数字0的效果，如下图所示。

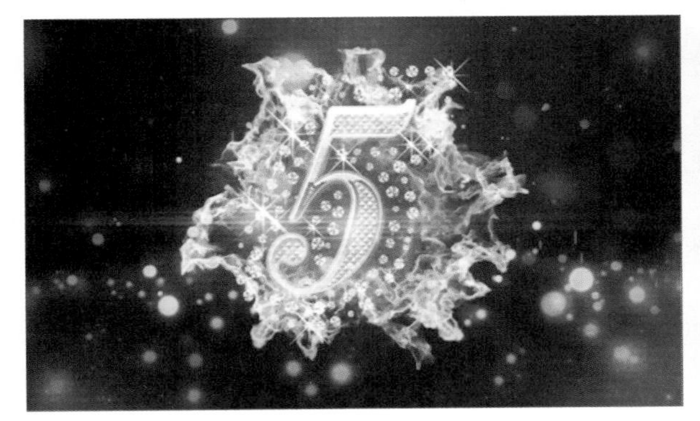

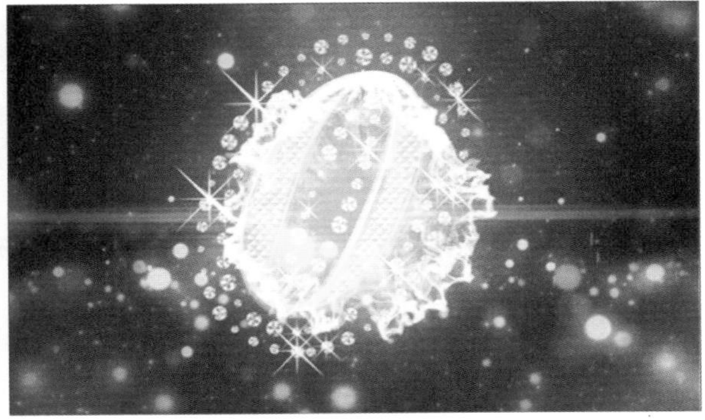

Chapter 09 制作水墨风情视频

本章概述

随着电脑和数码技术的日益进步，现如今非专业人士也可以制作出自己喜欢的视频。本章将通过3张图片和背景音乐制作出具有情画意的水墨山水视频效果。通过本章内容的学习，读者可以制作其他有意境的视频。

核心知识点

❶ 熟悉导入素材的方法
❷ 掌握形状的应用
❸ 掌握椭圆蒙版的使用方法
❹ 掌握视频效果的应用

9.1 制作墨点动画

本节主要制作墨点由外进入场景中并由小变大的动画过程，在操作过程中主要使用添加椭圆蒙版、添加关键帧以及设置位置和缩放等参数。

9.1.1 导入墨点素材

下面将对新建项目和序列、导入墨点素材的操作进行介绍，具体如下。

步骤 01 首先启动Premiere CC软件，新建名称为“水墨风情”的项目，如下左图所示。

步骤 02 执行菜单栏中的“文件>新建>序列”命令，在弹出的“新建序列”对话框选择“HDV”选项中的HDV 720p30系统自设预设❶，再设置序列名称❷，最后单击“确定”按钮❸，如下右图所示。

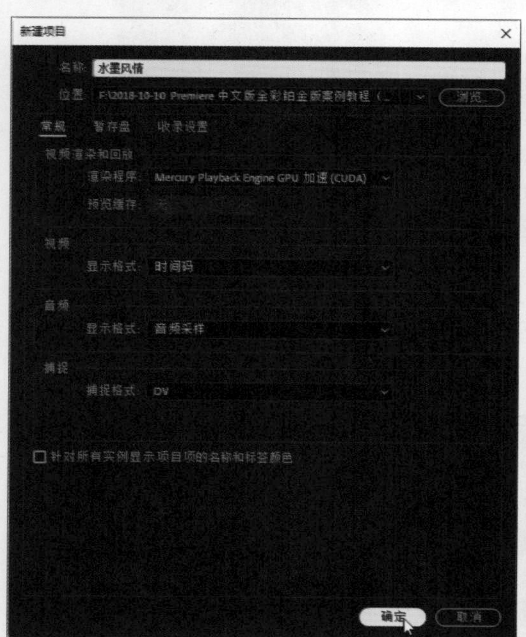

步骤 03 执行“文件>导入”命令，在弹出的“导入”对话框中选择“墨点”素材❶，单击“打开”按钮❷，即可将选中素材导入到“项目”面板，如下左图所示。

步骤 04 将导入的素材拖放到V2视频轨道上，并按0后的“-”、“+”号调节轨道，如下右图所示。

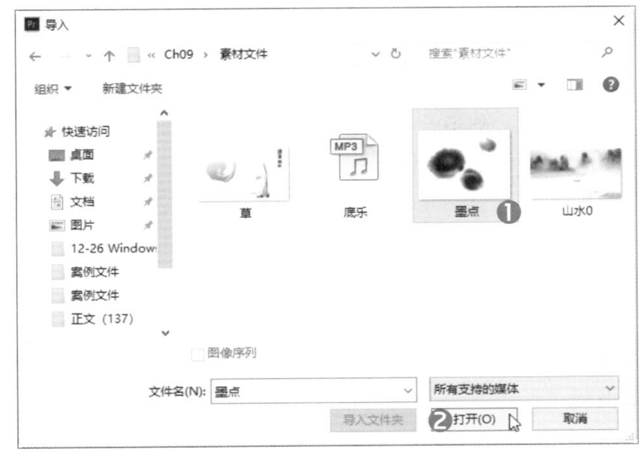

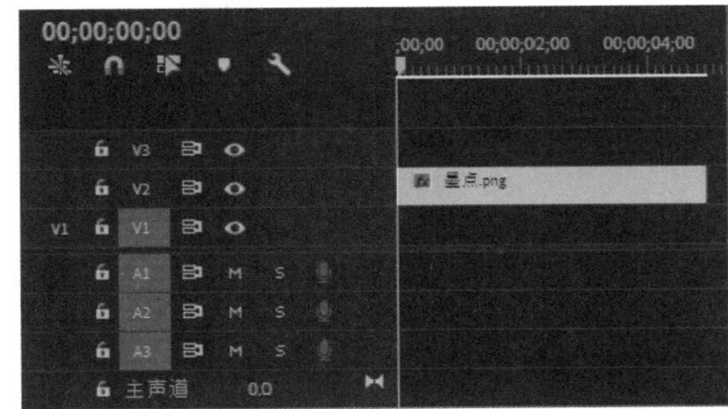

9.1.2 设置墨点动画

本小节将对设置墨点动画的操作进行介绍，主要应用的知识包括蒙版、关键帧等。

步骤 01 在菜单栏中执行“图形>新建图层>矩形”命令，如下左图所示。

步骤 02 在“效果控件”面板中单击填充色块▭，在拾色器中设置RGB的色彩参数分别为R：172、G：153、B：130❶，设置“锚点”参数为149.8、105.5❷，设置“位置”参数为640.0、360.0❸，设置“缩放”参数430❹，将V3轨的矩形素材拖放到V1轨上，如下右图所示。

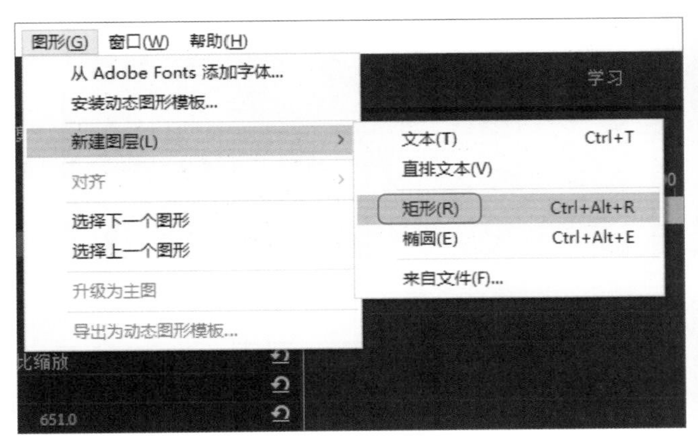

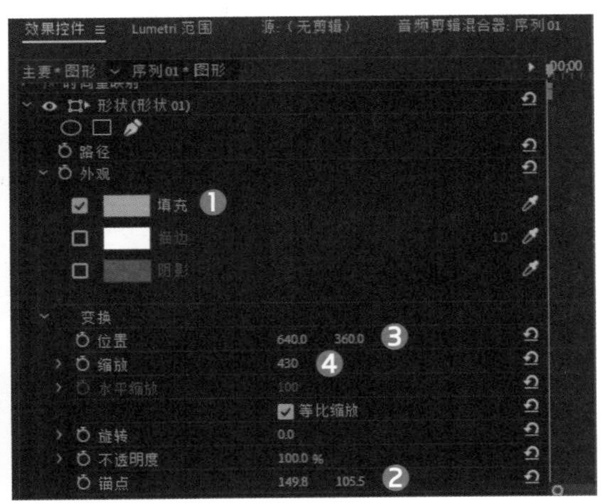

步骤 03 选择V2轨上的素材，并在“效果控件”面板中设置运动“缩放”值为80❶，选择“不透明度”下的自由绘制蒙板工具✎，将蒙板羽化参数设为13❷，设置混合模式为“相乘”❸，如右图所示。

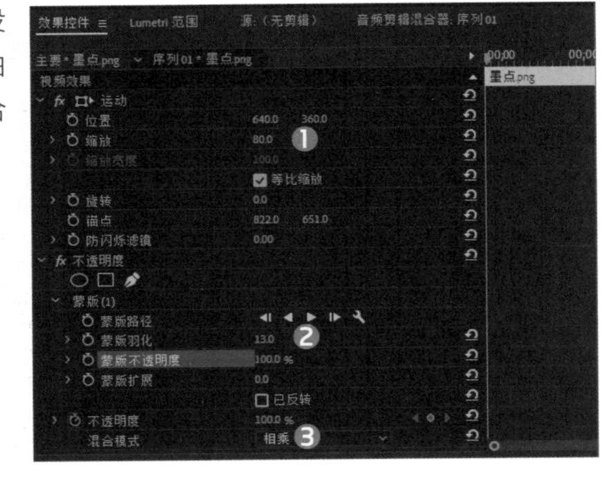

步骤 04 在节目窗口上将大的墨点括选，按下键盘上的“-”、“+”号，调节轨道上素材显示的大小，如右图所示。

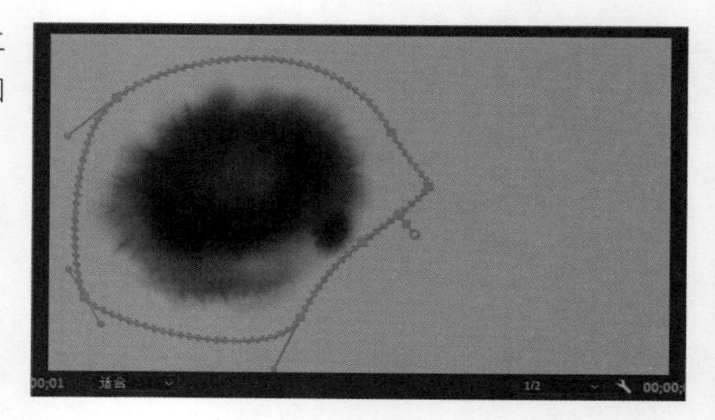

步骤 05 在“效果控件”面板中将“锚点”参数设为492.4、620.0，如下左图所示。

步骤 06 单击“位置”左侧“切换动画”按钮，并设置“位置”参数为605.3、-51.8，设置“缩放”参数为5，设置“不透明度”为20%。将时间帧移到00;00;00;10处，将“位置”参数设为605.3、375.2，并添加缩放与不透明度的关键帧，如下右图所示。

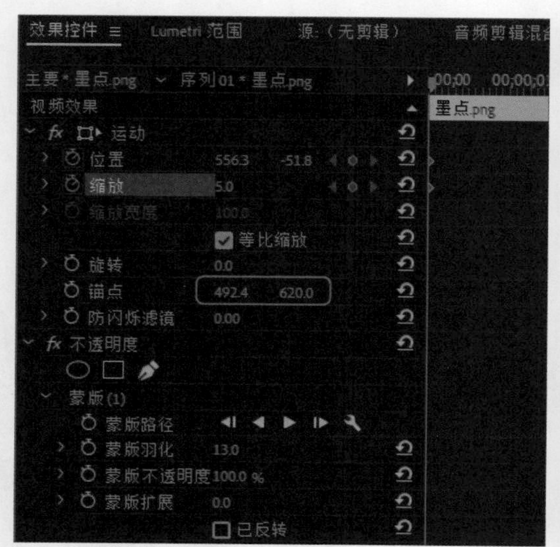

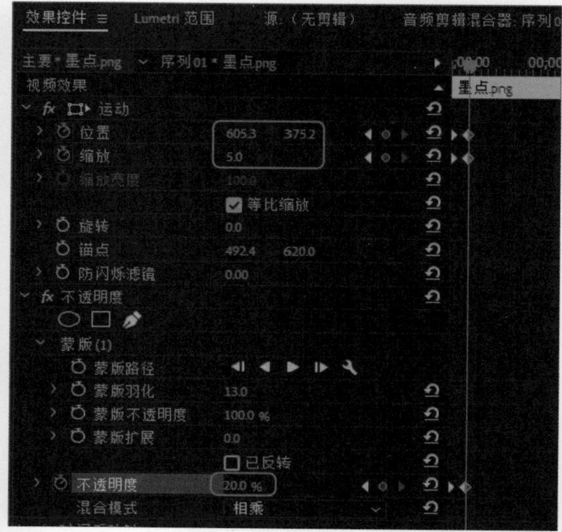

步骤 07 将时间帧移动到00;00;01;15处，设置“缩放”参数为192.0、“不透明度”参数为65%，如下左图所示。

步骤 08 移动时间帧到00;00;02;10处，将“不透明度”参数设为0%、“缩放”参数设为274.0，如下右图所示。

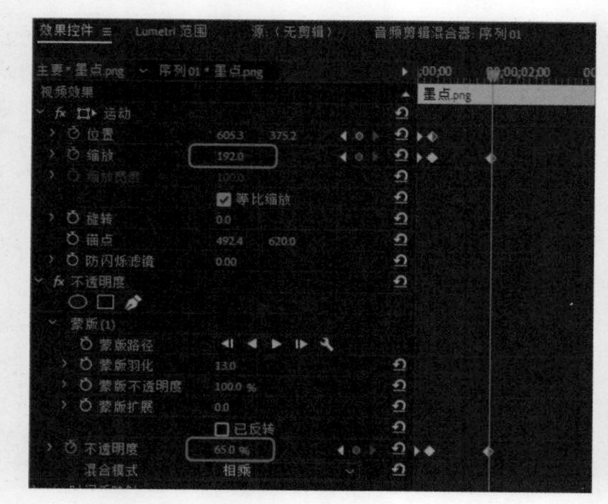

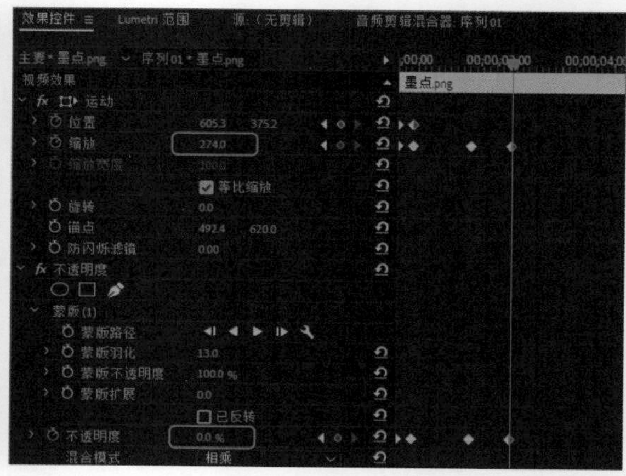

步骤 09 设置完成后，按空格键预览墨点的动画效果，如下图所示。

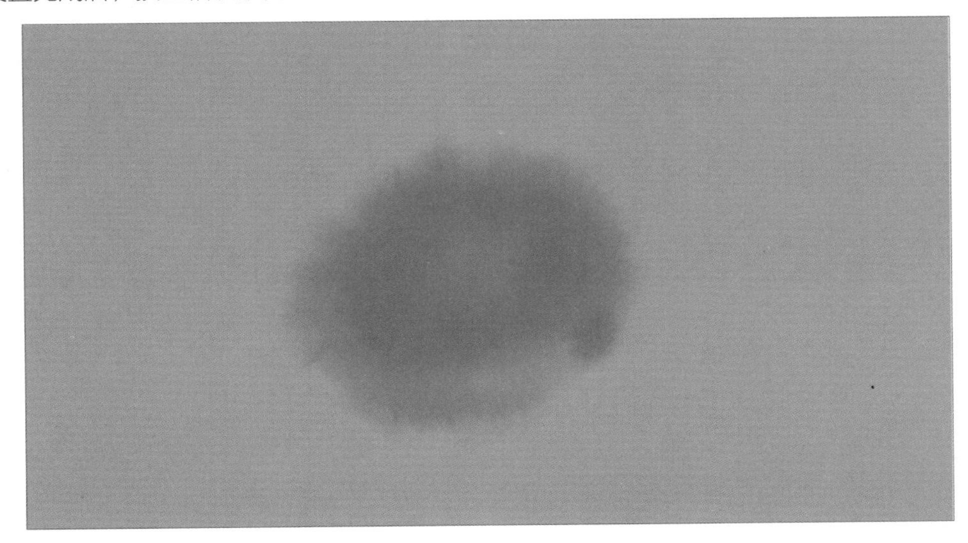

9.2 制作草和山水动画

本小节将介绍草和山水素材的动画制作过程，其中对草的设置稍微复杂点，首先要设置草素材的位置，然后还需要使用蒙版并设置混合模式，最后要设置模糊度。对山水素材的设置主要是添加关键帧并设置缩放和不透明度的值。

步骤 01 将时间帧移至00;00;01;26，将素材“草”导入“项目”面板中并将素材拖放到V3轨上，在“效果控件”面板中调节“位置”参数为913.0、360.0❶、“缩放”参数为72.0❷，如下左图所示。

步骤 02 在不透明度里添加一个椭圆形蒙板，用鼠标移动节目窗口上的蒙板，来调节蒙板的位置和大小，如下右图所示。然后将不透明度的混合模式设置为“相乘”。

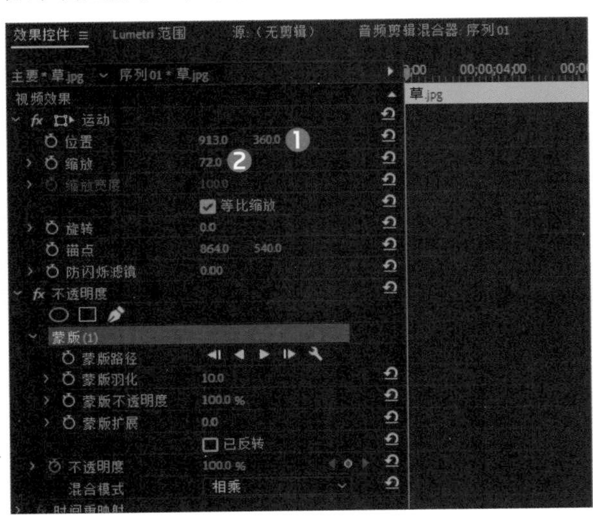

步骤 03 将视频效果中“模糊与锐化”下的高斯模糊拖入V3轨道的素材上，设置“模糊度”参数为276.0并添加关键帧，如下左图所示。

步骤 04 移动时间帧至00;00;02;03处，将“模糊度”参数设为0，如下右图所示。

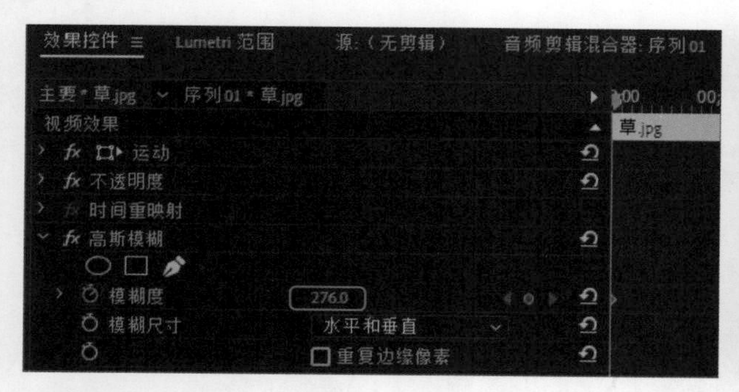

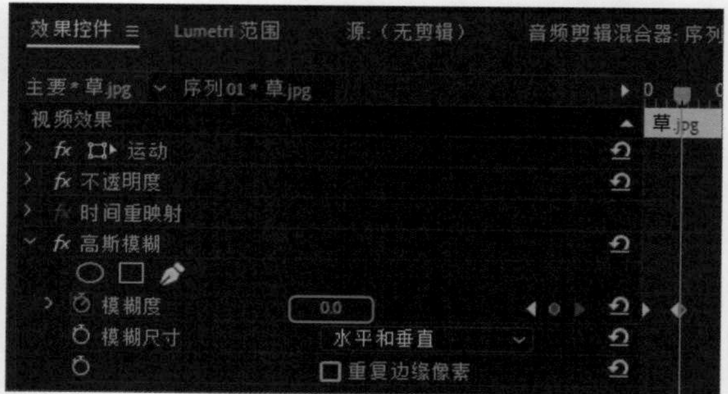

步骤 05 将时间帧移动到00;00;01;17处，将“山水”素材导入并拖到V4轨道上与时间帧对齐，设置“缩放”参数为400❶，单击关键帧，将“不透明度”设为0%❷，如下左图所示。

步骤 06 将时间帧移至00;00;02;08处，设置“缩放”参数100❶、“不透明度”参数为100%❷，如下右图所示。

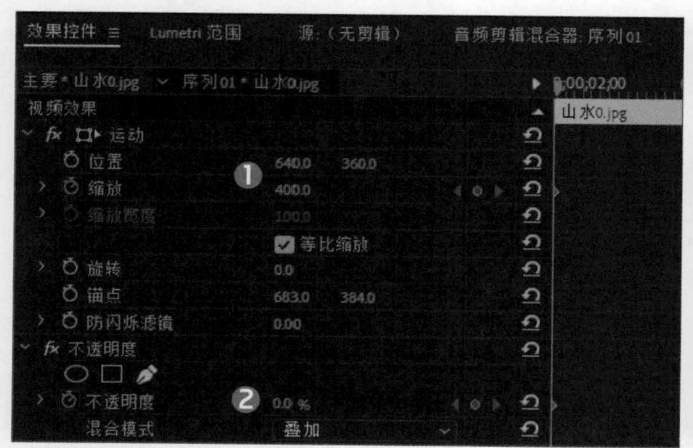

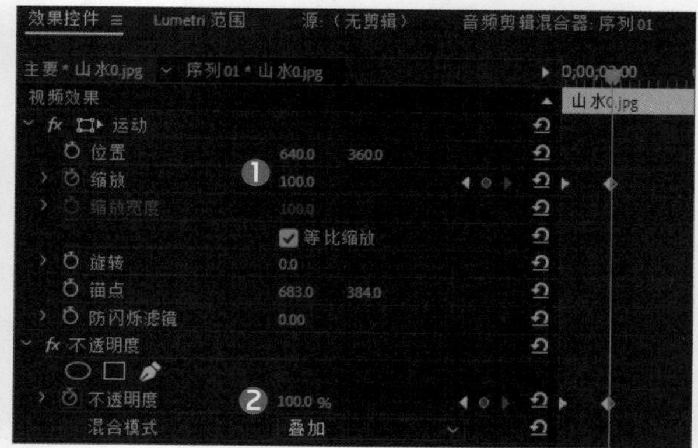

9.3 添加文本和背景音乐

水墨风情视频中的墨点动画、草动画和山水动画制作完成后，本小节将介绍为视频添加文本和背景音乐的操作方法，步骤如下。

步骤 01 选择文字工具后，执行“图形>新建图层>文本”命令，如下左图所示。

步骤 02 在节目窗口上的新建文本图层编辑框，将原有文本删除，如下右图所示。

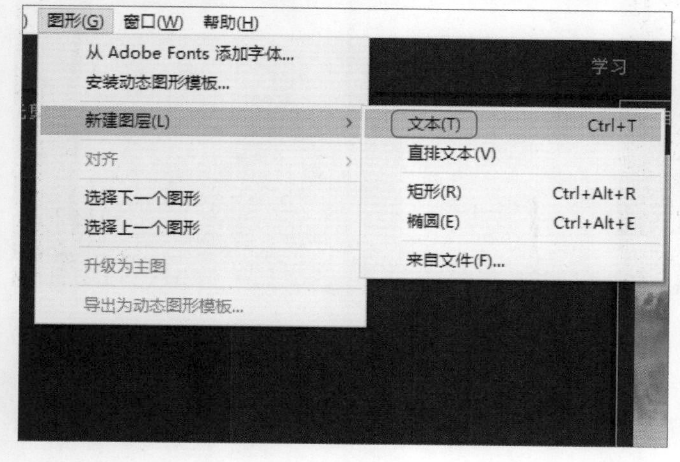

步骤 03 输入“山水风光”文本，每输入一个字按下回车键，制作成垂直文本的效果。然后设置文本字体为“章草”❶、填充颜色为黑色❷；勾选“描边”复选框，设置描边颜色为白色❸，设置描边值为5❹，如下左图所示。

步骤 04 勾选“阴影”复选框❶，将“不透明度”设为75%❷，“角度”设置为186❸，“距离”设置为8❹，“模糊”设置为45❺；然后设置变换位置参数为143.0、167.0❻，如下右图所示。

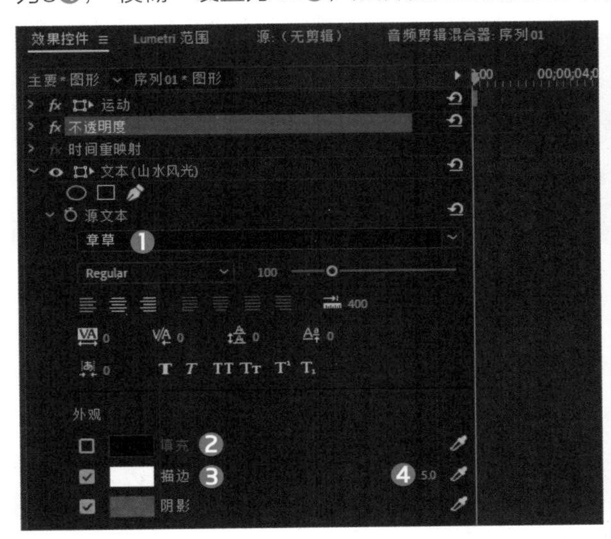

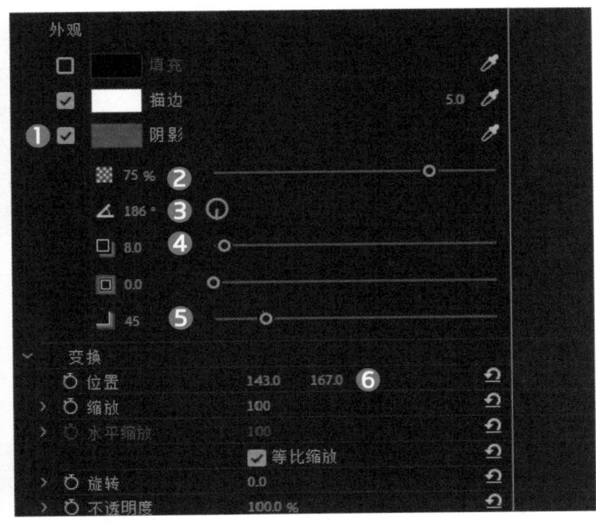

步骤 05 在菜单栏中执行“窗口>工作区>效果”命令，如下左图所示。

步骤 06 在右侧的“效果”面板中，展开“视频效果”选项面板，将“变换”下的“裁剪”效果拖加给文本素材“山水风光”，如下右图所示。

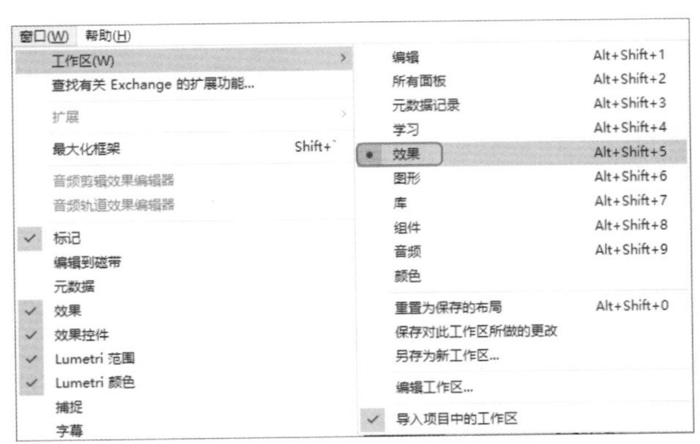

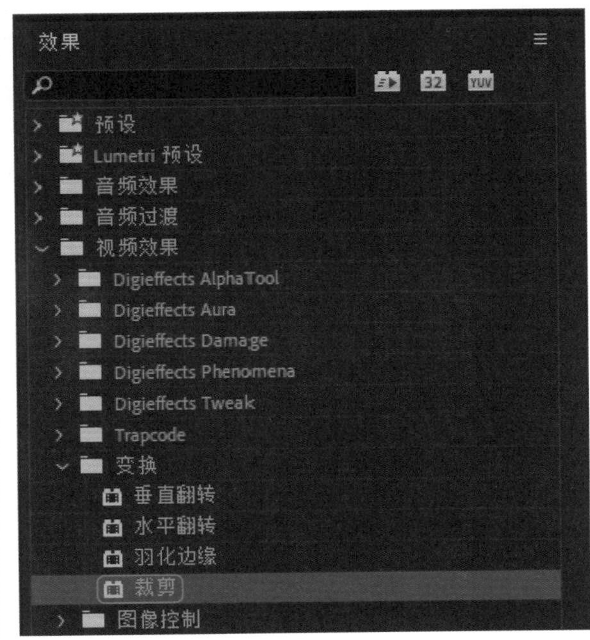

步骤 07 在“效果控件”面板中单击“底部”关键帧，设置参数为100❶、羽化边缘参数为92❷，如下左图所示。

步骤 08 移动时间帧至00;00;03;00，设置各参数值为0，如下右图所示。

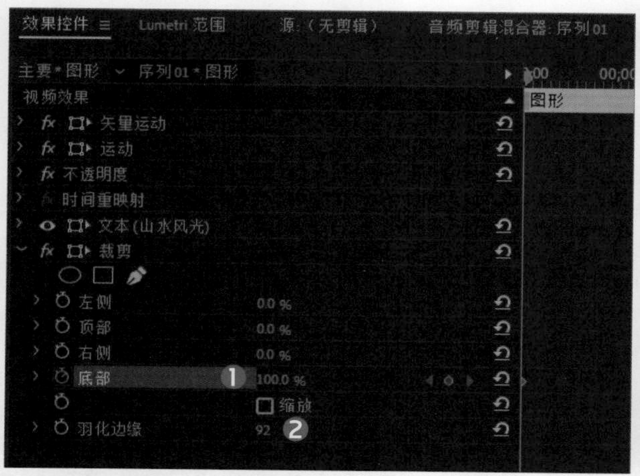

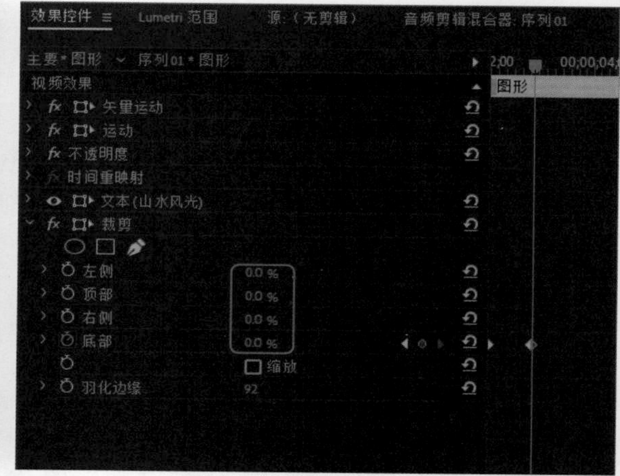

步骤 09 将“底乐.mp3”素材导入“项目”面板，把“底乐.MP3”拖放到A1轨上并与时间帧对齐，如下左图所示。

步骤 10 将帧移至00;00;04;26处，按住Shift键同时移动光标到时间帧处单击，将轨道上的素材一并剪齐，删除时间帧后剪下的素材，如下右图所示。

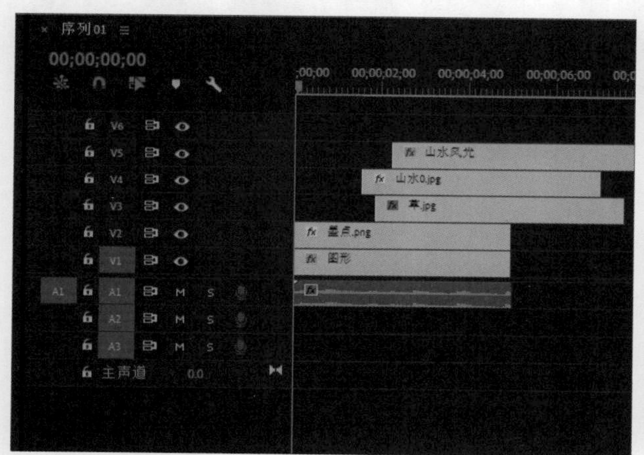

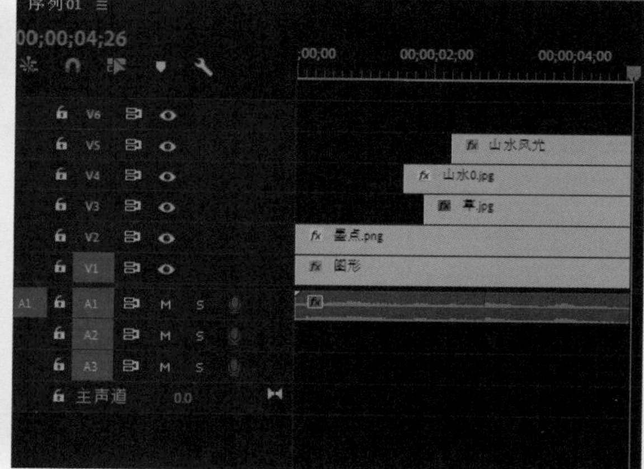

步骤 11 至此，水墨风情视频效果制作完成，最终效果如下图所示。

Chapter 10 制作开机动画效果

本章概述

打开电脑时，若对Windows 7经典的开机动画感觉审美疲劳，我们可以自己制作属于自己的开机动画。本章主要介绍使用矩形和文字制作Windows开机动画的操作方法，用户也可以根据个人喜好制作出更精彩的开机动画效果。

核心知识点

❶ 熟悉矩形形状的调整操作
❷ 掌握轨道的添加方法
❸ 掌握“效果控件”面板的应用
❹ 掌握文字动画的制作

10.1 制作矩形效果

本小节主要介绍Windows开机动画中4个基本矩形的制作，通过创建矩形并设置填充颜色，最后再创建4点多边形蒙版调整矩形的形状，下面介绍具体操作方法。

步骤 01 首先启动Premiere CC软件，执行“文件>新建>项目”命令，在打开的“新建项目”对话框新建名称为“Windows开机片头”项目，如下左图所示。

步骤 02 执行菜单栏中的“文件>新建>序列”命令，在弹出的“新建序列”对话框中选择HDV选项下的HDV 720p30系统自设预设选项，如下右图所示。

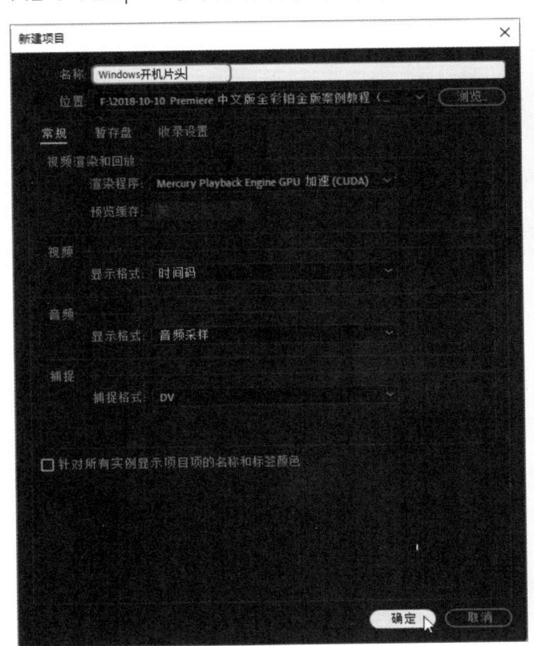

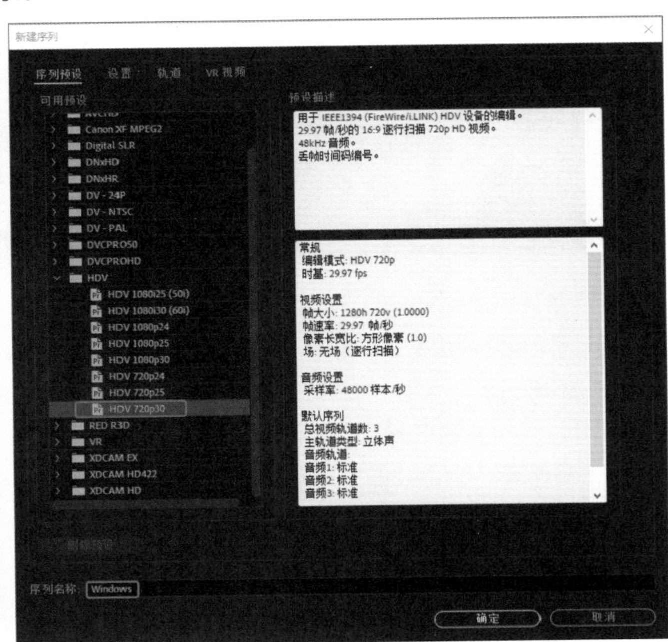

步骤 03 执行菜单栏中的“图形>新建图层>矩形”命令，在菜单栏下方单击“图形”按钮图形，在“效果控件”面板中单击“填充”右侧色块，在打开的“拾色器”对话框中设置RGB参数为R:0、B:0、G:240，如下左图所示。

步骤 04 返回至“效果控件”面板，在“变换”选项区域中设置“锚点”参数为154.0、97.0、“缩放”参数为430，如下右图所示。

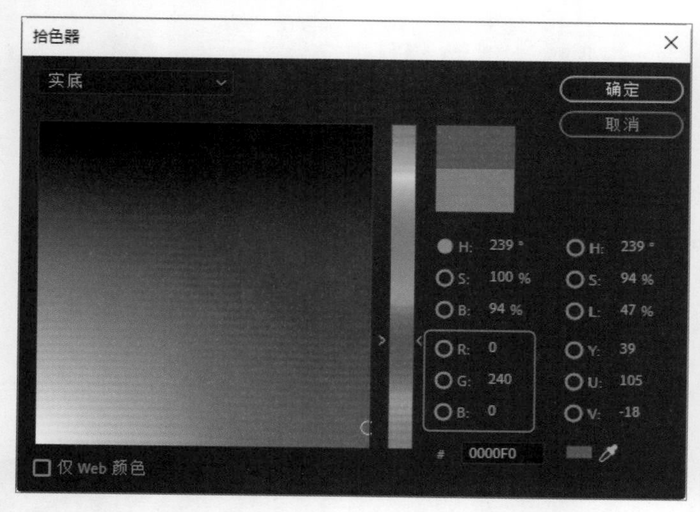

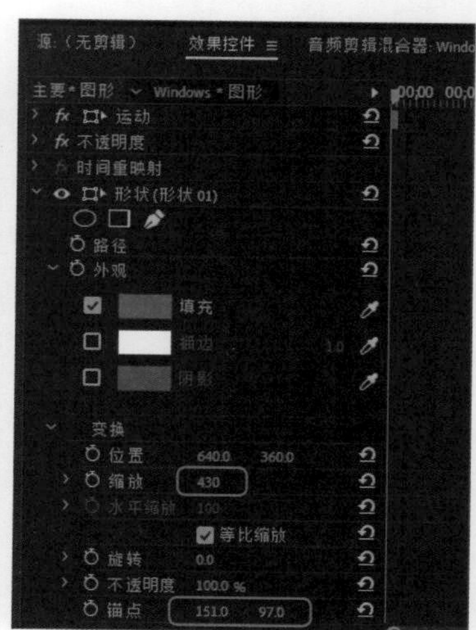

步骤 05 在“形状（形状01）”选项区域中单击“创建4点多边形蒙版”按钮■，在节目监视窗口调节蒙板的位置与两个点，将矩形调整成梯形，如下左图所示。

步骤 06 调整完成后，在“蒙版”选项区域中设置“蒙板羽化”参数为0，如下右图所示。

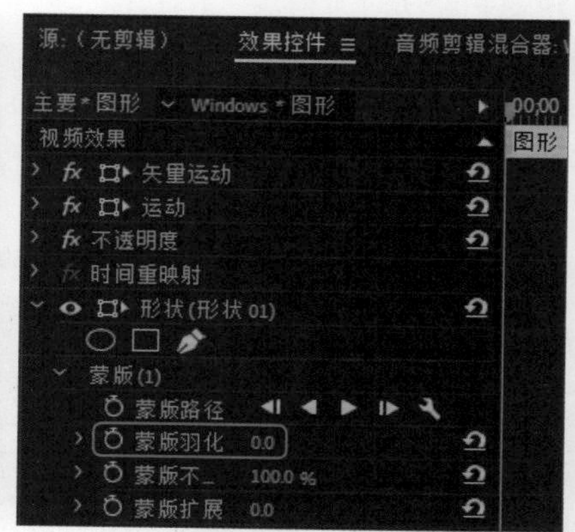

步骤 07 单击轨道编辑面板，按键盘上的“-”“+”号，调节轨道上素材显示的大小，在轨道上单击鼠标右键，在快捷菜单中选择“添加轨道”命令，如下左图所示。

步骤 08 在弹出的“添加轨道”对话框中将视频轨道添加数设置为5❶、音频设置为0❷，最后单击“确定”按钮，如下右图所示。

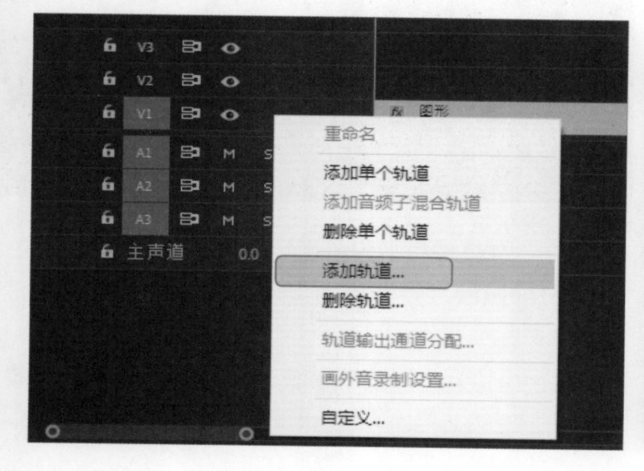

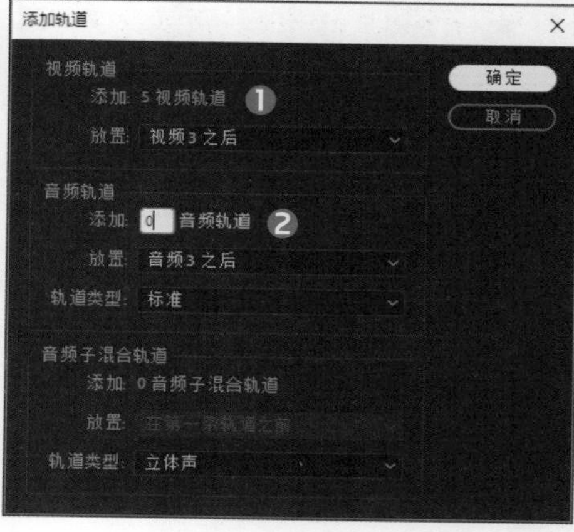

步骤 09 将V1轨上的素材拖放到V4轨道上，并按Ctrl+C组合键复制素材，再按Ctrl+V组合键粘贴出1个素材，并拖放到V3轨道上。选中V3轨道，在“效果控件”面板中设置其运动位置参数为640、170，如下左图所示。

步骤 10 单击“形状”选项区域中“创建4点多边形蒙版”按钮，在节目监视窗口里的图案就会显现蒙板的边框，通过鼠标调节图形的形状，如下右图所示。

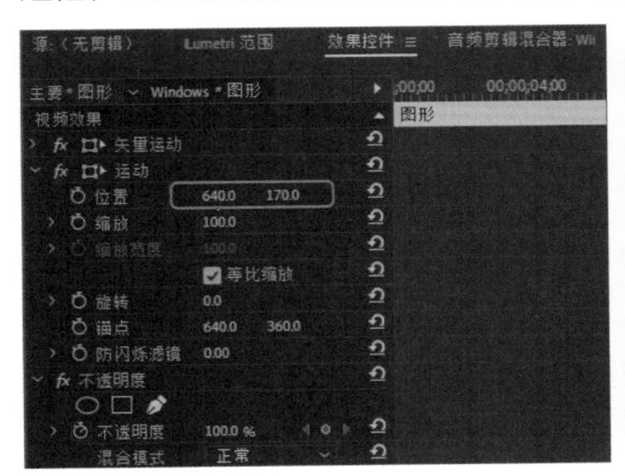

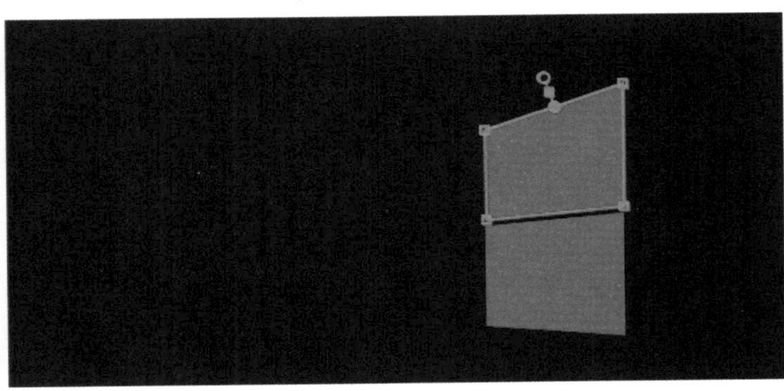

步骤 11 再选择V4轨道上的图案并进行复制粘贴操作，将时间帧移动到起点，将粘贴出来的素材拖到V2轨上，在“效果控件”面板中设置运动“位置”参数为495.0、377.0❶、“缩放”参数82.0❷，如下左图所示。

步骤 12 为形状创建4点多边形蒙版，在节目监视窗口中调整形状，效果如下右图所示。

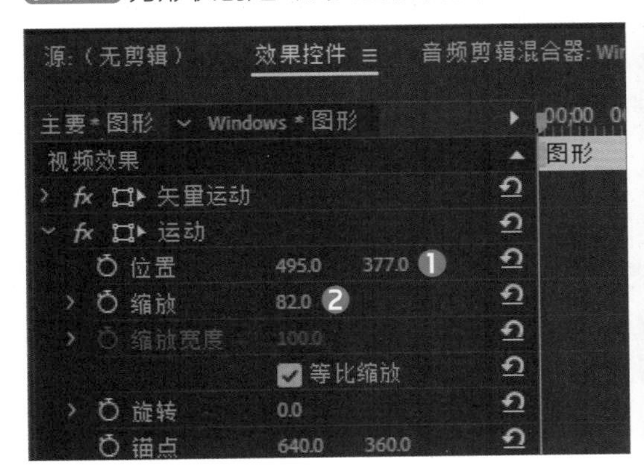

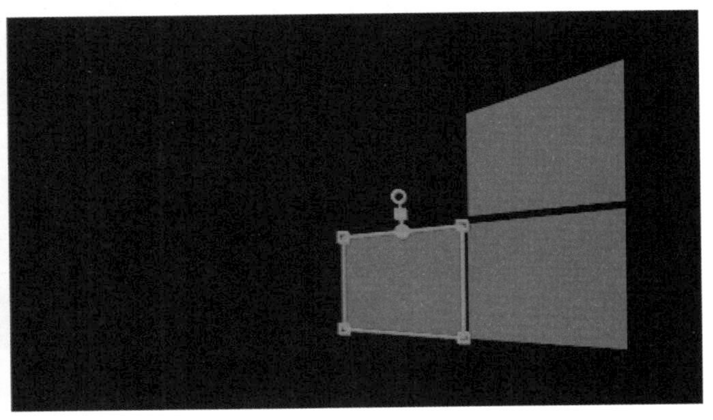

步骤 13 选择V2轨道上的素材，进行复制粘贴操作，将时间帧移到起点，在“效果控件”面板中设置运动位置的参数为495.0、222.0，如下左图所示。

步骤 14 为其添加创建4点多边形蒙板，在节目监视窗口中调节形状，效果如下右图所示。

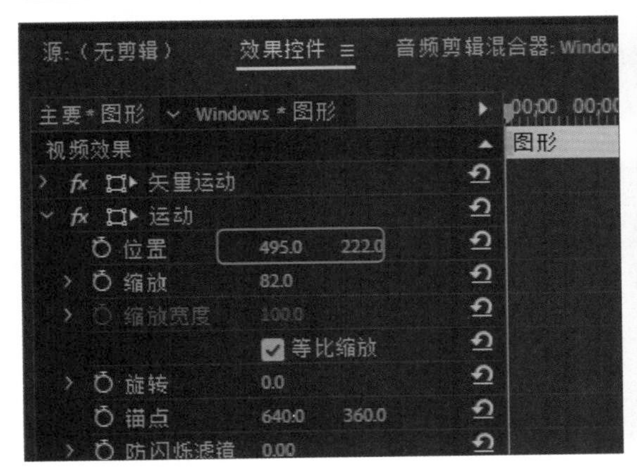

10.2 创建矩形快闪动画

在制作Windows开机动画时，主要体现在矩形的快闪动画上，本案例是通过设置4个矩形的运动和填充颜色的变化来创建动画的。

10.2.1 制作矩形运动动画

首先制作出矩形在画面不断移动的动画效果，在制作过程中主要设置各矩形的位置和不透视明度等参数，下面介绍具体操作方法。

步骤 01 选择V1至V4轨道的素材，在菜单栏中执行“剪辑>速度/持续时间”命令，在弹出的“剪辑速度/持续时间”对话框中设置“持续时间”为 00;00;06;00，单击“确定”按钮，如下左图所示。

步骤 02 将时间帧移动到00;00;06;00处，将四个轨道上的素材全部选中，按Ctrl+C组合键复制素材，按Ctrl+V组合键进行粘贴，将时间帧移到轨道起点，把粘贴出来的素材V1拖放到V5轨道上并与时间帧对齐，如下右图所示。

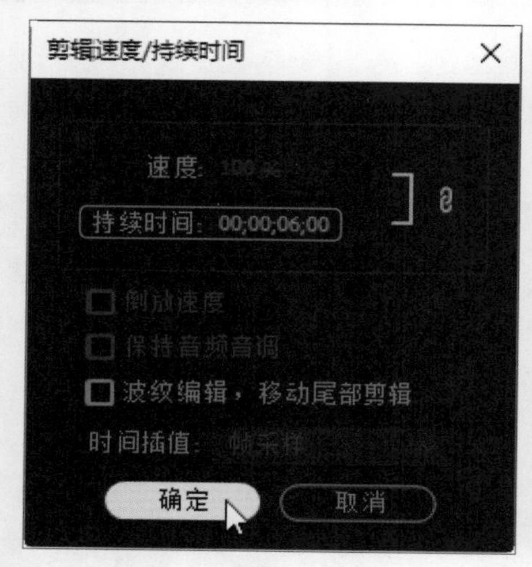

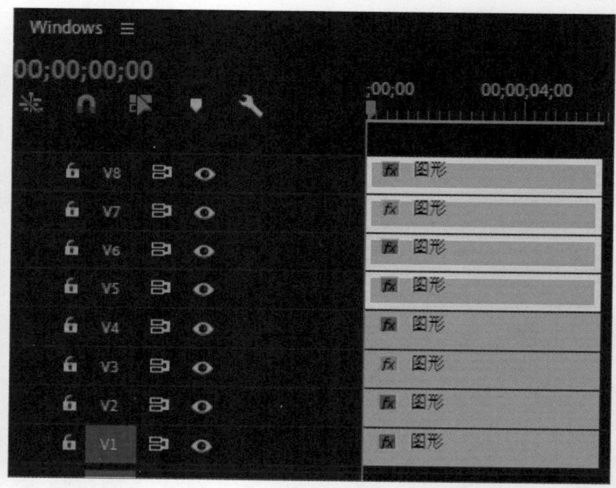

步骤 03 选择V5轨道上的素材，在“效果控件”面板中将时间帧定位在起始位置，单击运动位置左侧“切换动画”按钮添加关键帧，设置“位置”参数为-283.0、222，如下左图所示。

步骤 04 将时间帧移至00;00;00;15处并添加位置关键帧，设置“位置”参数为495.0、222.0❶、“不透明度”为45%❷，如下右图所示。

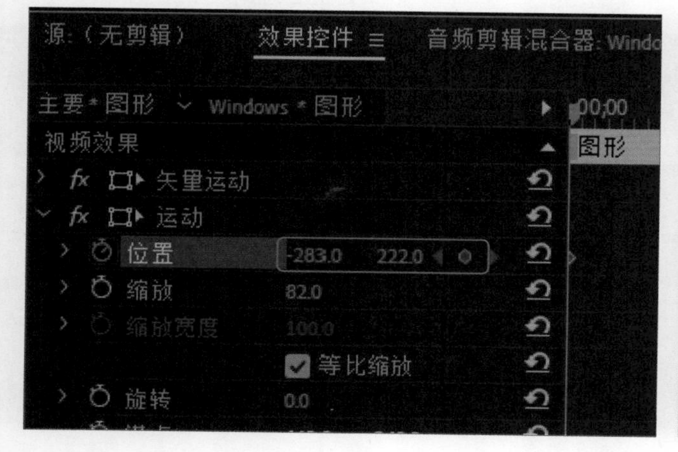

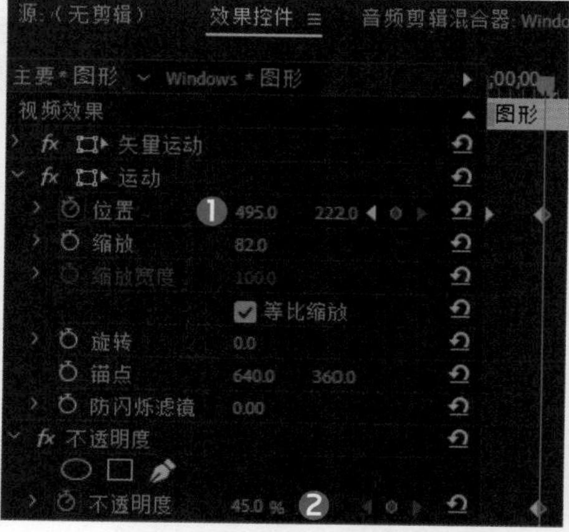

步骤 05 将时间帧移动到00;00;00;05处，选择V8轨道上素材，添加位置关键帧并设置“位置”参数为-355.0、360.0，如下左图所示。

步骤 06 移动时间帧到00;00;00;20处，设置“位置”参数为640、360❶，设置“不透明度”参数为45%❷，如下右图所示。

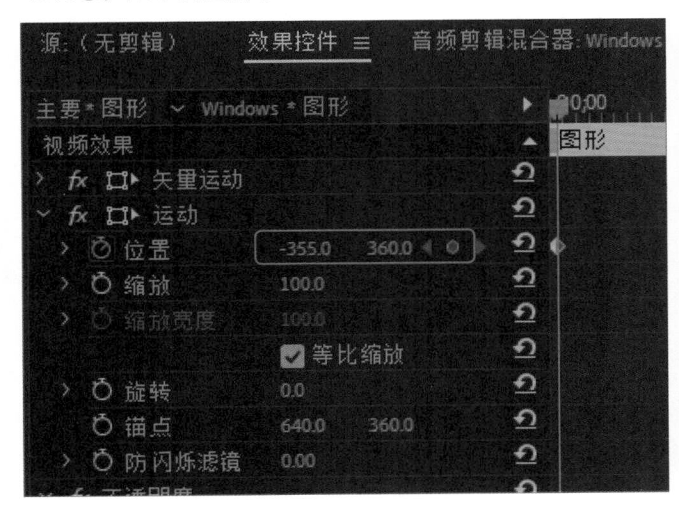

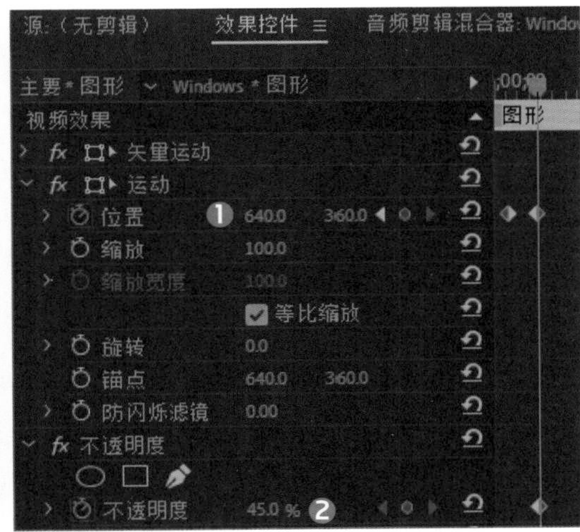

步骤 07 选择V6轨道上的素材，移动时间帧到00;00;00;07的位置，在“效果控件”面板中添加运动位置的关键帧，设置参数为495.0、377.0，如下左图所示。

步骤 08 移动时间帧至00;00;00;22处，设置“位置”参数为-277.0、377.0❶，设置“不透明度”参数为45%❷，如下右图所示。

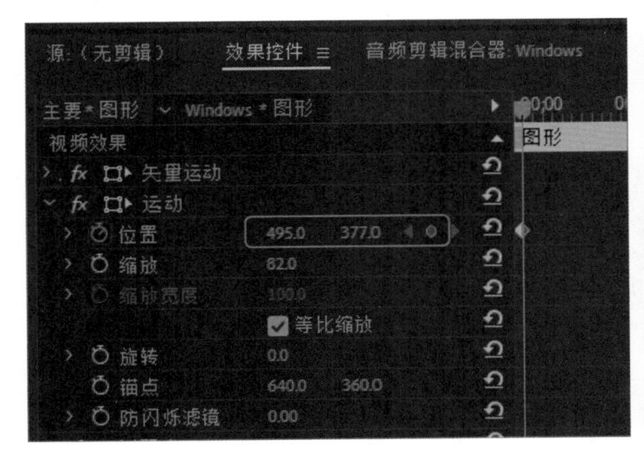

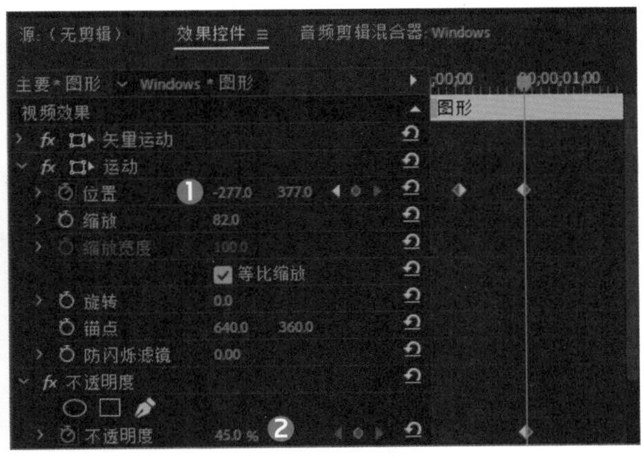

步骤 09 移到时间帧到00;00;00;05的位置，选择V7轨道上的素材，在“效果控件”面板中添加运动位置的关键帧，设置参数为-342.0、170.0，如右图所示。

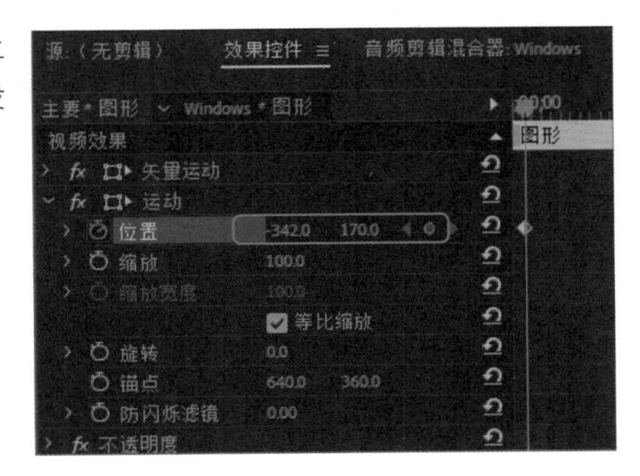

步骤10 移动时间帧至00;00;00;20处，设置“位置”参数为640.0、170.0❶，设置“不透明度”参数为45%❷，如右图所示。

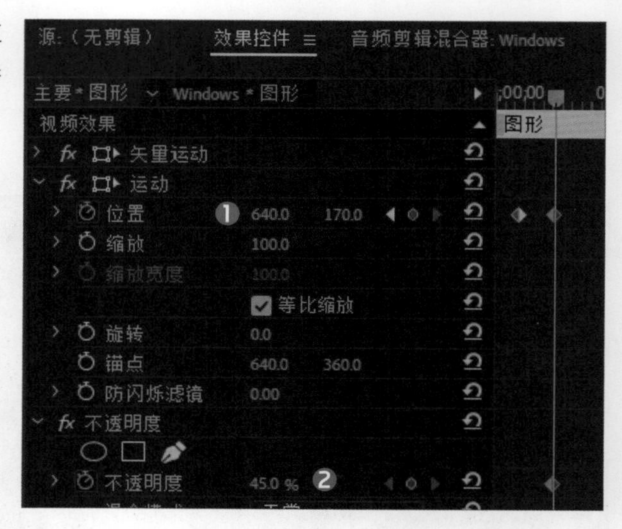

10.2.2 制作矩形闪烁动画

接着制作4个矩形不停闪烁的动画，设置矩形的填充颜色为白，并放置在轨道上的不同位置，下面介绍具体操作方法。

步骤01 移动时间帧至00;00;00;25处，选择工具栏中的剃刀工具，靠时间帧处将V8至V5轨道的素材一一剪断。将光标移至节目窗口并滚动鼠标中轮，使时间帧向后移动2帧，再将V8至V5轨道上的素材一一剪断。并将时间帧后面的V8至V5轨道上的素材删除，如下左图所示。

步骤02 移动时间帧到00;00;00;27处，选中V8轨道上的素材，在“效果控件”面板中设置形状填充为白色。同样的方法把V7至V5轨道上的素材均填充为白色，如下右图所示。

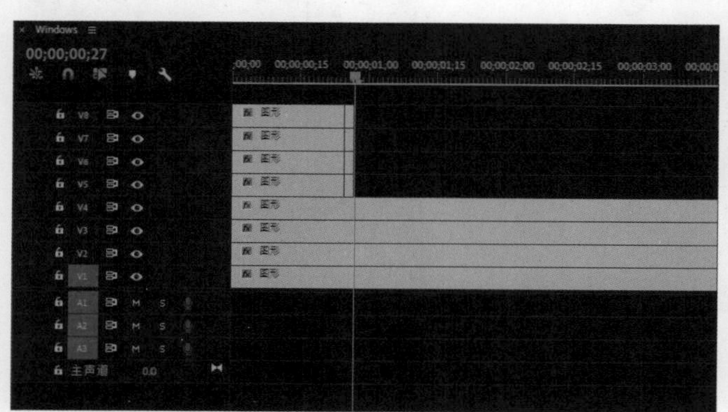

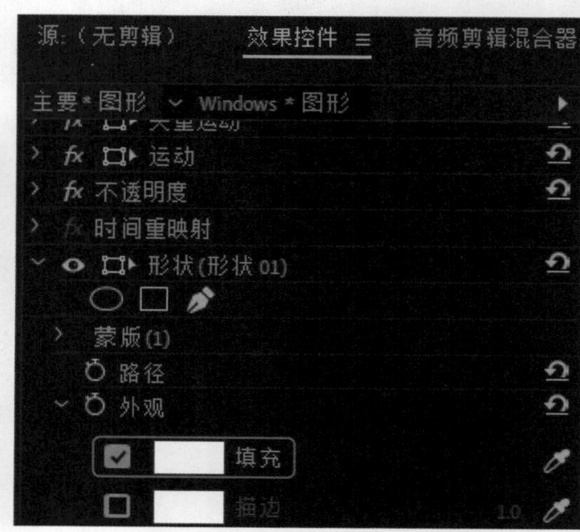

步骤03 将时间帧移至00;00;00;27处，拖动时间帧前面剪断的V7轨道上的素材与时间帧对齐。将时间帧移到00;00;00;29处，将V5轨道剪断的素材与时间帧对齐。移动时间帧到00;00;01;03处，将V6轨道时间帧前的素材拖至与时间帧对齐，如下左图所示。

步骤04 选中V5轨道上的素材并进入“效果控件”面板，将运动“位置”参数设为495.0、377.0，如下右图所示。

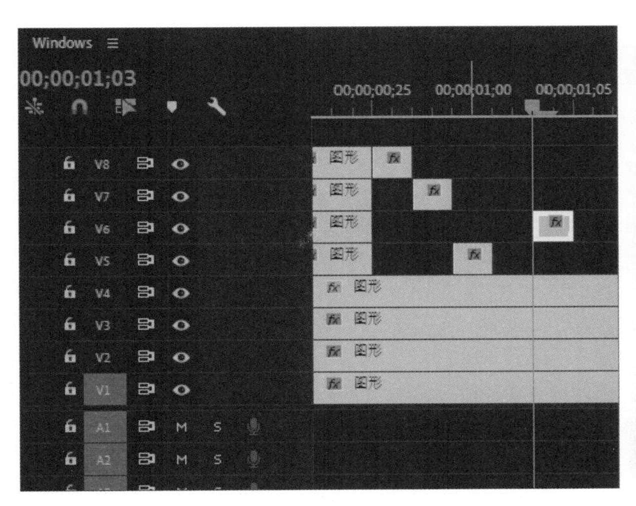

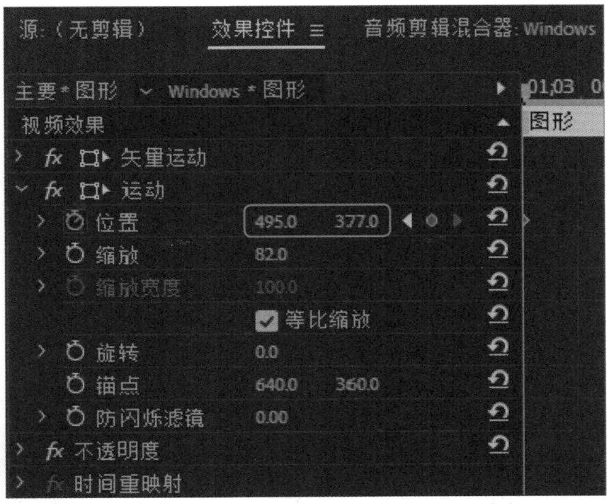

步骤 05 将00;00;00;25到00;00;01;05之间V5至V8轨道上的素材选中，按Ctrl+C组合键进行复制，时间帧移到00;00;06;00处，按Ctrl+V组合键粘贴两次，将粘贴出来两组素材，把粘贴到V2轨上的素材拖放到00;00;01;07与00;00;01;11处，如右图所示。

步骤 06 将时间帧移到00;00;01;15处，把粘贴出来的素材拖至与时间帧对齐。时间帧移动到00;00;01;23，将另一组粘贴出来的素材拖放与时间帧对齐。对V5至V8轨上的素材进行复制，时间帧移到00;00;06;00处粘贴，如下右图所示。

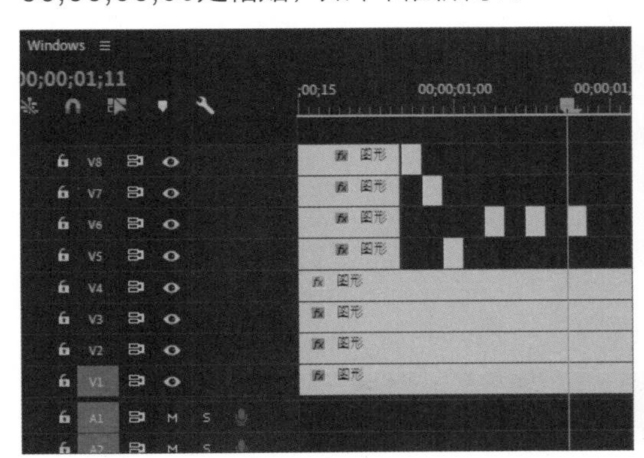

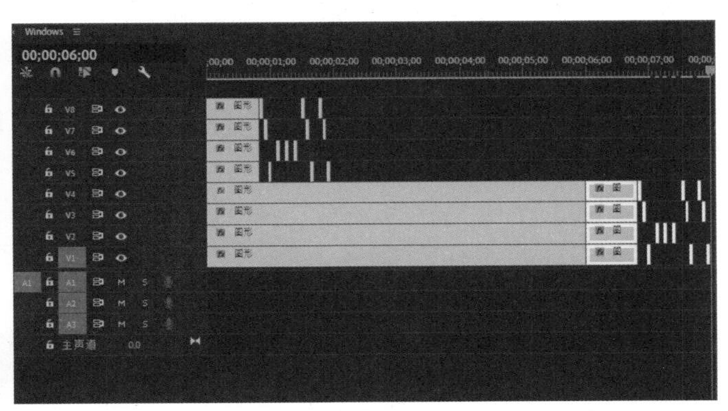

步骤 07 将时间帧移到00;00;02;01处，把粘贴出来的素材拖放至与时间帧对齐，如下左图所示。

步骤 08 复制00;00;02;26与00;00;03;06之间V5至V8轨道上的素材，时间帧移到00;00;06;00处时连续粘贴出六组，时间帧移动00;00;04;00处，并将粘贴出来的6组素材与时间帧对齐，如下右图所示。

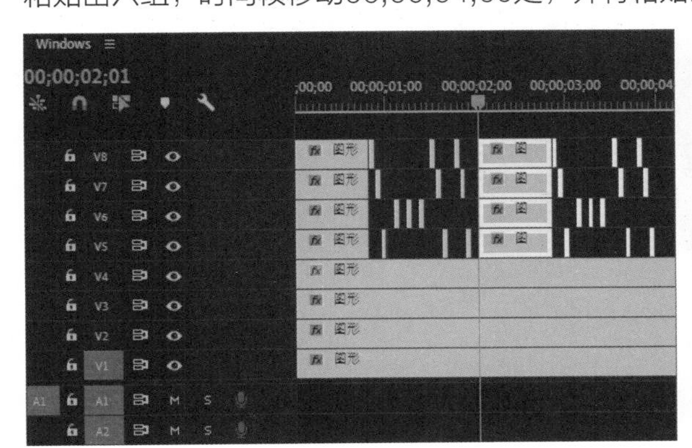

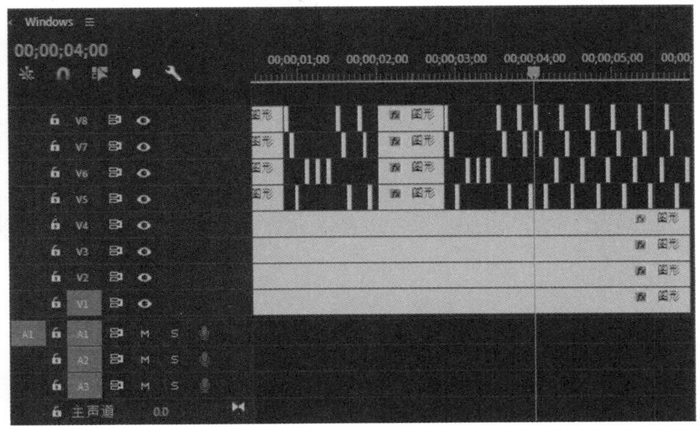

10.3 制作文本动画

在Windows开机动画中，文本动画的制作也很关键，体现出各种动感。本案例中主要设置文本各种进入界面的动画效果。

步骤 01 调整视频轨道工作区域并单击“切换轨道输出”按钮，将V1至V8视频轨道上的素材隐藏。把时间帧移至00;00;02;26处，在工具栏上选择文字工具，在菜单栏上选择“图形>新建图层>文本”命令，在节目窗口中显示一个新建文本图层，如下左图所示。

步骤 02 删除文本框中的文字并输入大写的W字母，在“效果控件”面板中调节文本（W）下变换位置参数为150、500，如下右图所示。

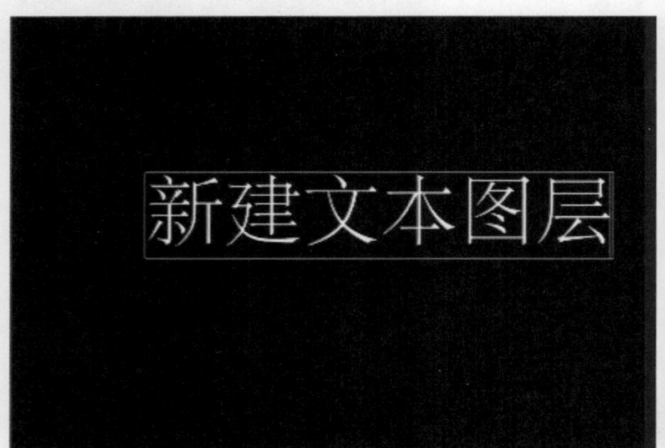

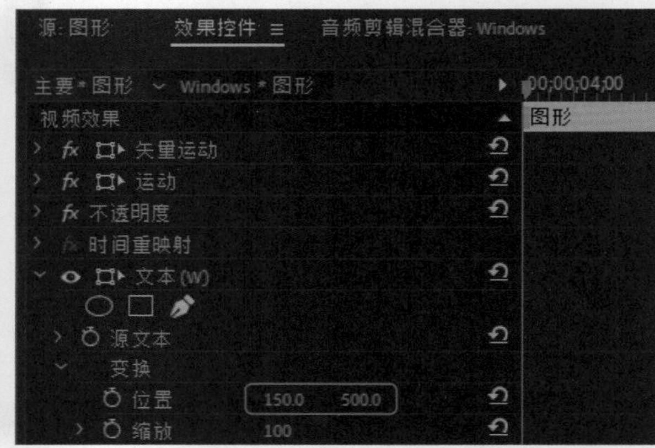

步骤 03 根据相同的方法，执行“图形>新建>文本”命令，把i字母输入到节目窗口中，并在“效果控件”面板中设置变换“位置”参数为250、500，如下左图所示。

步骤 04 根据相同的方法将n、d、o、w、s字母一一添加到节目窗口中，并在“效果控件”面板中设置变换位置参数分别为：n位置参数为275.0、500.0；d位置参数为330.0、500.0；o位置参数为380.0、500.0； w位置参数为430.0、500.0；s位置参数为430.0、500.0，设置完成后效果如下右图所示。

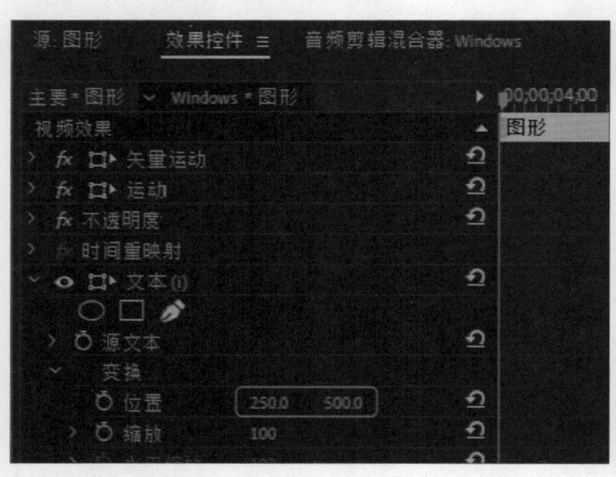

步骤 05 选中V9轨道上的w文本素材，在“效果控件”面板中取消勾选“等比缩放”复选框❶，添加“缩放宽度”关键帧并设置参数为0❷、设置不透明度参数为30%❸，如下左图所示。

步骤 06 将时间帧移到00;00;03;20处，设置缩放宽度参数为100❶、不透明度参数为100%❷，如下右图所示。

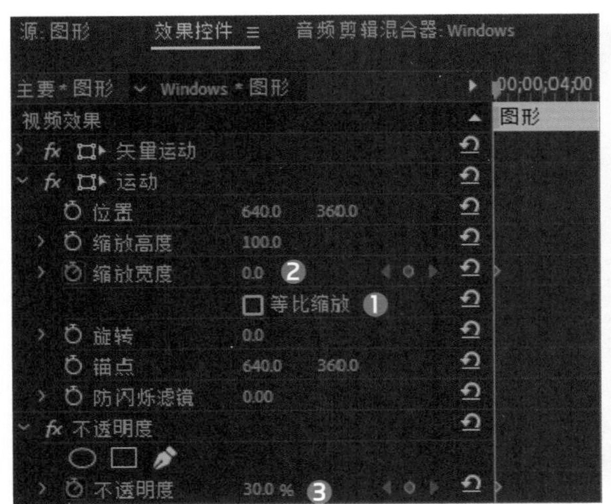

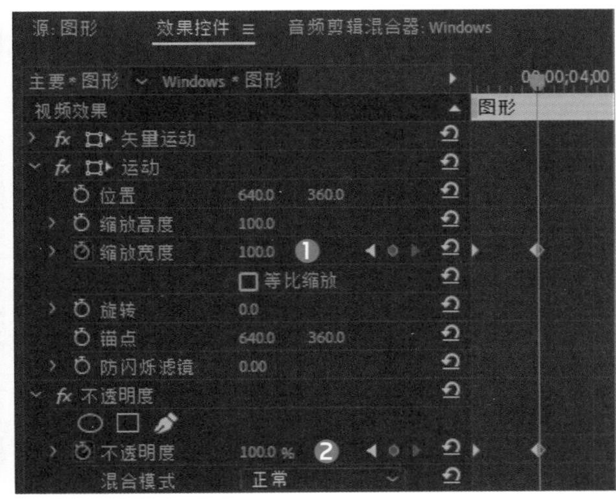

步骤 07 时间帧移至00;00;03;04处，选中V10轨道上的i，在“效果控件”面板中设置“锚点”参数261.0、471.2❶，设置“位置”参数为775.2、383.6❷、“旋转”参数为2x103.0❸、“不透明度”为0%❹，如下左图所示。

步骤 08 将时间帧移至00;00;04;00处，设置“位置”参数为261.0、471.2❶、“旋转”参数为0❷、“不透明度为100%❸，如下右图所示。

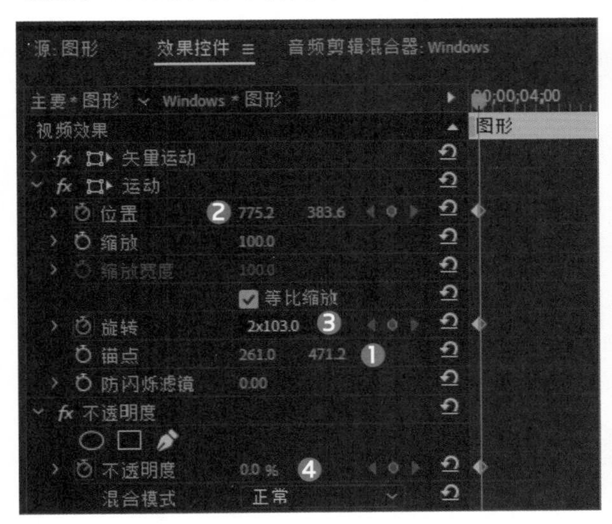

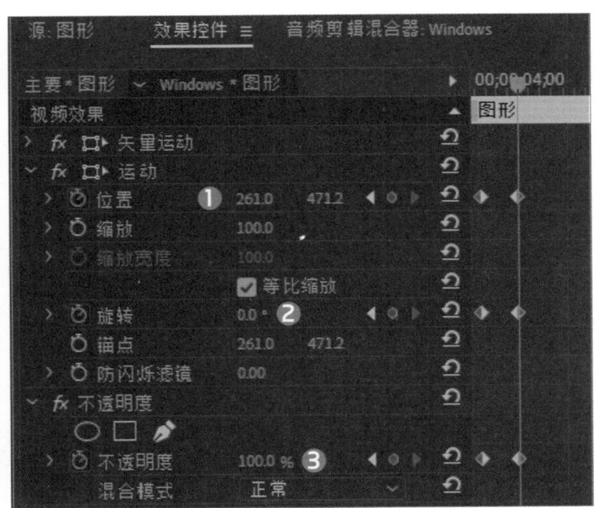

步骤 09 选中V11轨道上的文本素材n，将时间帧移到00;00;03;10处，将“锚点”参数设为301.0、481.9❶，设置“旋转”参数为0❷，如右图所示。

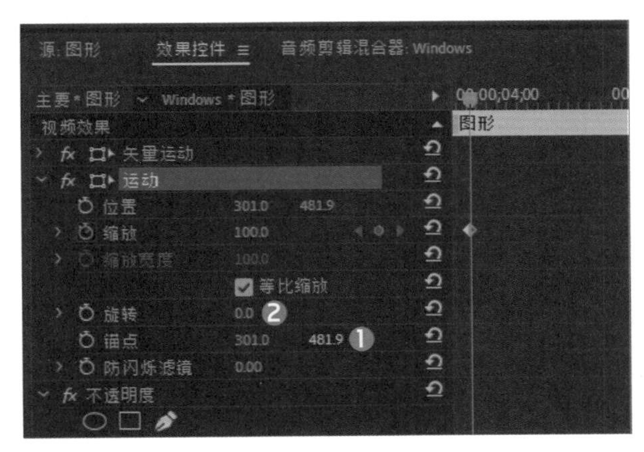

步骤 10 将时间帧移到00;00;03;15处，设置“缩放”参数为120，如右图所示。

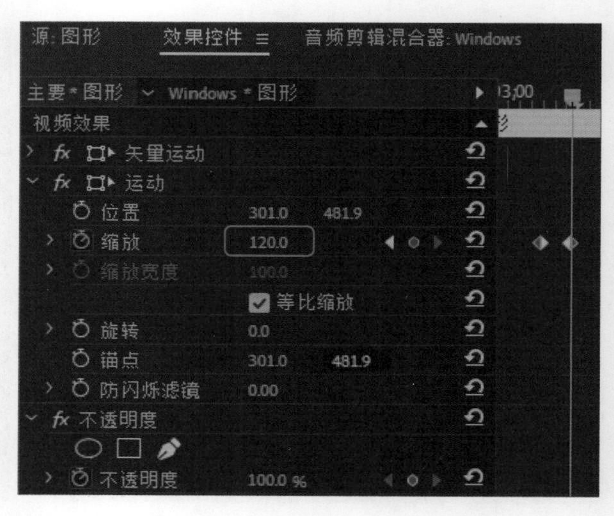

步骤 11 将时间帧移到00;00;03;18处，设置“缩放”参数为46.0，如下左图所示。

步骤 12 将时间帧移到00;00;03;21处，设置“缩放”参数为100，如下右图所示。

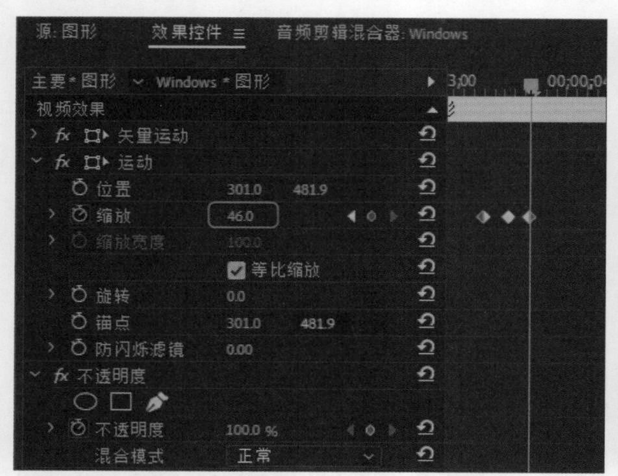

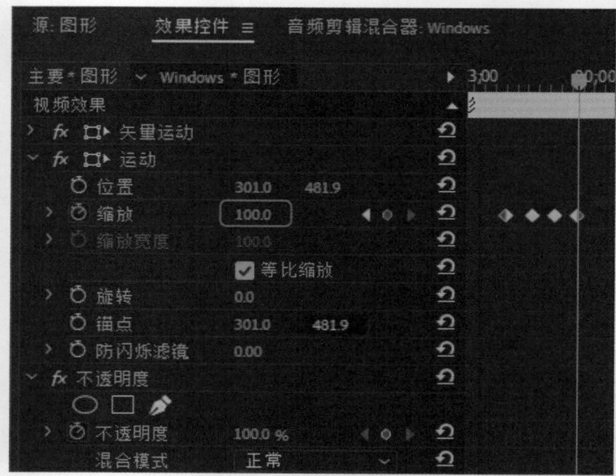

步骤 13 选中V12轨道上的文本素材d，将时间帧移到00;00;03;15处，在“效果控件”面板中设置“锚点”参数为356.2、481.9❶，取消勾选“等比缩放”复选框❷，设置“缩放宽度”参数为0❸，如下左图所示。

步骤 14 时间帧移至到00;00;04;12处，将“缩放宽度”参数设为100，如下右图所示。

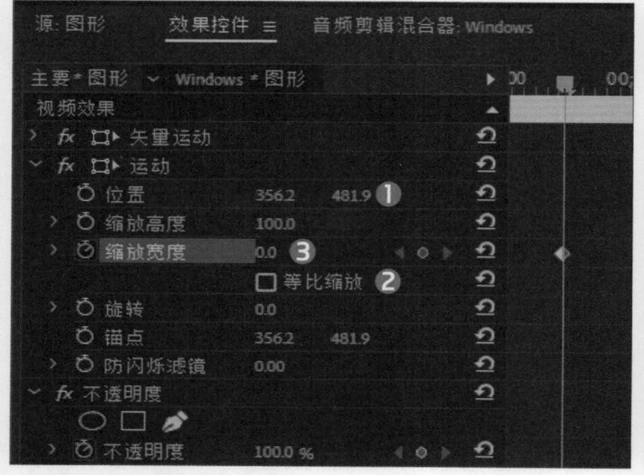

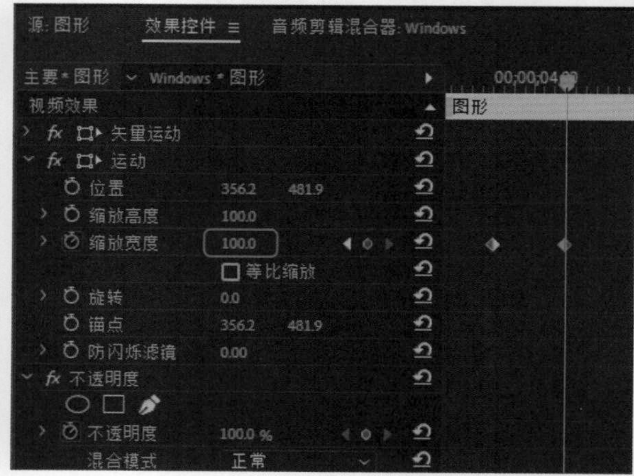

步骤 15 将时间帧移至到00;00;03;18处，选中V3轨道上的文本素材o，在“效果控件”面板中取消勾选“等比缩放”复选框❶，设置“缩放宽度”参数为0❷、“不透明度”为30%❸，如下左图所示。

步骤 16 将时间帧移至00;00;04;10处，设置“缩放宽度”参数为100❶、“不透明度”为100%❷，如下右图所示。

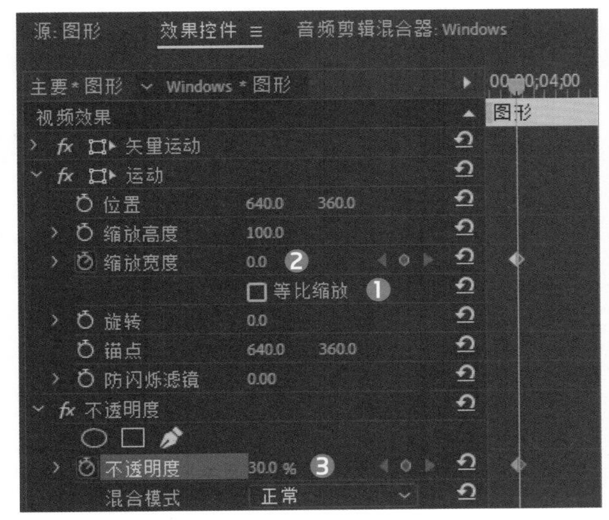

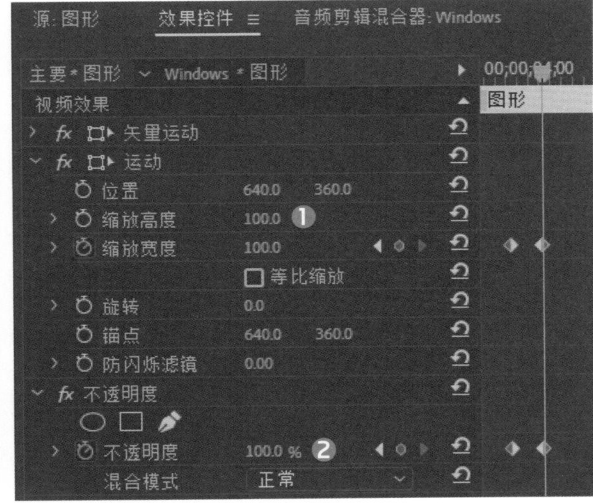

步骤 17 移动时间帧至00;00;03;29处，选中V14轨上的文本素材w，在“效果控件”面板中的“缩放”参数设为0❶、“旋转”参数为1x84.0❷、“不透明度”为33%❸，如右图所示。

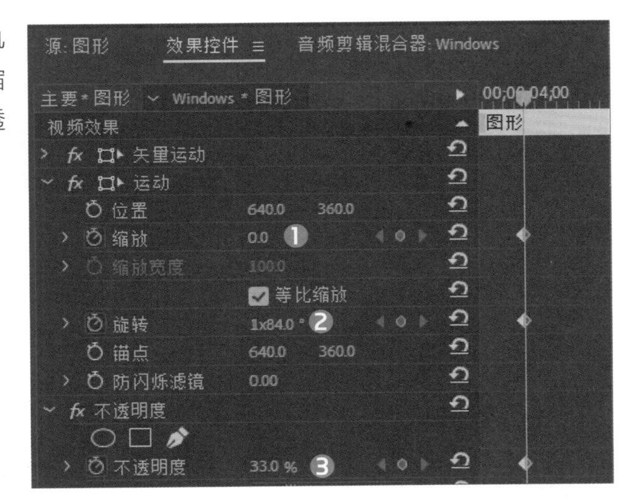

步骤 18 将时间帧移到00;00;04;20处，设置“缩放”参数为100❶、“旋转”参数为0❷、“不透明度”为100%❸，如右图所示。

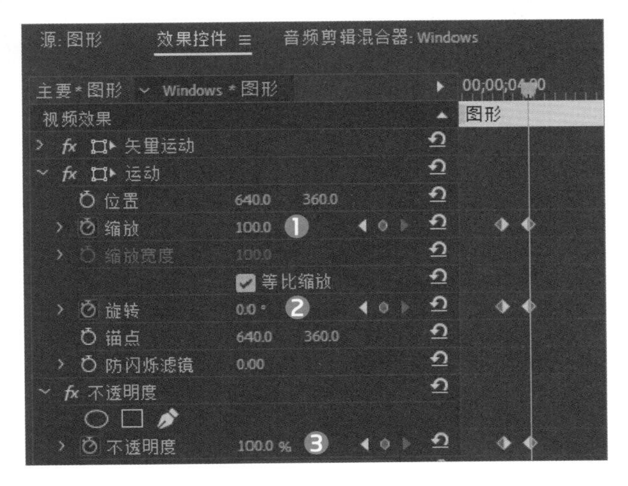

步骤 19 将时间帧移至00;00;04;09处，选中V15轨道上的文本素材s，在“效果控件”面板中取消勾选“等比缩放”复选框❶，设置“缩放高度”为377.0❷、“不透明度”为43.0%❸，如下左图所示。

步骤 20 将时间帧移动到00;00;04;29处，设置“缩放高度”为100❶、“不透明度”为100%❷，如下右图所示。

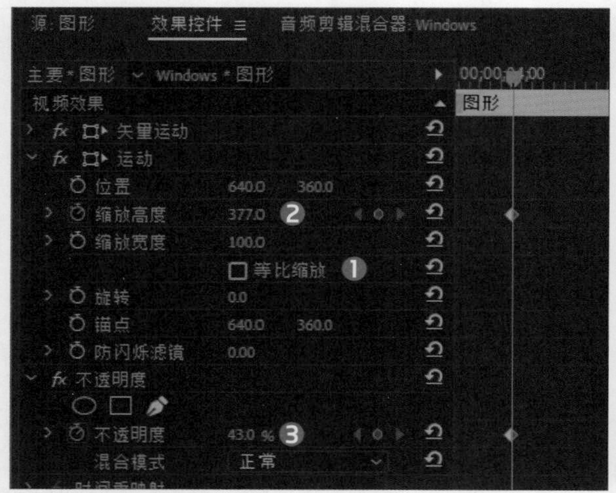

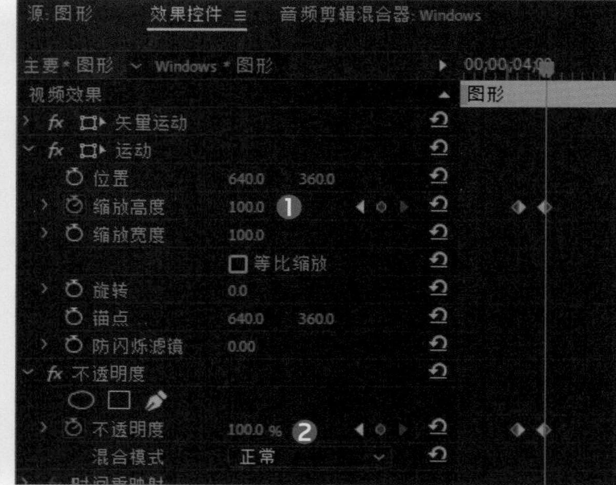

步骤 21 将时间帧移至00;00;03;27处，拖动V9到V15轨道上的素材与时间帧对齐，如下左图所示。

步骤 22 选择V1至V4轨道上的素材，在菜单栏中选择“剪辑>速度/持续时间”命令，在弹出“剪辑速度/持续时间”对话框中将“持续时间”改成00;00;07;00❶，单击“确定”按钮❷，如下右图所示。

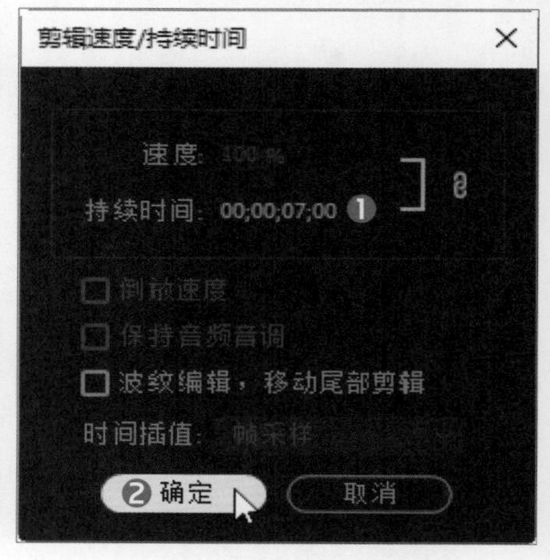

10.4 创建开机动画的背景

本视频动画的背景是黑色的，为和Windows动画中蓝色相对应，还需要设置背景颜色，下面介绍具体操作方法。

步骤 01 将时间帧移至00;00;07;00处，使用剃刀工具沿着时间帧位置剪断，并将时间帧后的素材删除，效果如下左图所示。

步骤 02 执行菜单栏中的“图形>新建图层>矩形”命令，在“效果控件”面板中设置形状的“锚点”参数为148.3、102.3❶、“缩放”参数为447❷，如下右图所示。

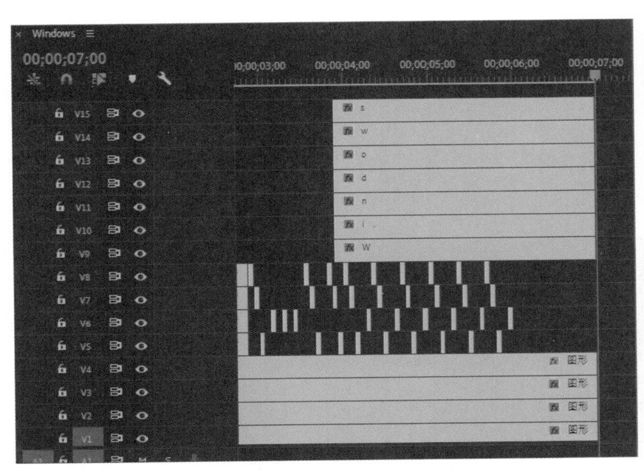

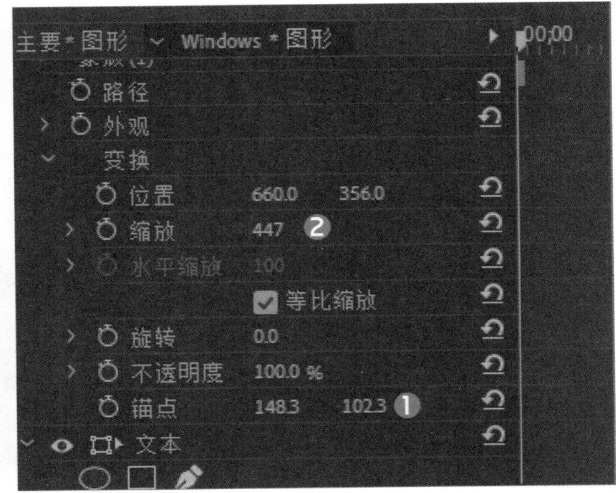

步骤 03 再次执行菜单栏中的“图形>新建图层>矩形”命令，在“效果控件”面板中单击填充色块▭，在弹出的“拾色器”对话框中设置R、G、B的颜色分别为R5、G137、B249，如下左图所示。

步骤 04 设置“锚点”参数为146.2、104.3，设置“位置”参数为669.2、366.4，设置“缩放”参数为477。再创建4点多边形蒙板，调整蒙板的四个点调整形状大小，设置“蒙板羽化”为268.0，效果如下右图所示。

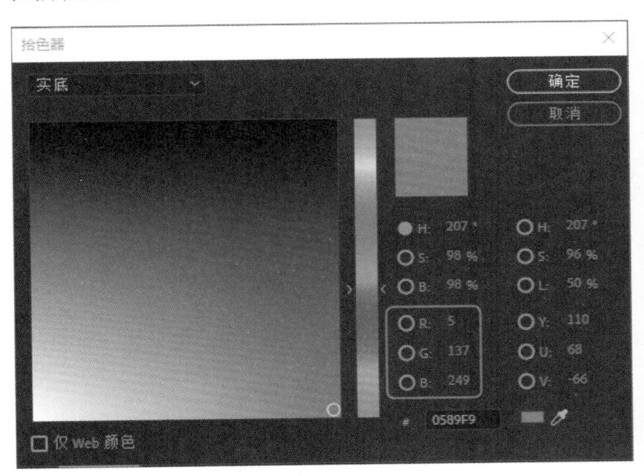

步骤 05 按Ctrl+A组合键执行全选操作，按住V1轨道的素材向上拖两个轨，将时间帧后面V3和V4也选择，并拖到V3轨道下，如下图所示。

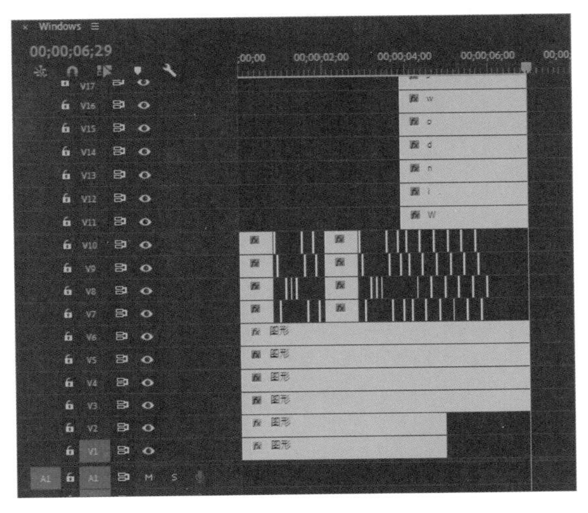

步骤 06 按Ctrl+R组合键，在弹出的“剪辑速度/持续时间”对话框中设置“持续时间”为00;00;07;00❶，单击“确定”按钮❷，如下左图所示。

步骤 07 将素材文件“Windows95系统开机音效.wav”导入“项目”面板中，并拖入A1轨上，选择音频素材，按Ctrl+R组合键，在弹出的对话框框中设置速度为87，再单击“确定”按钮，对应的“效果控件”面板如下右图所示。

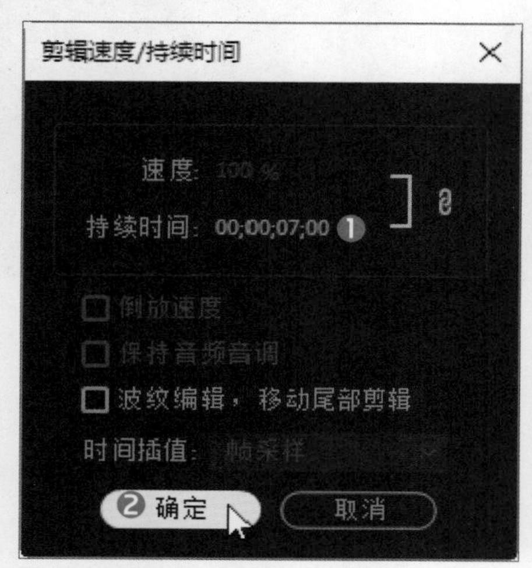

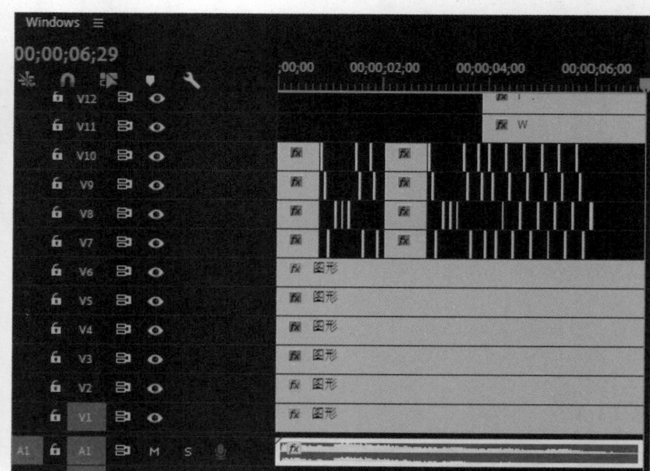

步骤 08 至此，Windows开机动画制作完成，按空格键预览动画效果，满意后将动画导出即可。当时间帧定位在00;00;06;00处时，效果如下图所示。

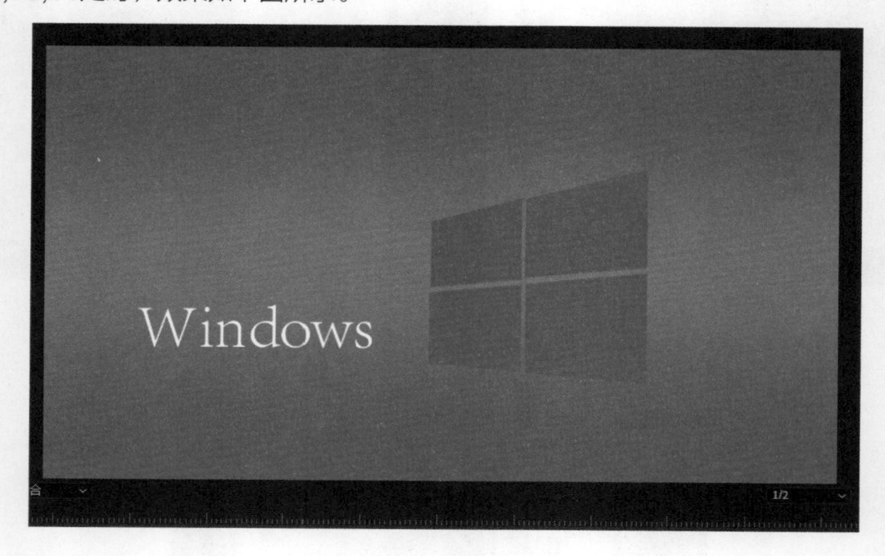

Chapter 11 制作宣传动画效果

本章概述

随着电脑和网络的普及，各种各样的游戏、电影等宣传动画也应运而生。宣传动画主要作用是让观众快速了解该游戏或电影的主要内容，从而吸引观众去玩或观看。本章将介绍《来战吧》宣传动画的制作过程，希望用户根据其操作过程学会制作更精彩的动画。

核心知识点

❶ 掌握各种形状动画的制作
❷ 掌握文字动画的制作
❸ 掌握视频效果的应用
❹ 掌握音频效果的制作

11.1 制作开场动画

本节将制作《来战吧》的开场动画，主要是通过设置C形状的运动来制作的，同时添加枪洞效果突出动画主题。

11.1.1 制作背景动画

首先制作基础的背景动画，将C口形状放在不同的轨道上并在“效果控件”面板中为不同形状设置旋转参数，下面介绍具体操作方法。

步骤 01 在没有启动Premiere CC软件之前，先将所需字体装入Windows文件夹下的Fonts字体库中。启动Premiere CC软件，新建“来战吧”的项目❶，按Ctrl+N组合键新建一个序列，选择HDV >720p255选项❷，单击“确定”按钮，如下左图所示。

步骤 02 在菜单栏中执行“文件>导入”命令，在弹出的“导入”对话框中将“C口图.psd”导入“项目”面板。在弹出的对话框中设置“导入为”为“各个图层”❶，单击“确定”按钮❷，如下右图所示。

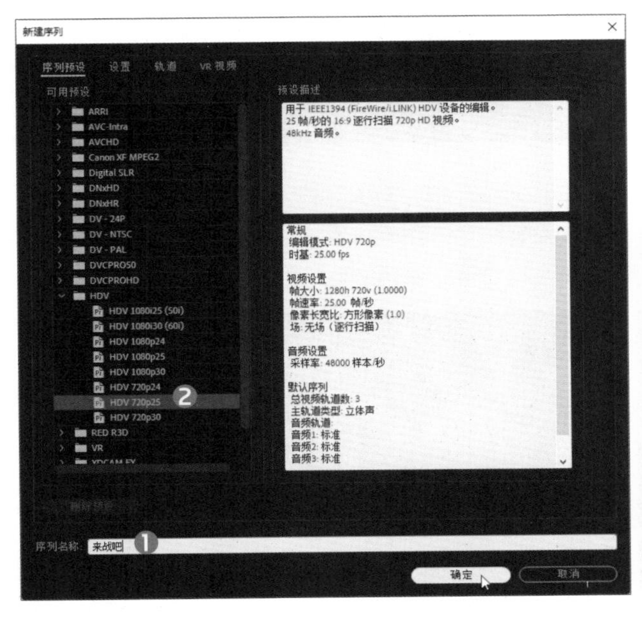

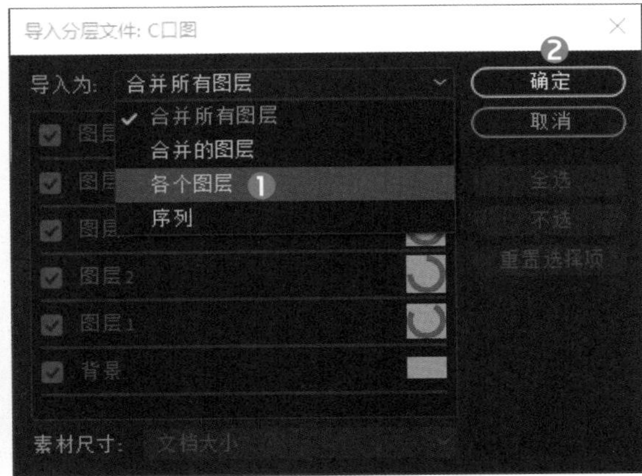

步骤 03 导入PSD分层文件，“项目”面板会自动形成一个文件夹，将文件夹中的素材按“背景”至“图层5”的顺序拖到视频轨道上，将V4、V5、V6轨道上的素材隐藏起来。选择V2轨上的素材，展开“效果控件”的“运动”区域，确定时间帧的起点上，将旋转的关键帧点下。移动时间帧到00:00:00:20处，将“旋转”参数设为1x86，如下左图所示。

步骤 04 把时间帧移到00:00:02:00处，“旋转”参数设置为3x161❶、“不透明度”参数设为80%❷，如下右图所示。

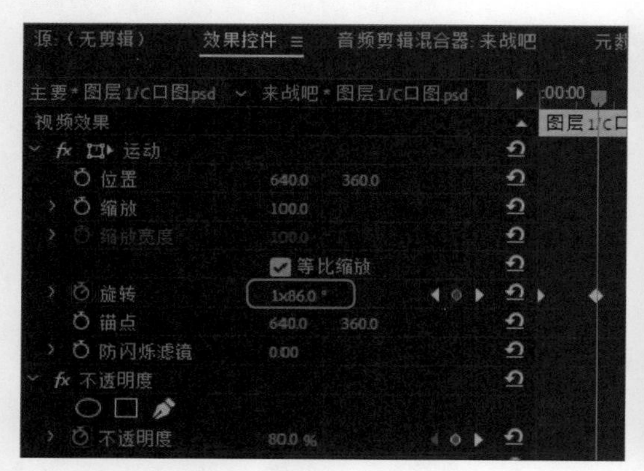

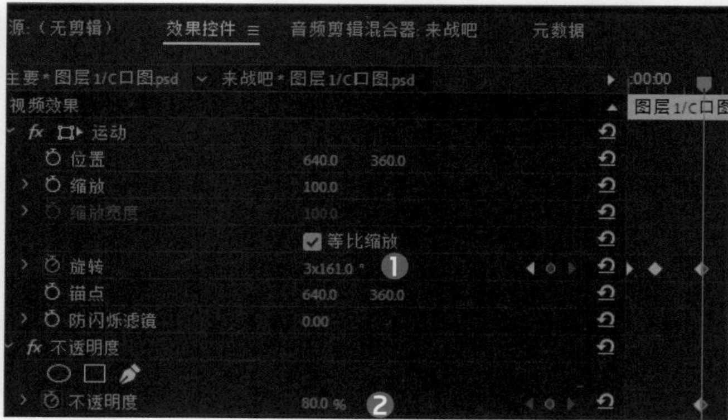

步骤 05 单击V3轨道上的“切换轨道输出”按钮，隐藏素材。把时间帧移动到起点，添加旋转关键帧❶，时间帧移至00:00:00:20处，设置“旋转”参数为-1x-30❷，如下左图所示。

步骤 06 时间帧移到00:00:02:00处，设置“旋转”参数为-5x-46.0❶、“不透明度”为50%❷，如下右图所示。

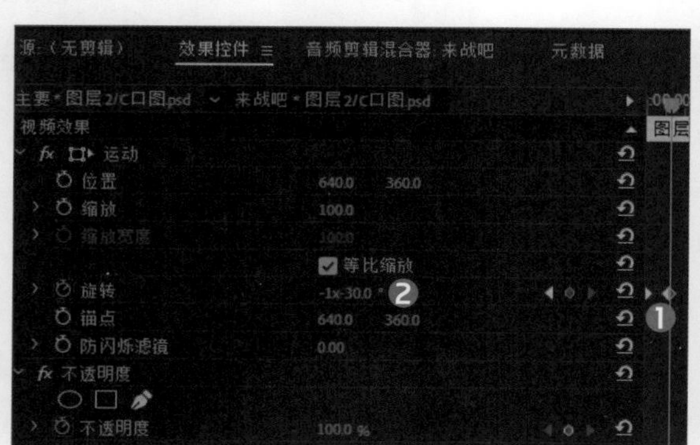

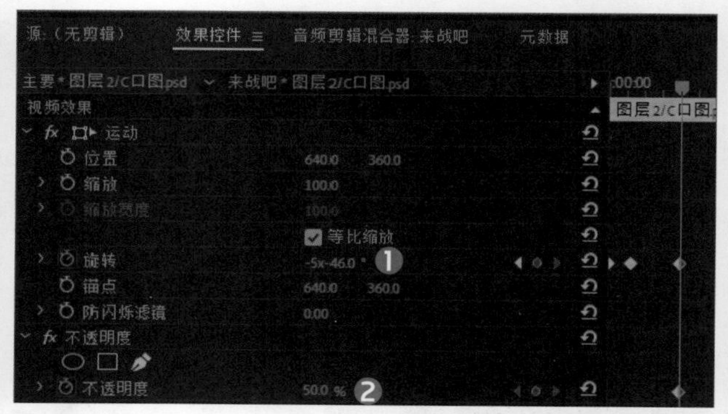

步骤 07 时间帧移到起点，选择V4轨道上素材，并将隐藏的文件开启。添加旋转关键帧，再将时间帧移至00:00:00:20处，设置“旋转”参数为1x60.0，如下左图所示。

步骤 08 时间帧移至00:00:02:00处，设置“旋转”参数为5x22.0❶、“不透明度”为65%❷，如下右图所示。

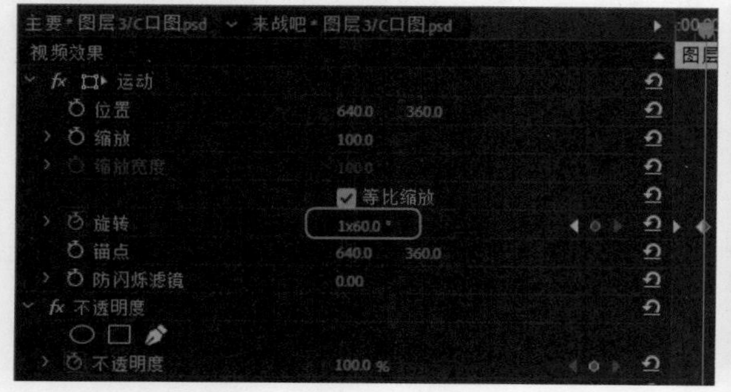

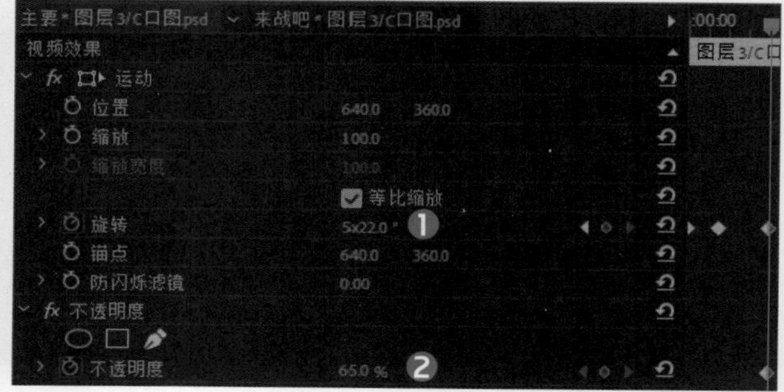

步骤 09 时间帧位置移到起点，显示V5轨道上的素材，在“效果控件”面板❶中设置“缩放”参数为160❷，如下左图所示。

步骤 10 添加旋转关键帧，并拖动关键帧到00:00:02:00处，设置“旋转”参数为-2x-123.0❶、“不透明度”参数为65%❷，如下右图所示。选择V1轨道上的素材，设置“缩放”参数为120。

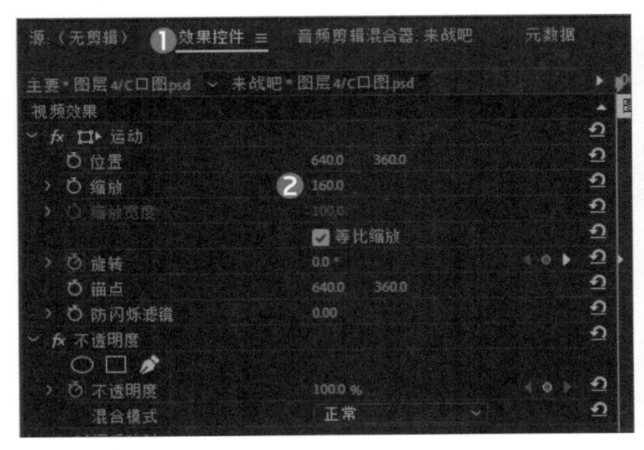

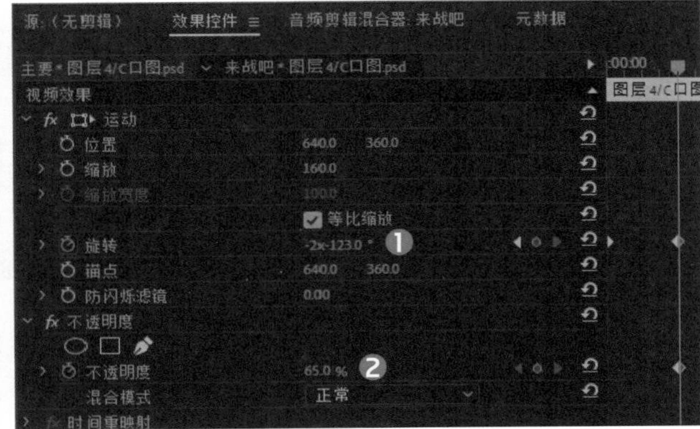

11.1.2 制作C口形状修饰动画

背景动画制作完成后，还需要添加其他修饰动画。即将C口形状复制并粘贴，将复制的形状进一步制作动画，使C口形状运动更丰富，具体操作方法如下。

步骤 01 时间帧移至00:00:02:00处，使用剃刀工具将V2轨道至V6轨道上的素材剪断。删除时间帧后的素材，选择V2至V5轨道上的素材，按Ctrl+C组合键进行复制，将时间帧移动至00:00:06:00处，再按Ctrl+V组合键进行粘贴，如下左图所示。

步骤 02 拖曳鼠标把复制出来的素材全部选中，将素材拖到V6轨道上方没有轨道的位置，并对齐素材。将光标移至V1与A1轨的中间，和时间编辑面板与节目监视窗口中间的黑线处上下拉动，调节工作区域，如下右图所示。

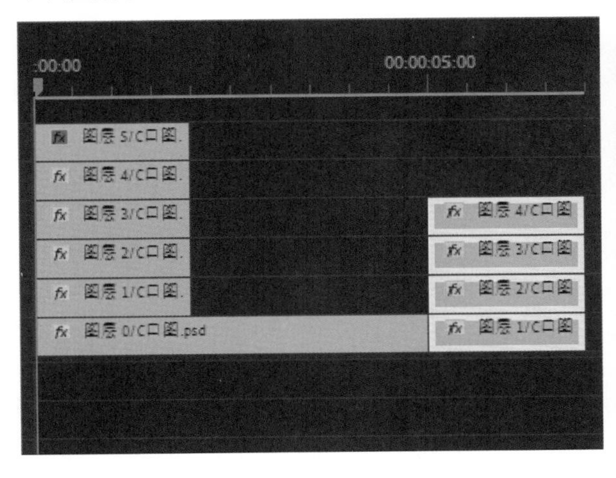

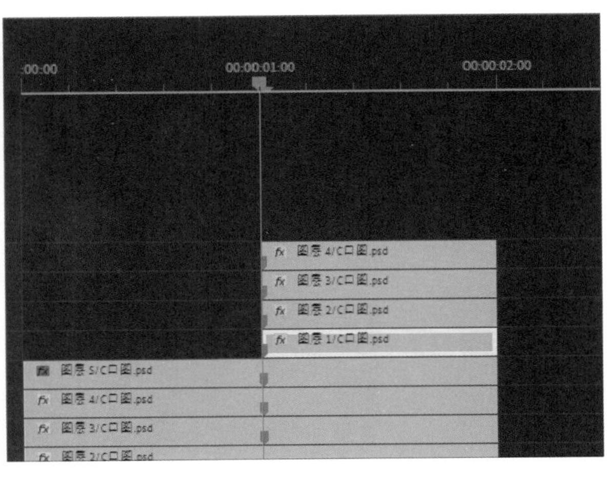

步骤 03 选择V7轨道上的素材，在“效果控件”面板中添加缩放关键帧，并设置“缩放”参数为0❶、“旋转”参数为80.0❷，如下左图所示。

步骤 04 移动时间帧到00:00:01:05处，添加相应的关键帧，然后设置“缩放”参数为260❶、“旋转”参数为1x38.2❷、“不透明度”参数为30%❸，如下右图所示。再使用剃刀工具在时间帧的位置将素材剪断，并删除时间帧后的素材。

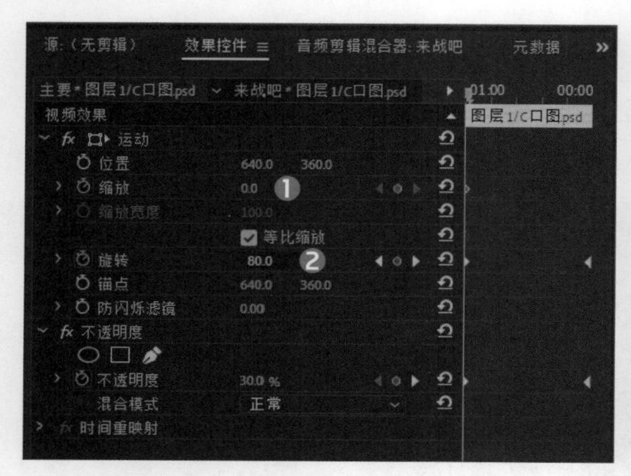

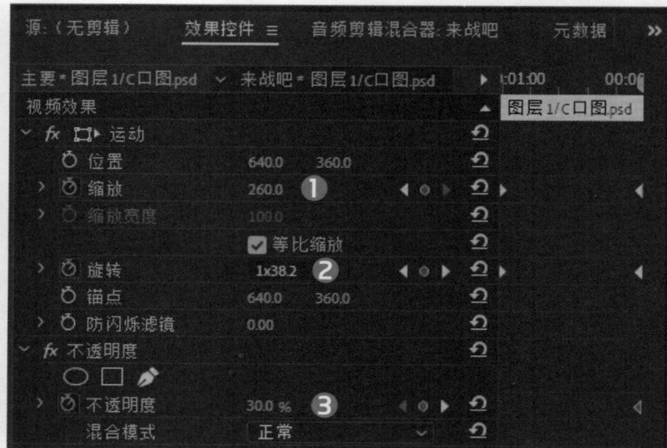

步骤 05 选择V8轨道上的素材，时间帧移到素材起点处，添加缩放关键帧并设置“缩放”参数为0❶、“旋转”参数为-151.0❷、“不透明度”为15%❸，如下左图所示。

步骤 06 时间帧移到00:00:01:07处，设置“缩放”参数为521❶、“旋转”参数为-1x-200❷、“不透明度”参数为15%❸，如下右图所示。在时间帧的位置将素材剪断，并删除时间帧后的素材。

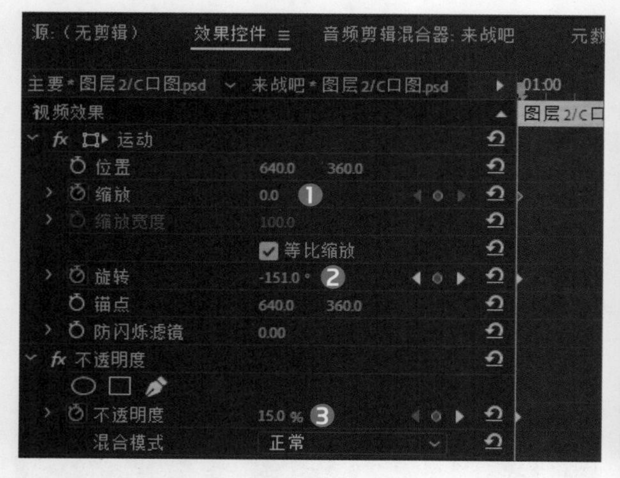

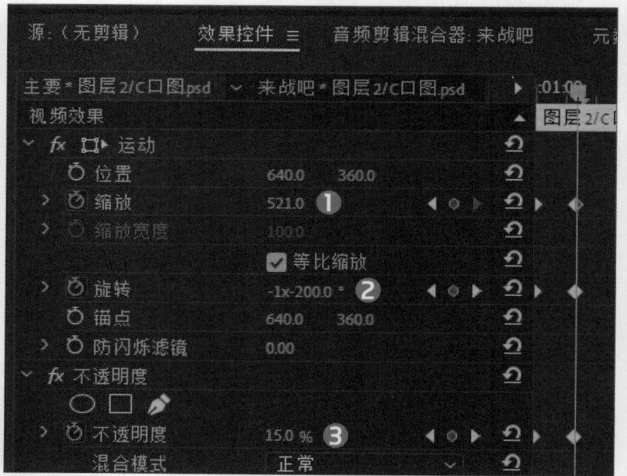

步骤 07 选择V9轨道上的素材，将时间帧移至起点，添加缩放关键帧，设置“缩放”参数设为0❶、“旋转”参数为90❷、“不透明度”为25%❸，如右图所示。

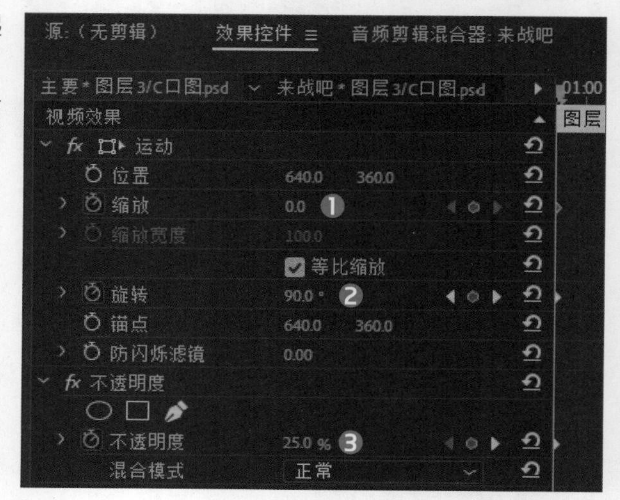

步骤 08 时间帧移至到00:00:01:09，设置“缩放”参数为627❶、“旋转”参数为1x122.5❷、“不透明度”为25%❸，如右图所示。在时间帧的位置使用剃刀工具将素材剪断，并删除时间帧后的素材。

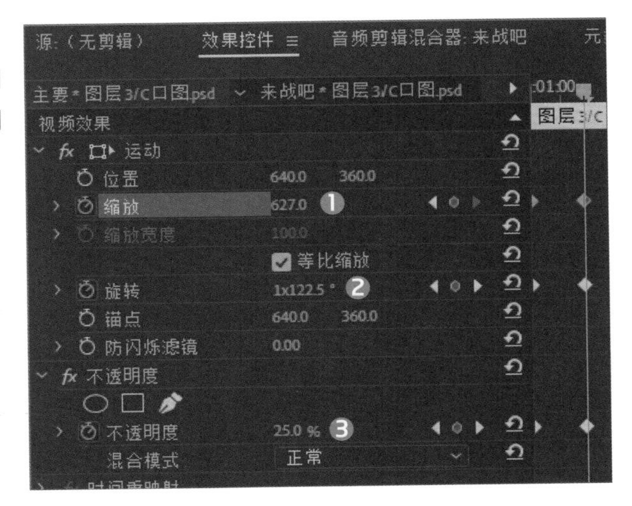

步骤 09 选择V10轨道上的素材，时间帧移至起点，设置“缩放”为0❶、“旋转”为62❷、“不透明度”为35%❸，如下左图所示。

步骤 10 时间帧移至00:00:01:11处，设置“缩放”参数为250❶、“旋转”为-1x-15.0❷、“不透明度”为35%❸，如下右图所示。在时间帧的位置使用剃刀工具将素材剪断，并删除时间帧后的素材。

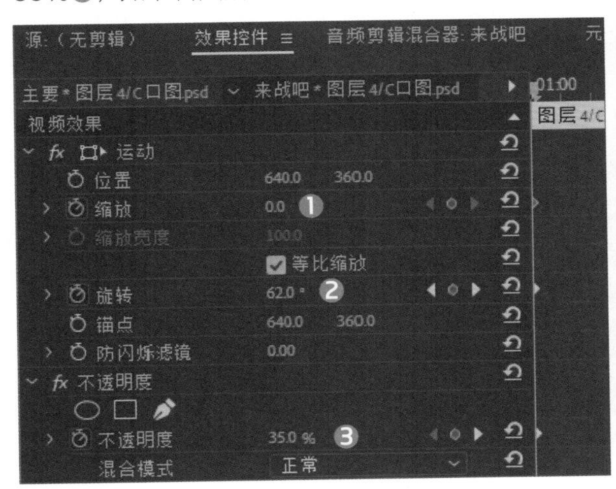

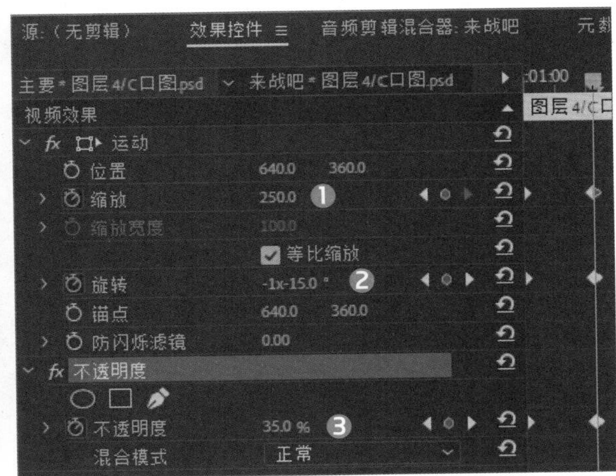

步骤 11 选择V10至V7轨道上的视频，移动时间帧到00:00:00:23处，将拖动选择的素材与时间帧对齐，如下左图所示。

步骤 12 保持V7至V10轨道上素材为选中状态，按Ctrl+C组合键进行复制，然后将时间帧移至00:00:06:00处，按Ctrl+V组合键进行粘贴，如下右图所示。

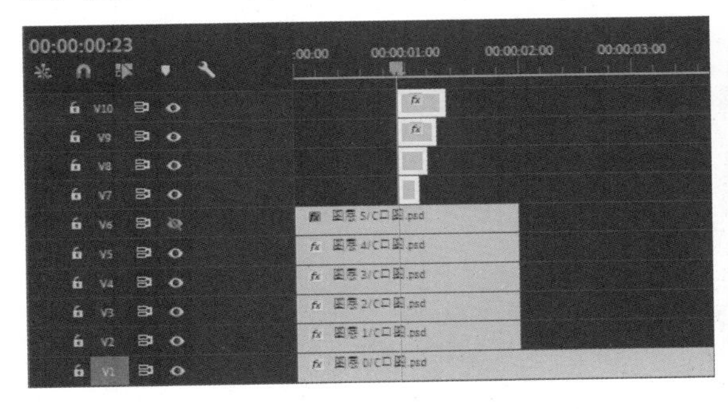

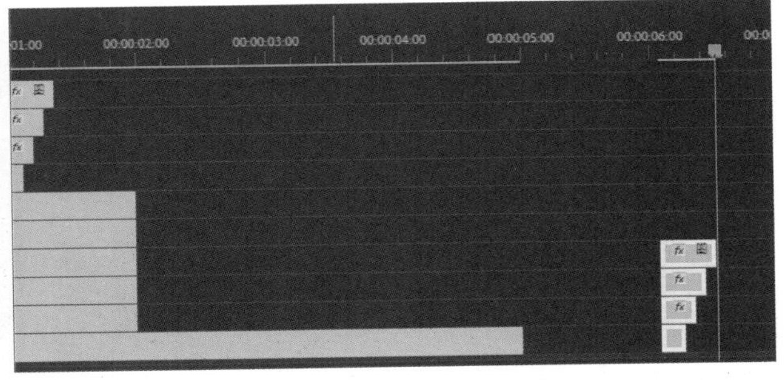

步骤 13 移动时间帧到00:00:00:08处，将复制出来的素材全选拖到时间帧的位置，如下左图所示。

步骤 14 时间帧移至00:00:06:00处，再执行复制、粘贴操作，移动时间帧到00:00:01:14处，将素材拖放到与时间帧对齐，如下右图所示。

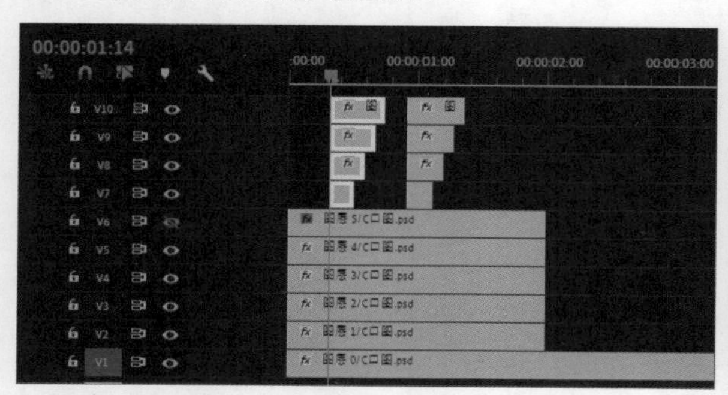

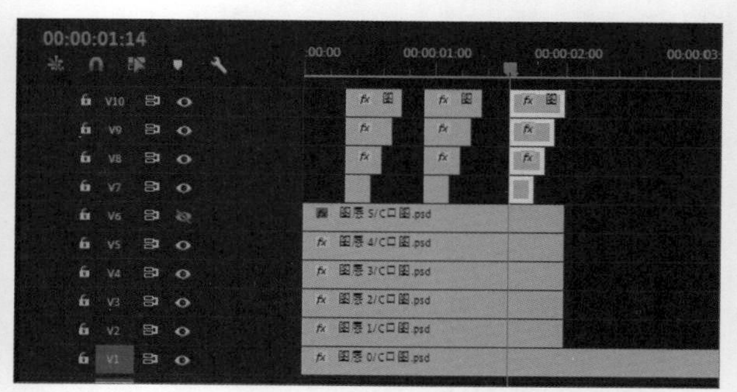

步骤 15 显示V6轨道上的素材，时间帧移到00:00:00:17处，先选择V6轨道上的素材，在“效果控件”面板中设置“缩放”参数为0，如下左图所示。

步骤 16 时间帧移动到00:00:00:23处，设置“缩放”参数为320.0，并在时间帧处使用剃刀工具将素材剪断，如下右图所示。

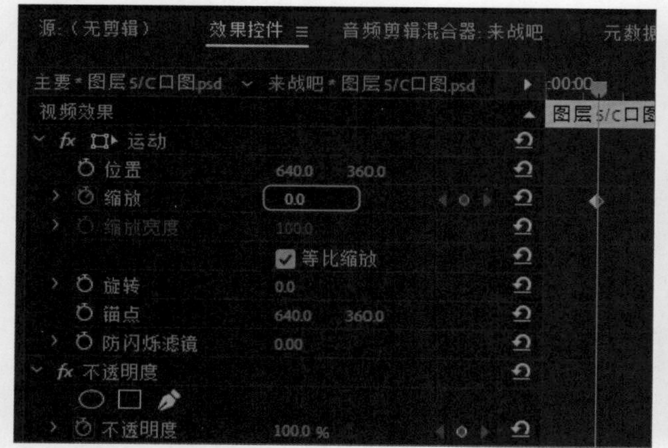

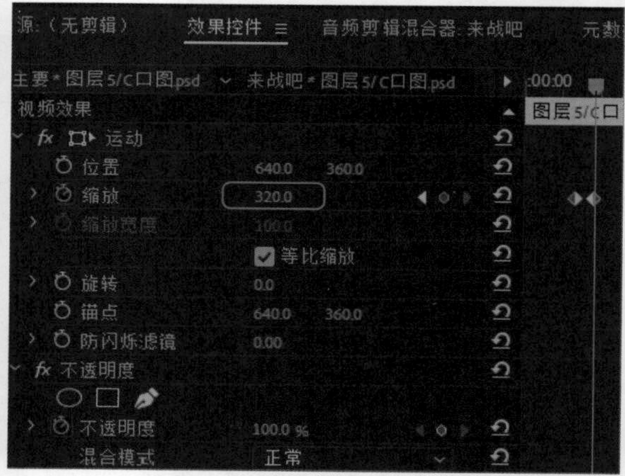

步骤 17 时间帧移到00:00:01:07处，将素材剪断并删除时间帧前的一段素材，选择时间帧处的素材，并将“缩放”参数设为320，如下左图所示。

步骤 18 将时间帧移到00:00:01:14处，设置“缩放”为20，如下右图所示。在时间帧位置将素材剪断，然后删除时间帧后面的素材。

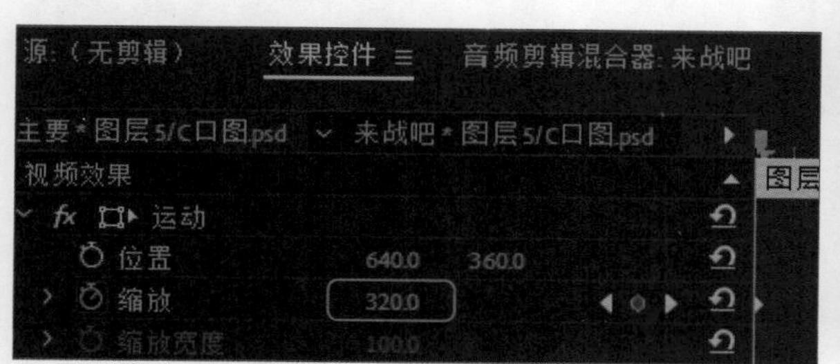

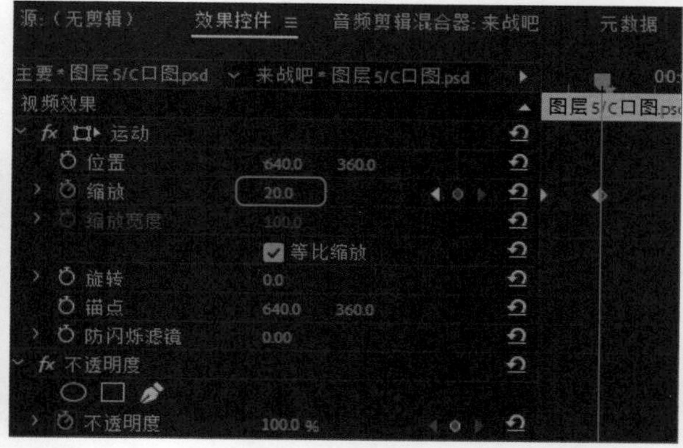

11.1.3 制作枪洞和十字花心修饰动画

为了使开场动画更加丰富和突出主题，还需要添加一些枪战的动画元素。本节将制作枪洞和十字花心动画，下面介绍具体操作方法。

步骤 01 执行菜单栏中的“文件>导入”命令，在打开的对话框中将“枪洞.psd”素材导入“项目”面板中，在弹出的对话框中设置“导入为”为“各个图层”。将工作区域调大点，效果如下图所示。

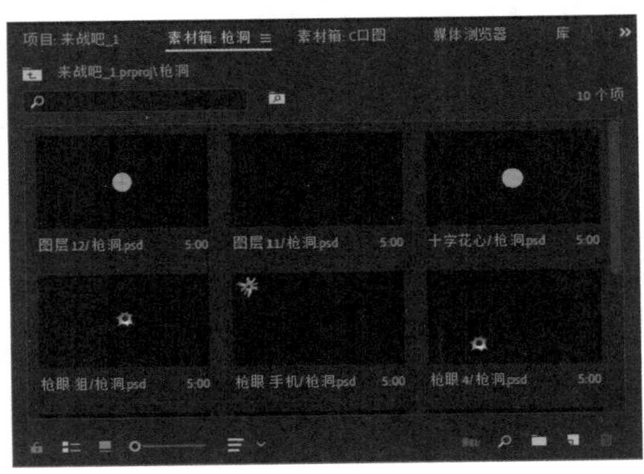

步骤 02 将“枪洞.psd”素材中的十字花心、2、1、拖到V10轨道上方与时间帧对齐，如下图所示。

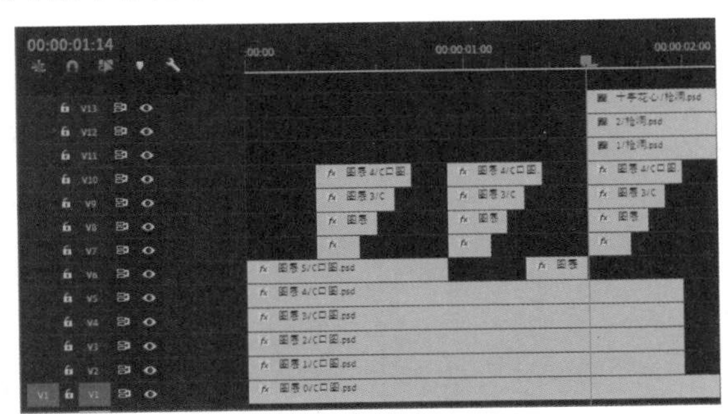

步骤 03 显示V12、V13轨道上的素材，选择V11轨道上的素材，在“效果控件”面板❶中设置“缩放”参数为150❷，如下左图所示。

步骤 04 将光标移至监视器上，用鼠标滚轮将时间帧向后移动两帧，剪断素材并将后面的素材删除，如下右图所示。

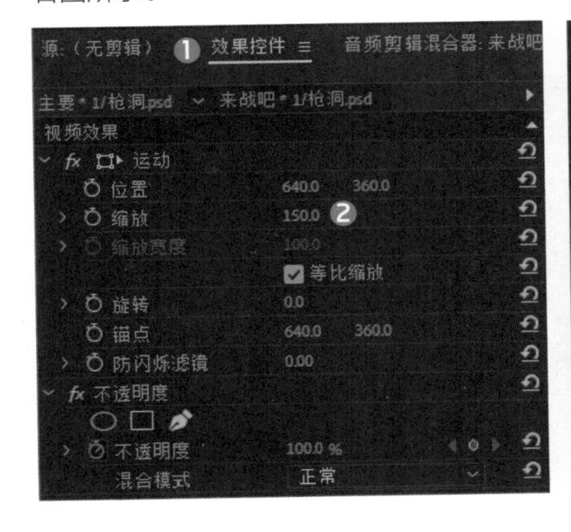

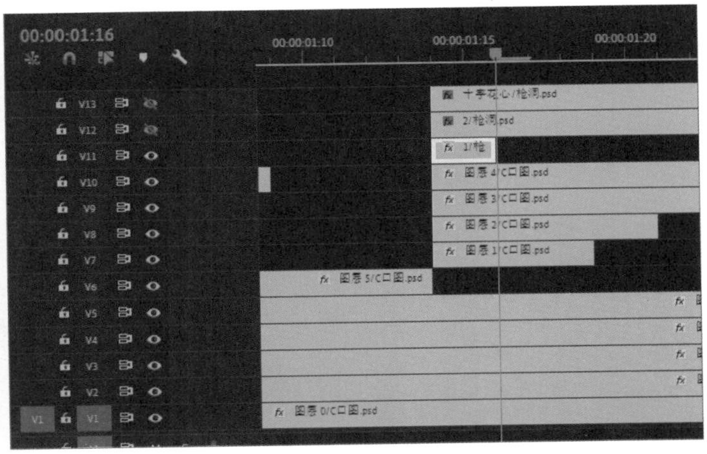

步骤 05 打开隐藏的V12轨道素材，使其与时间帧对齐，光标移至监视器上，滚动鼠标中键让时间帧向后移动两帧，使用剃刀工具剪断并删除后面素材，如下左图所示。

步骤 06 显示V13轨道上的素材，移动素材使其与时间帧对齐，并添加缩放关键帧，设置“缩放”参数为30；时间帧移至00:00:01:23❶，设置“缩放”为340❷，如下右图所示。

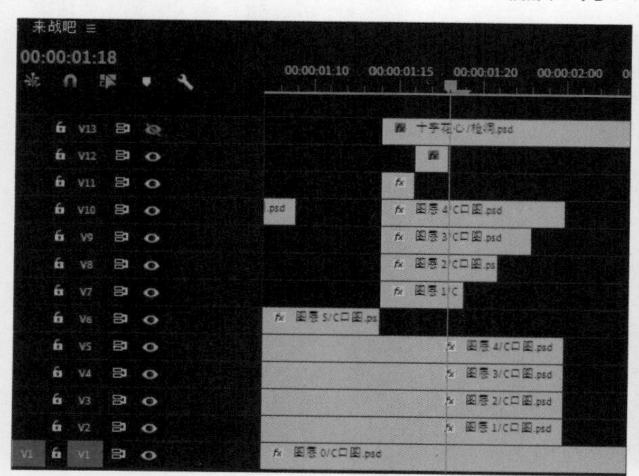

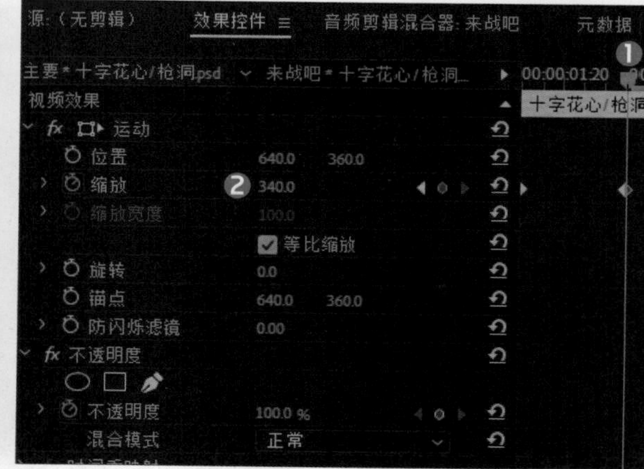

步骤 07 时间帧移到00:00:02:00处，使用剃刀工具在时间帧位置剪断，并将时间帧后的素材删除，如下图所示。

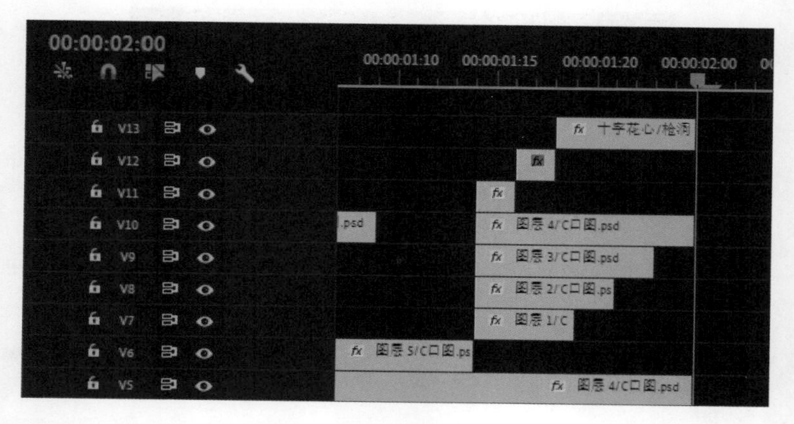

步骤 08 选中V13轨道上的“十字花心”素材，将时间帧移到素材起点，在“效果”面板中展开“视频效果”选项面板并添加模糊与锐化选项区域中的高斯模糊。将“高斯模糊”拖至V13轨道的“十字花心”素材上。进入“效果控件”面板中，添加模糊度关键帧❶，设置参数为8❷，如下右图所示。

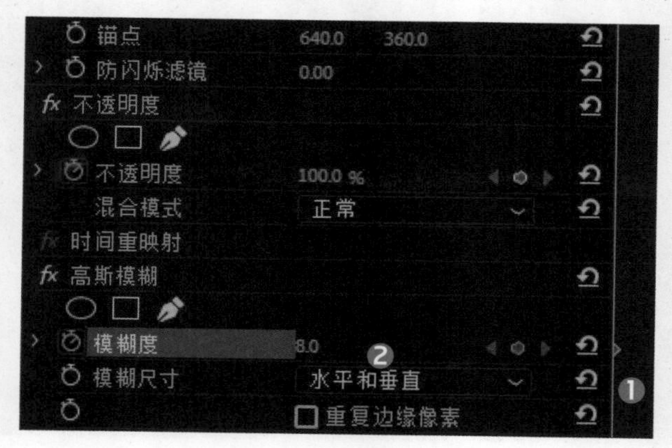

步骤 09 移动时间帧到00:00:01:22处，添加模糊度关键帧，设置“模糊度”参数为8，如下左图所示。

步骤 10 用鼠标滚轮将时间帧向后移动一帧，将“模糊度”参数设为2，如下右图所示。

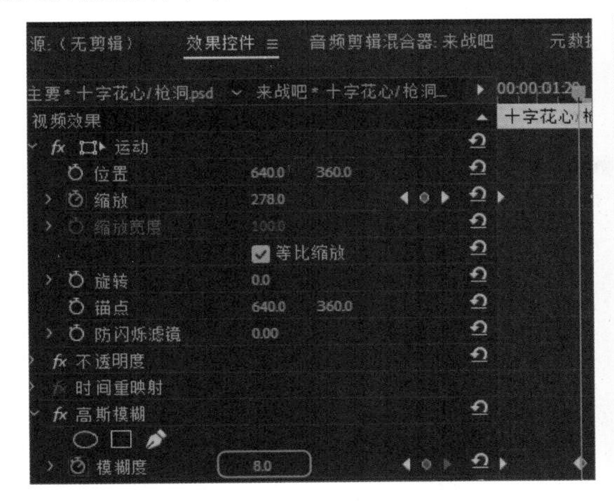

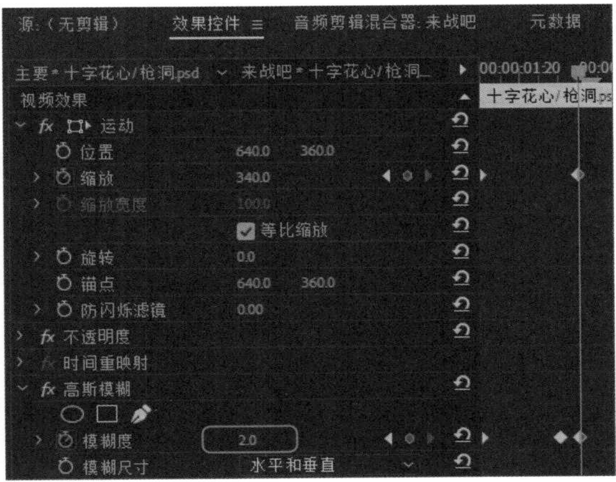

11.2 制作文字动画

好的视频是少不了文字的，文字可以很直观地突出主题，而且适当为文字设置动画更能给观众一种视觉冲击。本案例制作文字被炸飞的动画，再配合音频给人一种视觉和听觉上的刺激。

11.2.1 制作文字被炸飞动画

首先需要添加文本，然后设置“效果控件”面板中各项参数，制作出被炸飞的动画，再添加爆炸的动画，下面介绍具体操作方法。

步骤 01 将时间帧移至00:00:02:00处，选择工具栏上的文字工具，在节目窗口中单击，添加文字“来”，在“效果控件”面板中设置字体为“晨光大字”❶、大小为150❷，如下左图所示。

步骤 02 勾选“填充”复选框，设置填充颜色为黑色❶；勾选“阴影”复选框❷，设置不透明度为55%、角度为175、距离设为2、模糊参数为15❸。将变换中的位置参数设为340、400❹，如下右图所示。

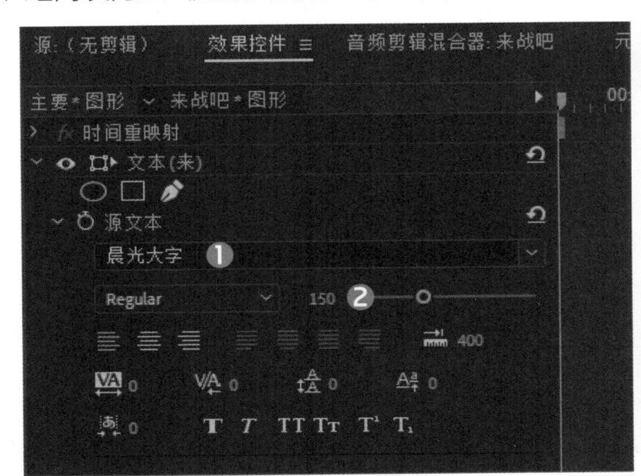

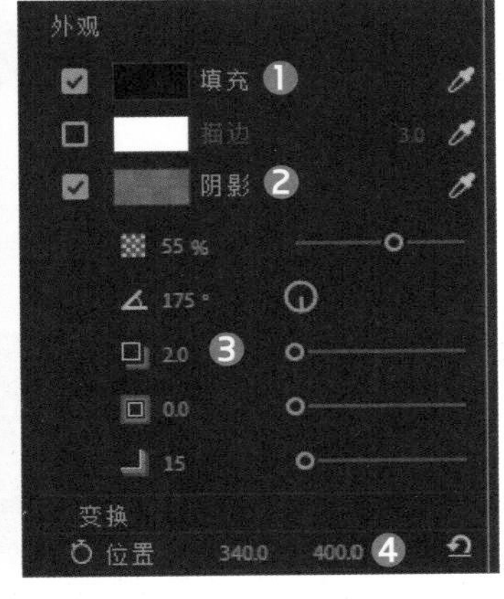

步骤 03 将文字“一”添加到“项目”面板中，设置位置参数为510.0、400；依次将“战”和“吧”文字添加到节目监视窗口，将“战”字的变换位置参数设为650、400；将“吧”字的变换位置参数设为800、400，效果如下左图所示。

步骤 04 选择V2轨道上的“来”文字，在“效果控件”面板中添加位置关键帧，设置“位置”参数为-400、400，设置“缩放”参数设为258。再将时间帧移动00:00:02:03处❶，设置“位置”参数为341、400❷，如下右图所示。

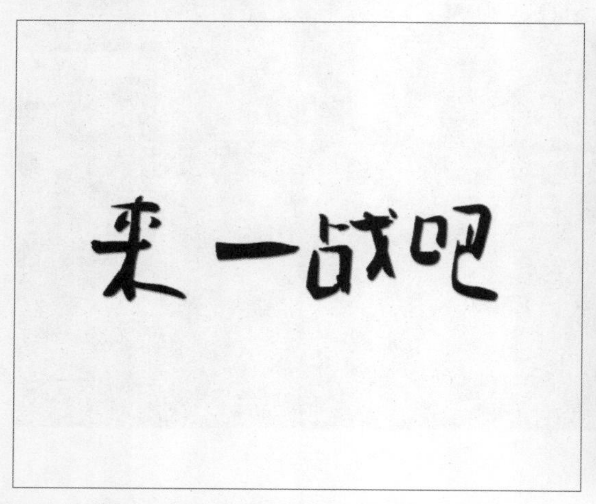

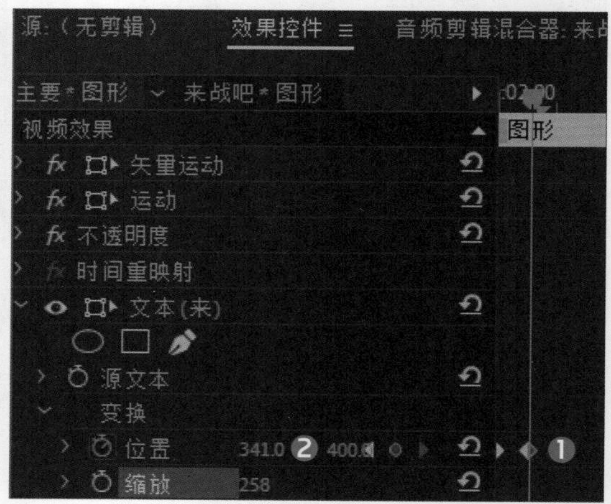

步骤 05 将时间帧移至00:00:02:14处，位置参数保持不变，添加“位置”和“缩放”关键帧，如下左图所示。

步骤 06 时间帧移到00:00:02:17处，设置“位置”参数为340、400❶、“缩放”参数为100❷，如下右图所示。

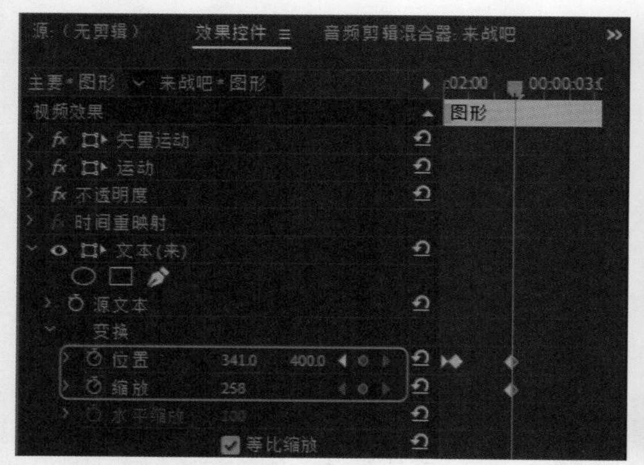

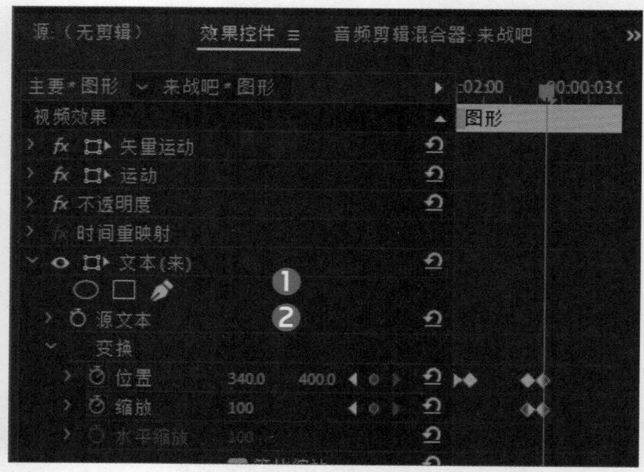

步骤 07 选中V5轨道上的文本“吧”，将时间帧移至素材的起点，在“效果控件”面板中设置文本变换，将“缩放”参数设为258、“位置”参数设为1282、400，如下左图所示。

步骤 08 时间帧移至00:00:02:03处，设置“位置”参数为520、400，如下右图所示。

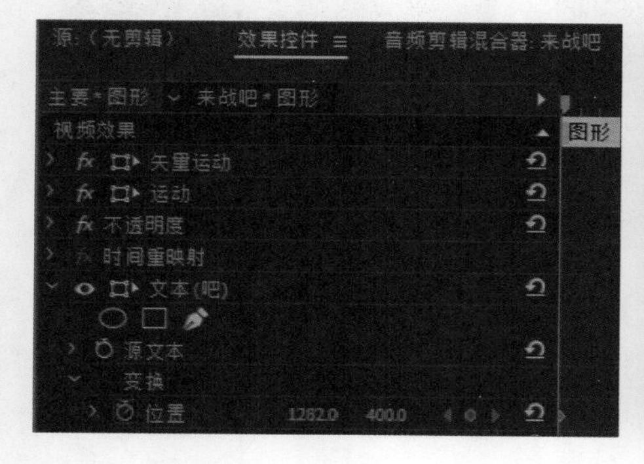

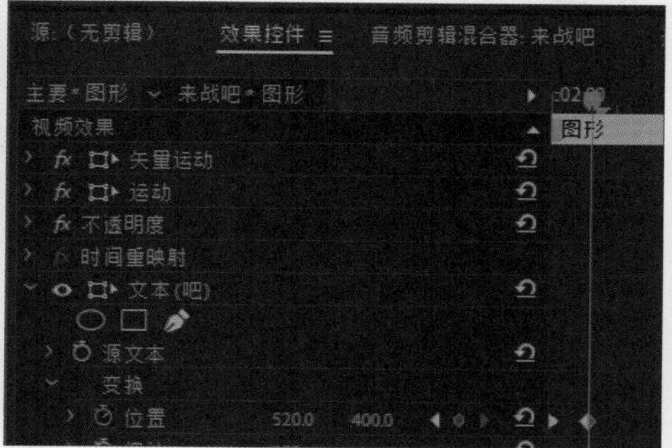

步骤 09 将时间帧移至00:00:02:14处，“位置”参数不变，添加位置和缩放关键帧，如下左图所示。

步骤 10 移动时间帧到00:00:02:17处，设置“缩放”参数为100❶，设置“位置”参数为800、400❷，如下右图所示。

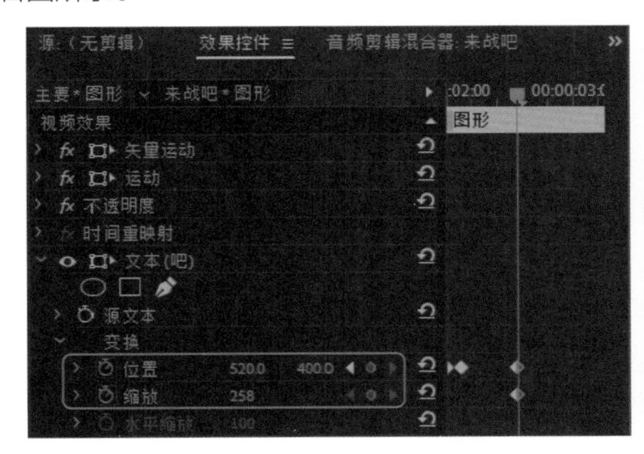

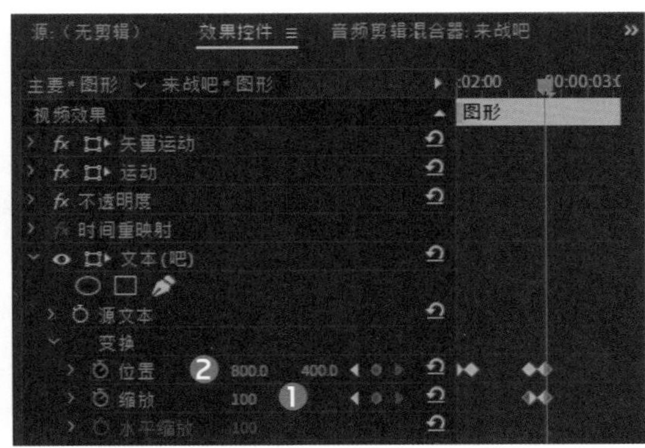

步骤 11 在菜单栏中执行“文件>导入”命令，在“导入”对话框中选择“z爆炸”文件夹中“00000001”文件❶，再勾选“图像序列”复选框❷，单击“打开”按钮❸，如下左图所示。

步骤 12 将时间帧移至00:00:02:02处，把导入的“00000001”爆炸序列图从“项目”面板中拖到V6轨道上，与时间帧对齐。在“效果控件”面板中设置“缩放”参数为200❶，设置“位置”参数为931.9、480.3❷，如下右图所示。

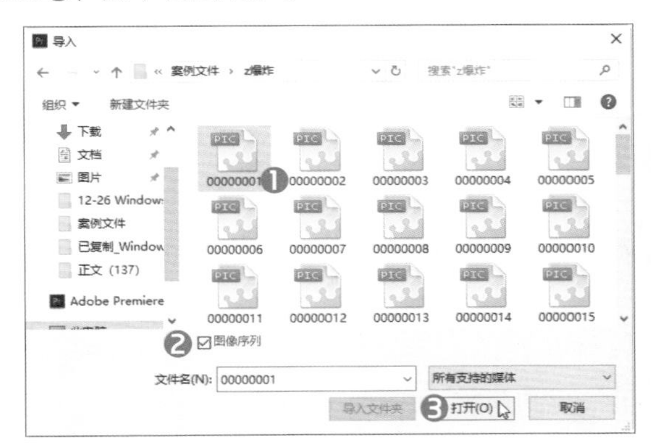

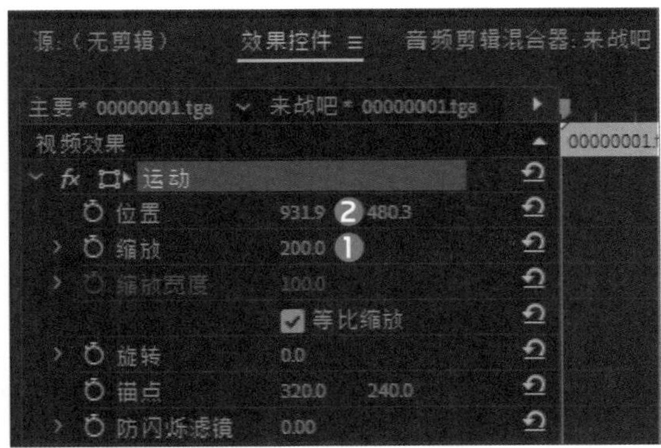

步骤 13 按Ctrl+R组合键，在弹出“剪辑速度/持续时间”对话框中设置“速度”为400%❶，单击“确定”按钮❷，如下左图所示。

步骤 14 时间帧移动至00:00:02:04处，将“一”和“战”文本素材拖放到V7、V8轨道上，如下右图所示。

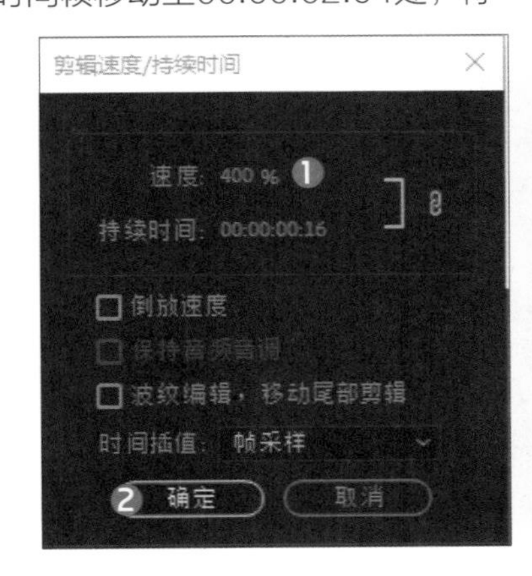

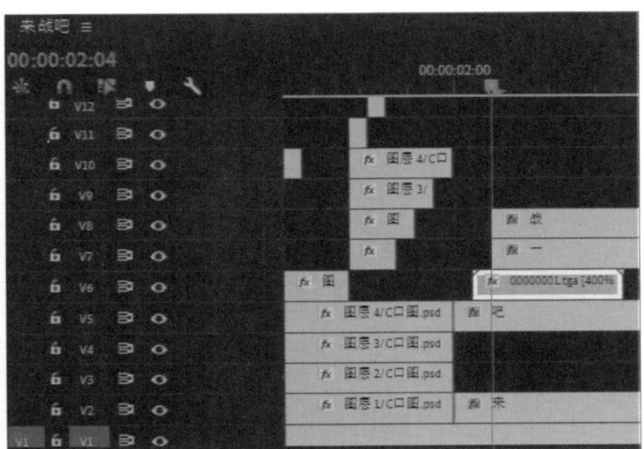

步骤15 选择文本素材“一”，在“效果控件”面板中设置文本“缩放”参数为249❶、旋转参数为1x87.0❷，并添加相应的关键帧，如下左图所示。

步骤16 时间帧移至00:00:02:08处，设置“缩放”参数为500❶，设置“位置”参数为-856.1、56.1❷、“旋转”参数为0❸，如下右图所示。

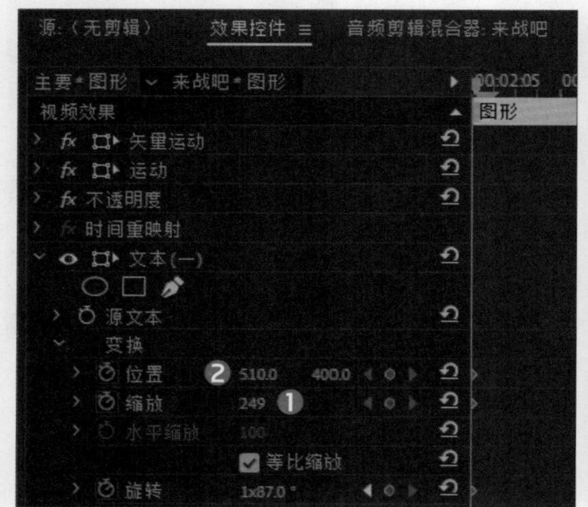

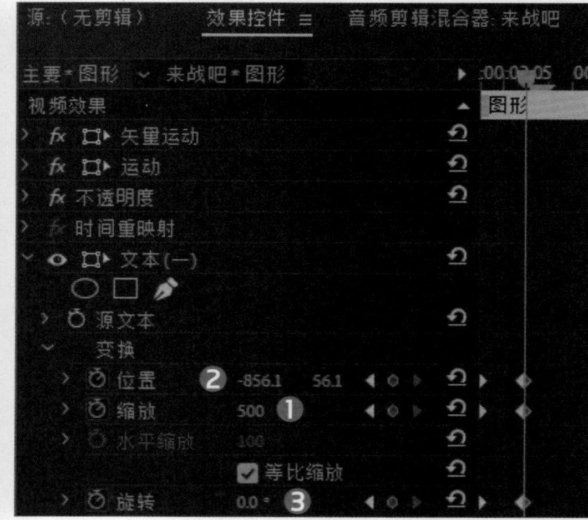

步骤17 将时间帧移至00:00:02:14处，“缩放”与“位置”的参数不变，只需要添加两个对应的关键帧，如下图所示。

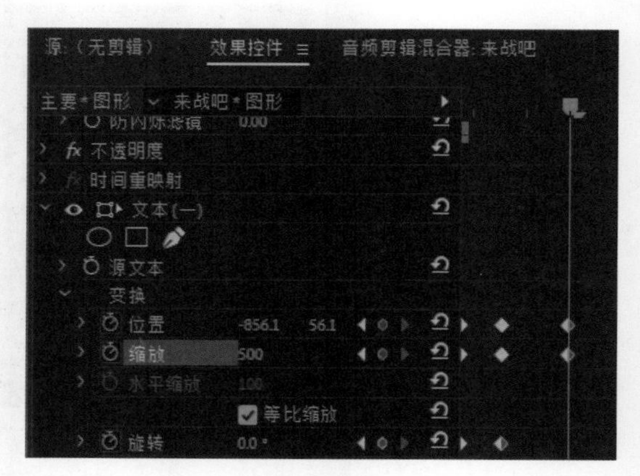

步骤18 时间帧移到00:00:02:17处，设置“缩放”参数为100❶，设置“位置”参数为510、400❷，如下图所示。

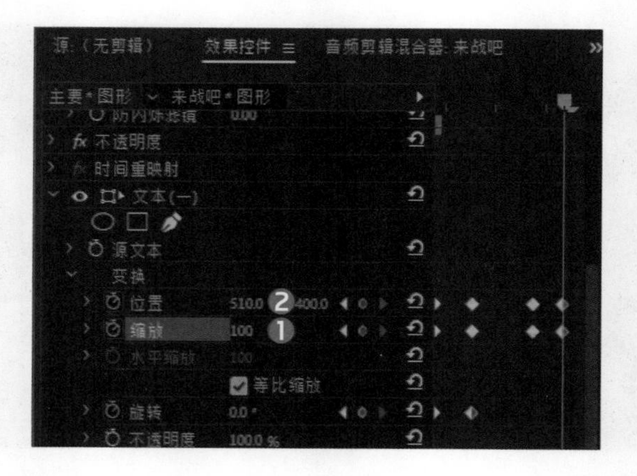

步骤19 选择V8轨道上的文本“战”。将时间帧移到素材的起点，在“效果控件”面板中添加文本缩放关键帧并设置参数为65❶，然后设置不透明度参数为60%❷，添加相应的关键帧，如下左图所示。

步骤20 将时间帧移到00:00:02:08处，设置“缩放”参数为251❶，设置“位置”参数为645.8、477.0❷、“不透明度”参数为69%❸，如下右图所示。

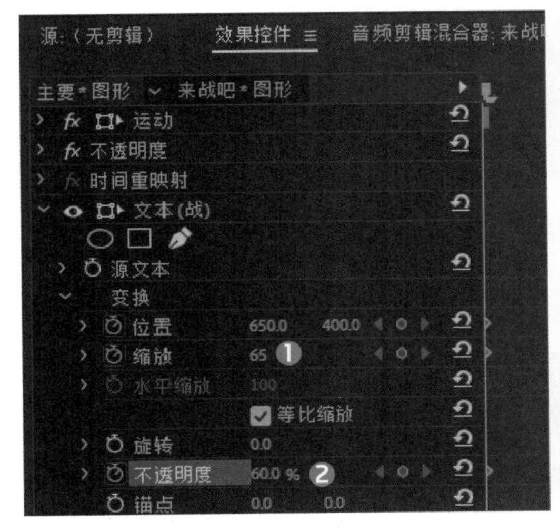
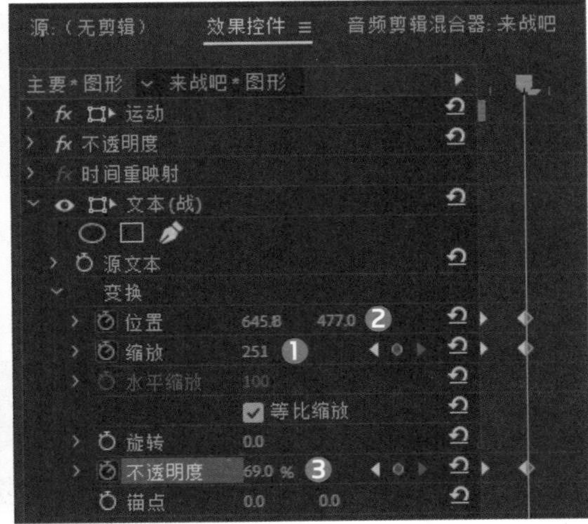

步骤21 将时间帧移至00:00:02:17处，设置“缩放”参数为590❶，设置“位置”参数为1321.7、471.3❷、“不透明度”参数为100% ，如下左图所示。

步骤22 移动时间帧到00:00:02:24处，设置“缩放”参数为100❶，设置“位置”参数为650、400❷、如下右图所示。

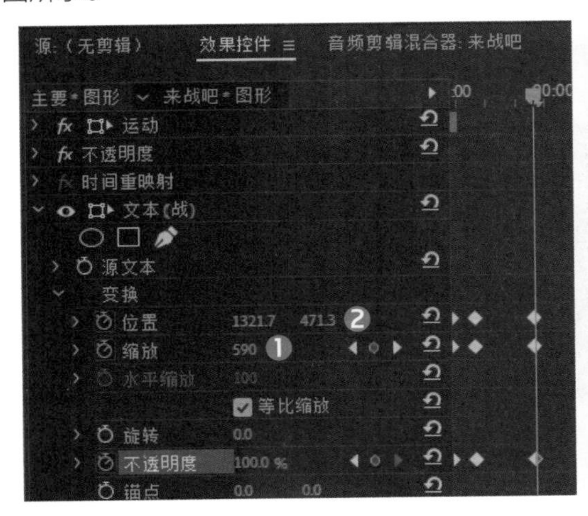
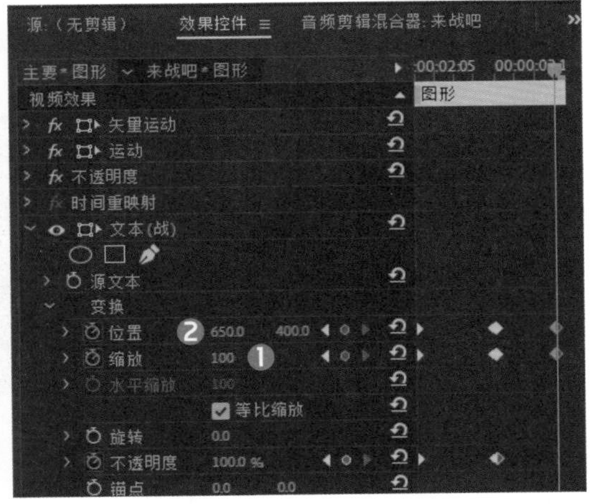

11.2.2 制作主题文字

下面介绍制作主题文字“来一战吧”的方法，具体操作步骤如下。

步骤01 单击V8轨道的“切换轨道输出”图标，先将轨道上的“战”素材隐藏，单击节目监视窗口右下角的“导出帧”按钮，在弹出的对话框中设置名称为“隐藏战”❶，设置“格式”为PNG❷，设置保存的路径后，勾选“导入到项目中”复选框❸，单击“确定”按钮❹，如下左图所示。

步骤02 在“项目”面板中将导出的素材拖到V7轨道与时间帧对齐，将V8轨道上隐藏的素材显示，如下右图所示。

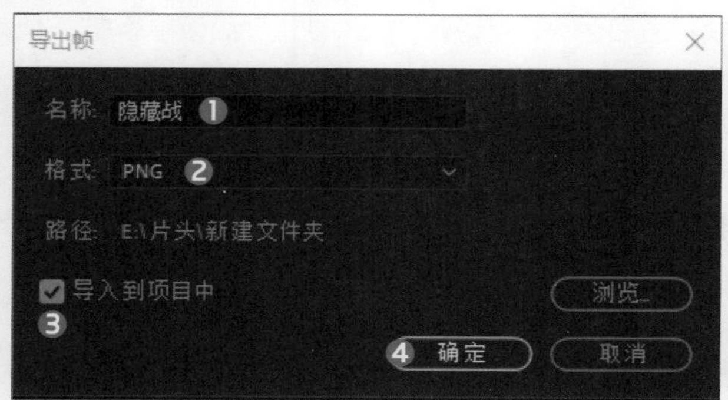

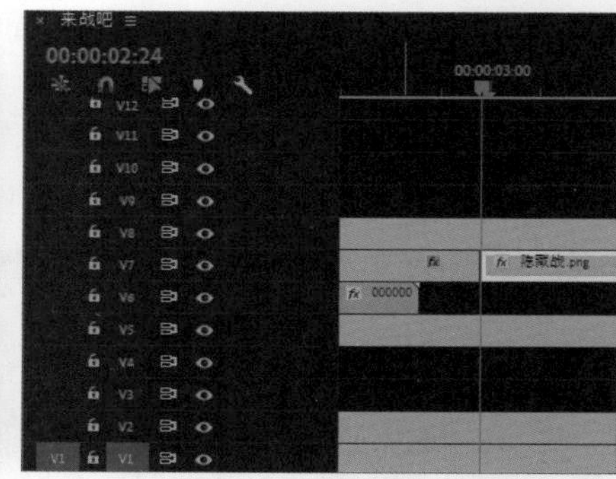

步骤 03 选中素材后，在“效果控件”面板中添加运动缩放关键帧，并设置“缩放”参数为170，如下左图所示。

步骤 04 移动时间帧到00:00:03:02处，设置“缩放”参数为100，如下右图所示。

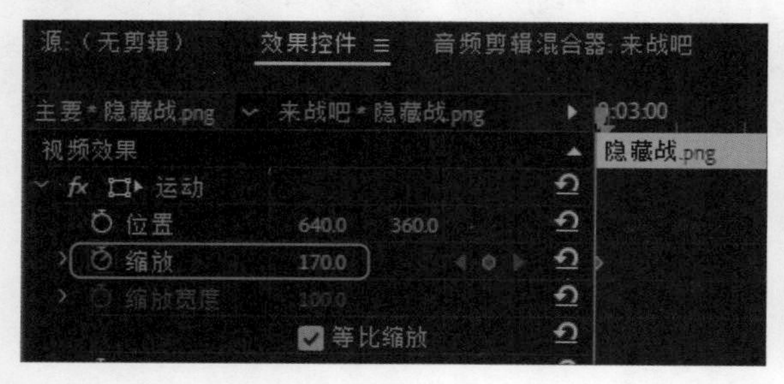

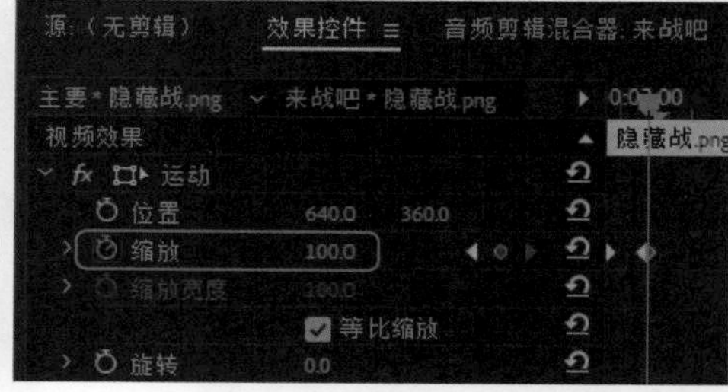

步骤 05 移动时间帧到00:00:03:04处，在该位置添加缩放关键帧，然后设置“缩放”参数为125，如下左图所示。

步骤 06 时间帧移至00:00:03:06处，添加缩放关键帧并设置“缩放”参数为100，如下右图所示。

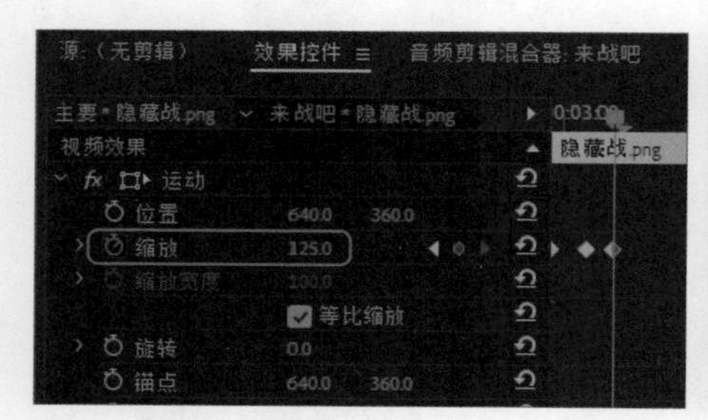

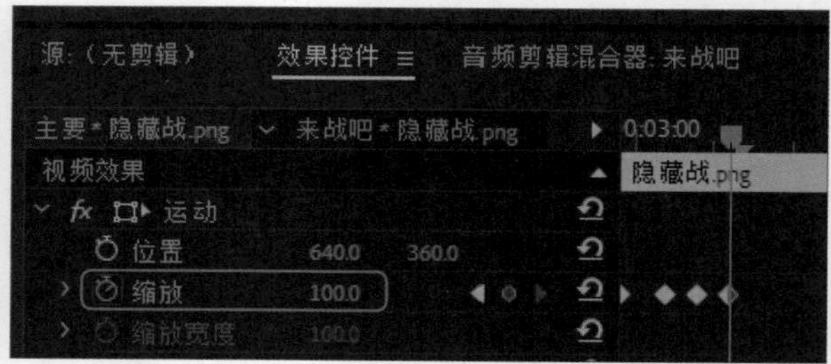

11.3 制作枪眼和人物动画

动画制作到此，屏幕上只显示主题文字，为更形象地突出主题还需要添加相关的素材，如枪眼和人物。制作完成后再为动画配备音频效果，整个动画更加生动。

11.3.1 制作枪眼动画

枪眼动画很简单，主要是在屏幕的不同位置添加枪眼素材，制作出被枪击打的效果，下面介绍具体的操作方法。

步骤 01 时间帧移动到00:00:03:15处，将“项目”面板上“枪洞”素材箱里的“枪眼1”拖放到V9轨道上并与时间帧对齐。将时间帧移至00:00:03:20处，将“枪眼2”拖到V10轨道上并与时间帧对齐。时间帧移到00:00:04:05处，将“枪眼3”拖到V11轨道上并与时间帧对齐。时间帧移到00:00:04:09，拖动“枪眼4”到V12轨道上并与时间帧对齐，如下左图所示。

步骤 02 同时把背景拖放到V1轨道上并与时间帧对齐。选择“枪眼4”素材，在“效果控件”面板中设置运动“位置”参数为867.5、237.8，如下右图所示。

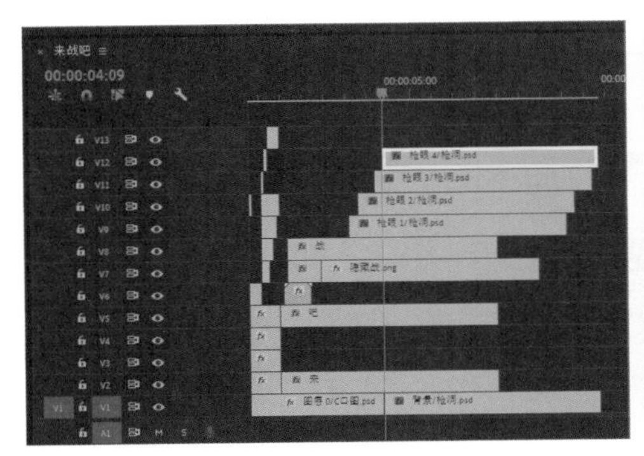
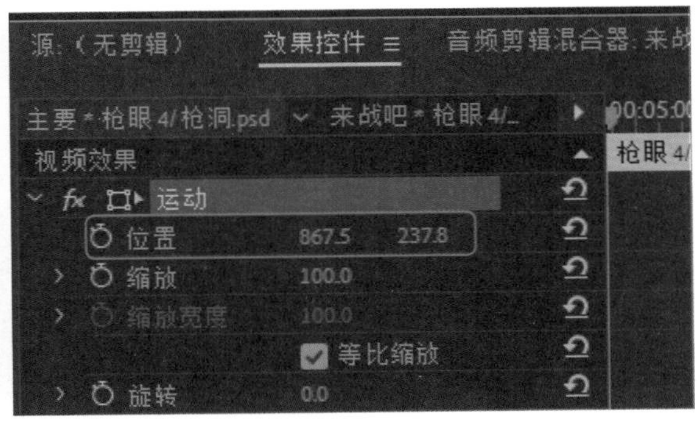

步骤 03 将时间帧移至00:00:00:00处，调节工件区。将素材箱里的“枪眼手枪”拖到V13轨道上方。将时间帧移至00:00:00:03处，使用剃刀工具将素材在时间帧的位置剪断，并删除时间帧后的素材，拖动与时间帧对齐，如下左图所示。

步骤 04 然后在“效果控件”面板中设置运动“位置”参数为564.2、293.4，如下右图所示。

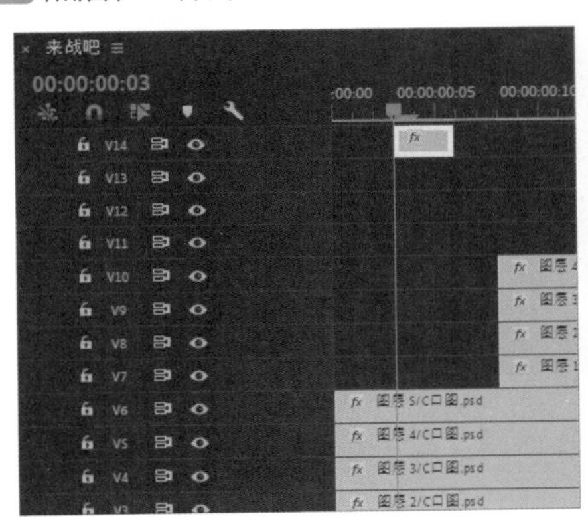

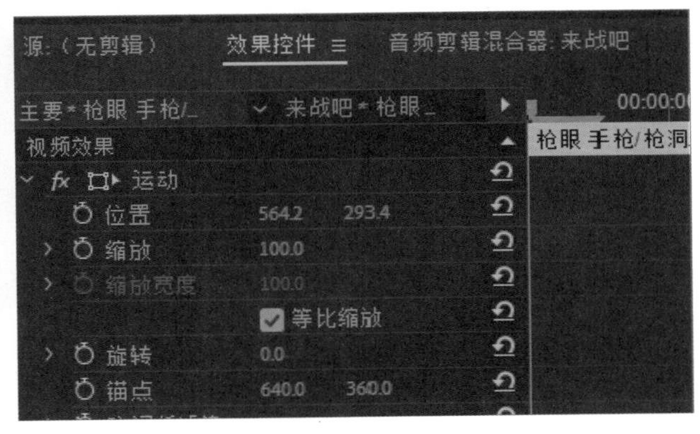

步骤 05 将时间帧移至00:00:00:19处，然后将素材“枪眼狙”拖放到V14轨道上并与时间帧对齐，如下左图所示。

步骤 06 时间帧移动到00:00:00:23处，在“效果控件”面板中设置运动“缩放”参数为79❶，设置“位置”参数为637、371❷。使用剃刀工具在时间帧处剪断素材，并删除时间后的素材，如下右图所示。

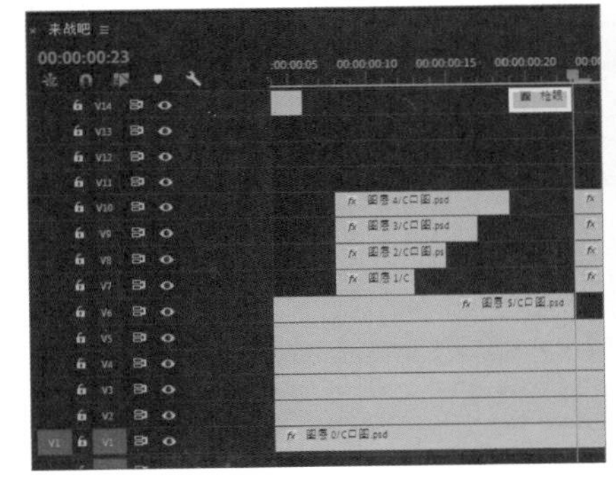

11.3.2 制作人物动画

在制作人物动画时，以设置运动动画为主，然后为人物添加相应的视频效果，使动画更真实。下面介绍具体的操作方法。

步骤 01 选择“文件>导入”命令，在打开的对话框中将“人物.psd”素材导入“项目”面板中，在弹出的对话框中设置“导入为”为“各个图层”。将时间帧移动到00:00:04:15处，拖动女枪手到V13轨与时间对齐，在“效果控件”面板中将运动“位置”参数设为1946、360，如下左图所示。

步骤 02 将时间帧移至00:00:04:18处，添加位置关键帧，设置“位置”参数为640、360，如下右图所示。

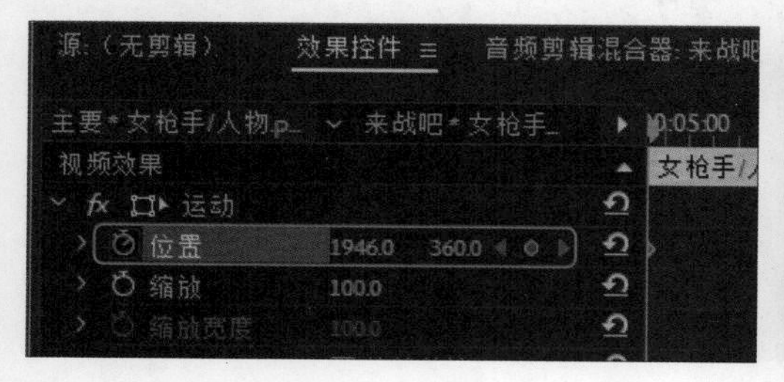

步骤 03 拖动“女枪手拷贝”到V14轨道上并选中素材，光标移动到节目监视窗口上，用鼠标滚轮向后移动1帧，使用剃刀工具剪断素材，推动滚轮向移动3帧将素材剪断，将中间裁剪素材删除，如下左图所示。

步骤 04 再向后移动1帧并剪断素材，将时间帧后的素材删除，如下右图所示。

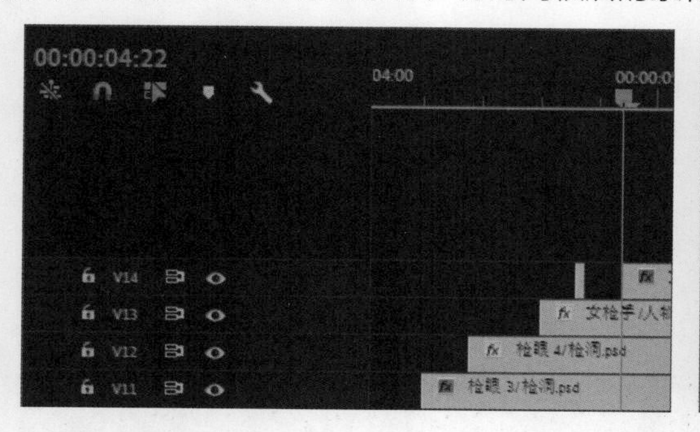

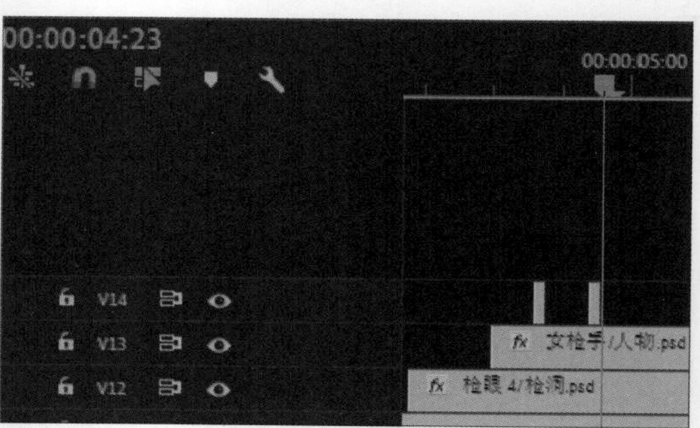

步骤 05 时间帧移至00:00:04:15处，拖选“爆炸头”素材到V14轨道上方，与时间帧对齐。再将“爆炸头拷贝”拖到V15轨道的上方，与时间帧对齐。按Ctrl+-组合键，将全体显示的轨道宽度缩小50%，滚动鼠标中键使时间帧向后移动两帧，剪断素材，删除时间帧前的素材，如下左图所示。

步骤 06 继续滚动鼠标中键，让时间帧向后移动3帧，并剪断素材。再滚动鼠标中键向后移动4帧，剪断并删除时间帧前的素材。滚动鼠标中键向后移动3帧，剪断素材并删除时间帧后面的素材，效果如下右图所示。

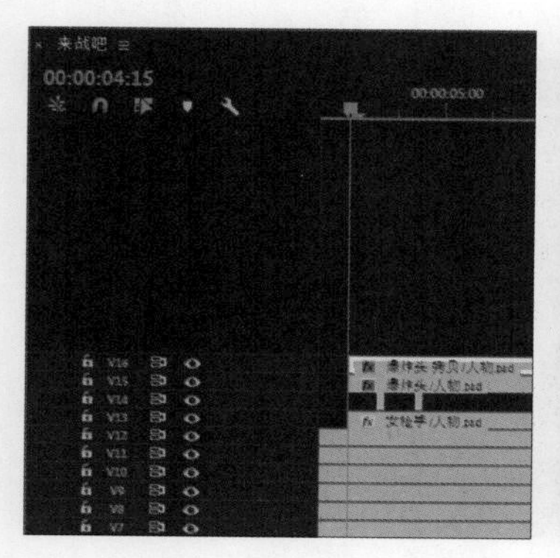

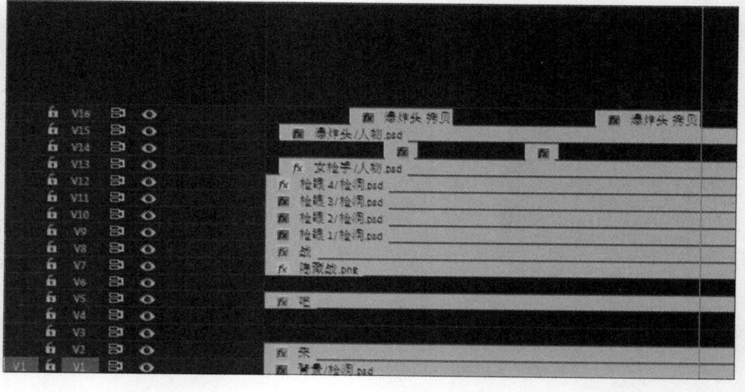

步骤 07 时间帧移至00:00:04:15处，将素材箱中“头盔男”拖到V16轨道上方与时间帧对齐，在“效果控件”面板中设置运动“位置”参数为-569、360，并添加位置关键帧，如下左图所示。

步骤 08 移动时间至00:00:04:20处，设置“位置”参数为640、360，如下右图所示。

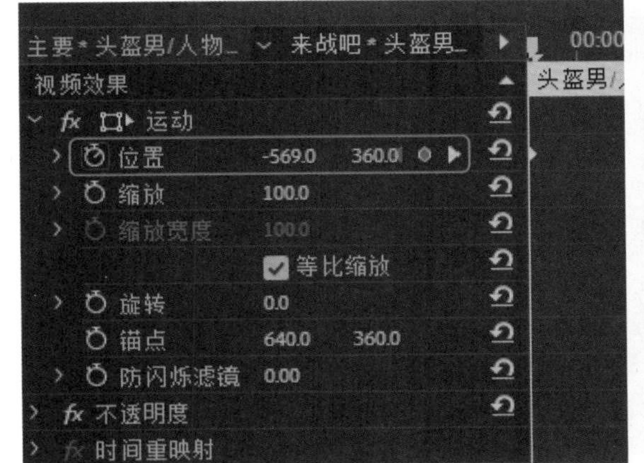

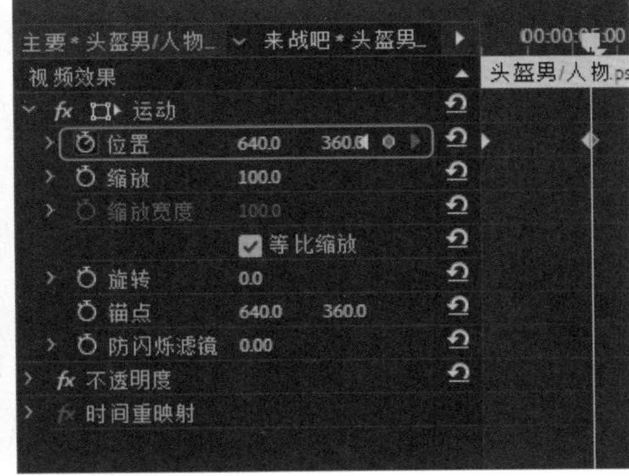

步骤 09 时间帧移至00:00:04:19处，将“头盔男拷贝”拖到V17轨道上方与时间帧对齐，在“效果控件”面板中设置运动“位置”参数为-569、360，并添加位置关键帧，如下左图所示。

步骤 10 移动时间至00:00:05:03处，设置“位置”参数为567.6、360，如下右图所示。

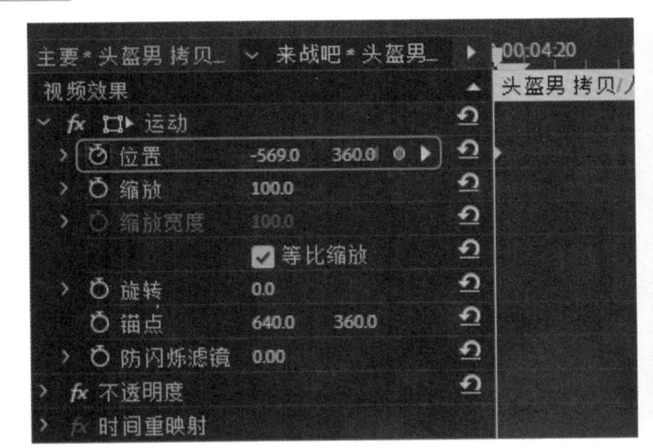

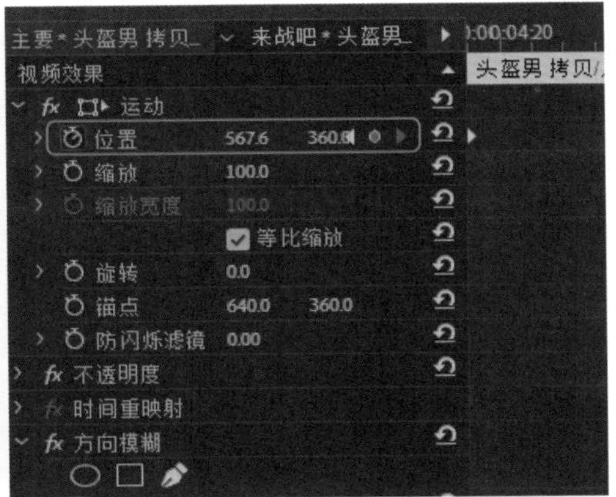

步骤 11 在菜单栏中执行“窗口>效果”命令，将“视频效果”中“模糊与锐化”选项面板中的“方向模糊”拖曳到“头盔男拷贝拖”上，并设置“方向”为90° ❶、“模糊长度”为20❷，如下左图所示。

步骤 12 将其在时间帧位置剪断，并将时间帧后的素材删除，如下右图所示。

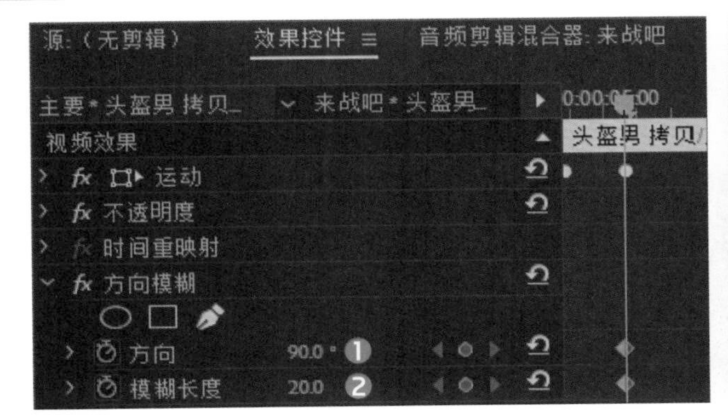

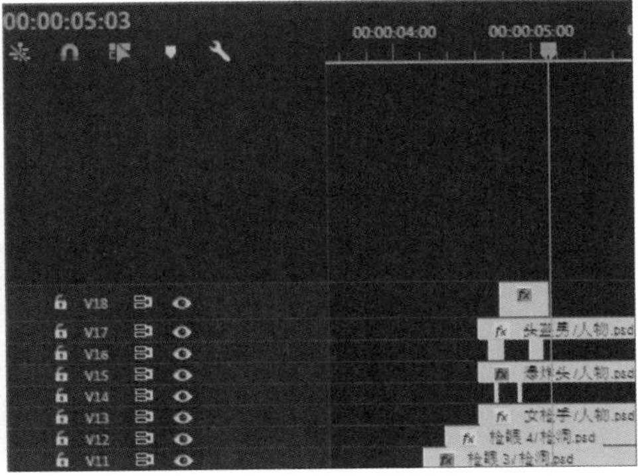

步骤 13 将时间帧移至00:00:04:22处，将人物素材箱中“女狙”拖到V18轨道上方并与时间帧对齐。在“效果控件”面板中设置“不透明度”为0%，如下图所示。

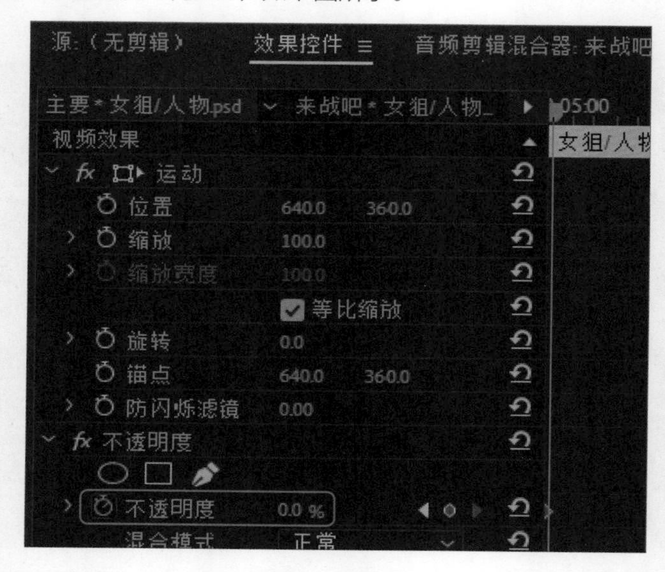

步骤 14 时间帧移至00:00:05:00处，在该位置添加不透明度关键帧，然后设置“不透明度”参数为100%，如下图所示。

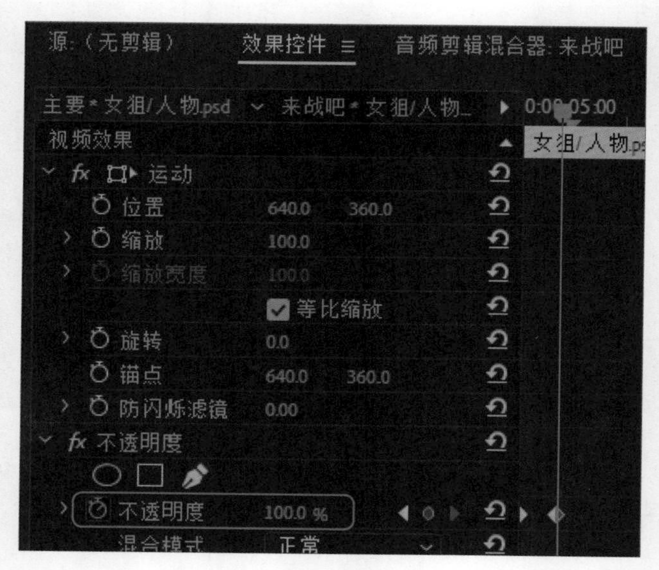

步骤 15 时间帧移到00:00:05:02处，将素材“女狙拷贝”拖放到V19轨道的上方，用鼠标中键向后移动两帧，将素材剪断，再向后滚动两帧，剪断素材并删除时间帧前的一段素材，再向后移动两帧，剪断并删除后面素材，如下图所示。

11.3.3 添加音频效果

案例制作至此，所有的动画都制作完成，最后为其添加音频，在宣传该视频时可以从视觉和听觉两方面给观众留下深刻的印象。下面介绍具体操作方法。

步骤 01 时间帧移到00:00:00:00处，将素材中配音音效素材全部导入“项目”面板中，使用鼠标中键查找第一个枪洞，在00:00:00:03处把每一个枪洞配上手枪音，如下左图所示。

步骤 02 时间帧移到起点，把“一枪一个.mp3”拖到A1轨道上作为背景配音，要反复查看声音与视频，要求两者同步，也可让音频提前三两帧。将时间帧移至00:00:06:20处，选择剃刀工具，按住Shift键同时将光标移到时间帧处单击，裁剪音频和视频并删除时间帧后的素材，如下右图所示。

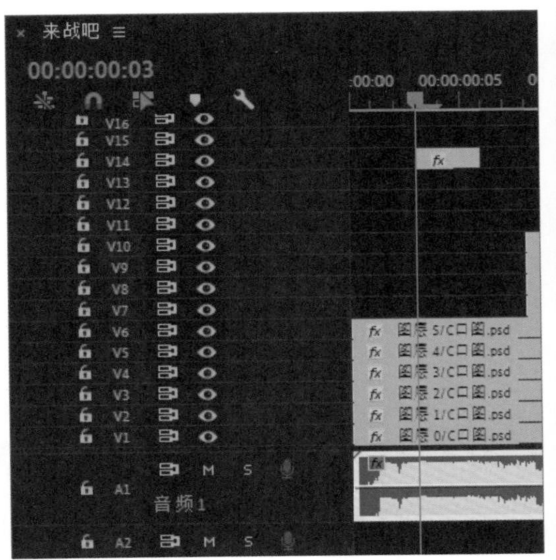

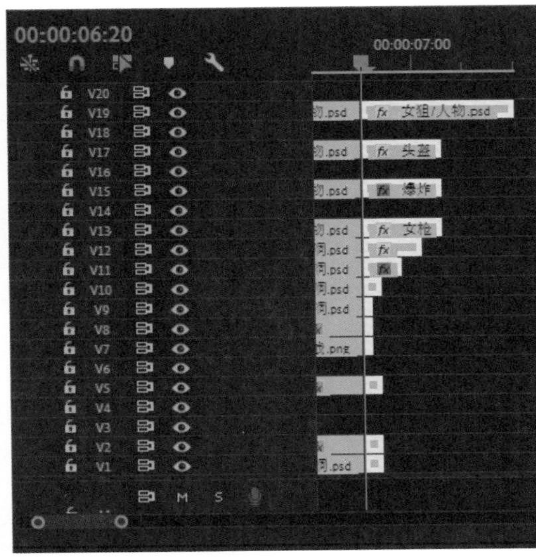

步骤 03 至此，宣传动画制作完成，按空格键预览效果，根据需要将视频导出即可。当时间到00:00:00:20处时，动画效果如下图所示。

Chapter 12 制作海洋唱片视频

本章概述

本章主要以海洋唱片宣传视频为例，介绍产品宣传视频的制作方法。首先要准备充足的素材，如视频和音频等，然后再制作其他模拟唱片的动画，如进度条。在制作过程中主要使用添加关键帧、设置关键帧参数以及添加字幕等功能。

核心知识点

❶ 熟悉素材导入的方法
❷ 掌握关键帧的使用
❸ 掌握缩放、旋转等参数的设置方法
❹ 掌握字幕的应用

12.1 导入素材

本小节主要介绍素材的导入、创建序列以及视频和音频素材的设置，具体操作步骤如下。

步骤 01 启动Premiere CC并新建一个项目，将“素材”文件夹拖入“项目”面板中。在弹出的对话框中将“导入为”设置为“各个图层”❶，即可以多张透明图片的形式导入Photoshop分层文件，然后单击“确定”按钮❷，如下左图所示。

步骤 02 此时全部素材导入完毕，“项目”面板如右图所示。

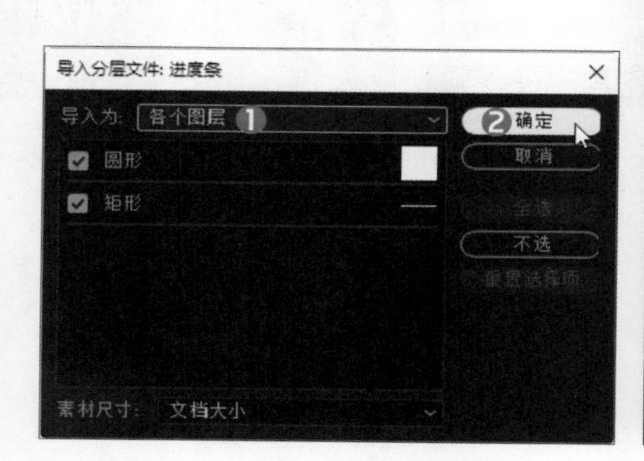

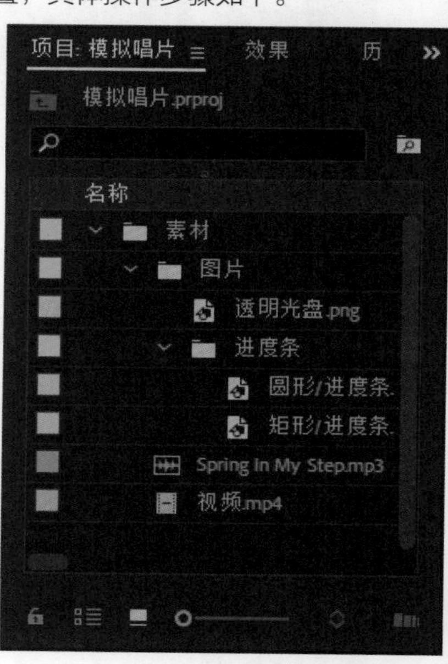

步骤 03 在“项目”面板中将“视频.mp4”文件拖到“项目”面板右下方的“新建项”按钮❶上，创建以“视频.mp4”文件参数为准的序列❷，此时“项目”面板自动生成与视频同名的序列，如下左图所示。

步骤 04 在“项目”面板中将Spring In My Step.mp3音频文件拖到音频轨道A1上，使音频文件与视频轨道V1上的素材左端对齐，使用剃刀工具裁掉视频多余部分，如下右图所示。

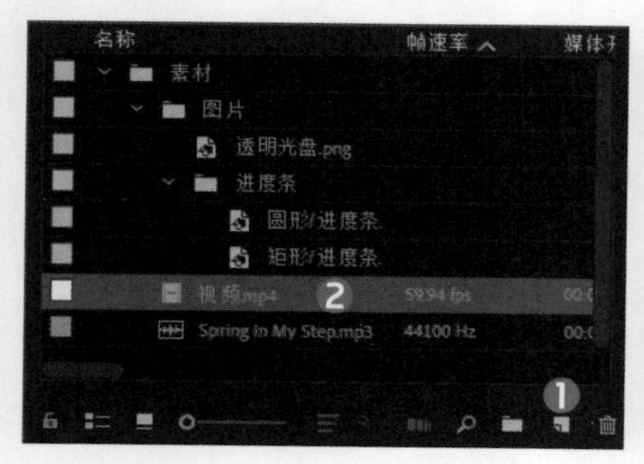

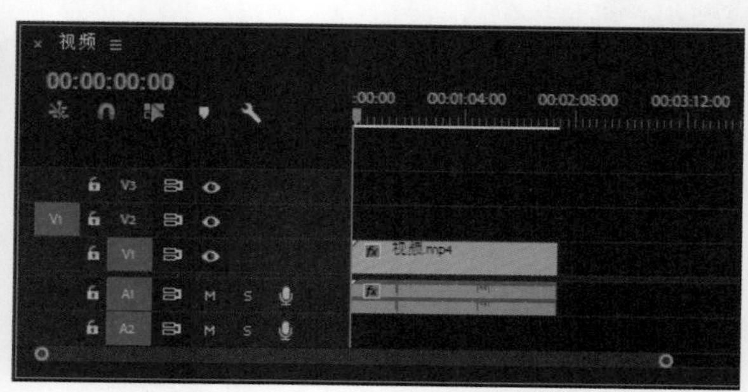

12.2 制作光盘和进度条动画

在播放视频时，光盘在不停地旋转，进度条上的圆形也是在不断地前进的，本节将制作该素材的动画效果，具体操作方法如下。

步骤 01 将“透明光盘.png”素材拖放到视频轨道V2上，拉伸素材在时间轴上的长度，使其持续时间与“视频.mp4”素材相等，此时“时间轴”面板如下左图所示。

步骤 02 打开“效果控件”面板，设置“缩放”参数为18❶。将时间线定位到00:00:00:00处，单击“位置”❷、“旋转”❸参数左侧“切换动画”图标，为“位置”、“旋转”参数添加关键帧动画；将时间线定位到00:00:02:00处，修改“位置”参数为280、550❹；将时间线定位到视频最后一帧，修改“旋转”参数为3x0.0❺，如下右图所示。

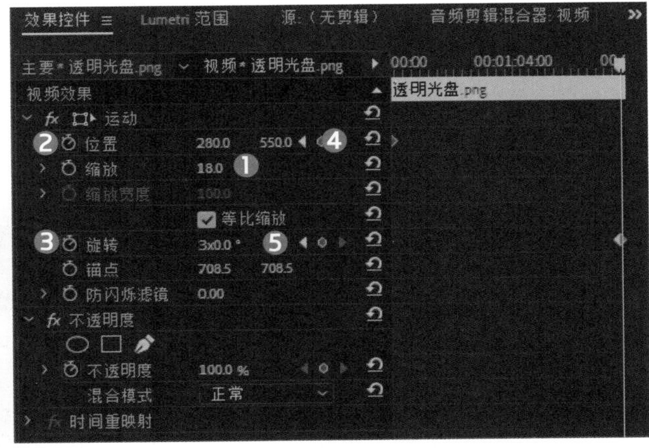

步骤 03 将时间线定位至00:00:05:00处，此时光盘顺时针旋转一定的角度，“节目”窗口的效果如下左图所示。

步骤 04 将时间线定位到00:00:02:00处，将“矩形/进度条.psd”素材拖放到视频轨道V3上，拉伸素材在时间轴上的长度，使其右端与“透明光盘.png”素材对齐，如下右图所示。

步骤 05 选中“时间轴”面板上的“矩形/进度条.psd”素材，打开“效果控件”面板，修改“位置”参数为810、640❶，设置“缩放”为16❷。时间线定位到00:00:02:00处，为“不透明度”参数添加关键帧动画，将“不透明度”参数修改为0%；时间线定位00:00:03:00处，将“不透明度”参数修改为100%❸，如下左图所示。

步骤 06 按空格键预览动画效果，可见矩形进度条逐渐清晰的动画效果。将时间指示器定位00:00:02:30处，此时“节目”窗口的效果如下右图所示。

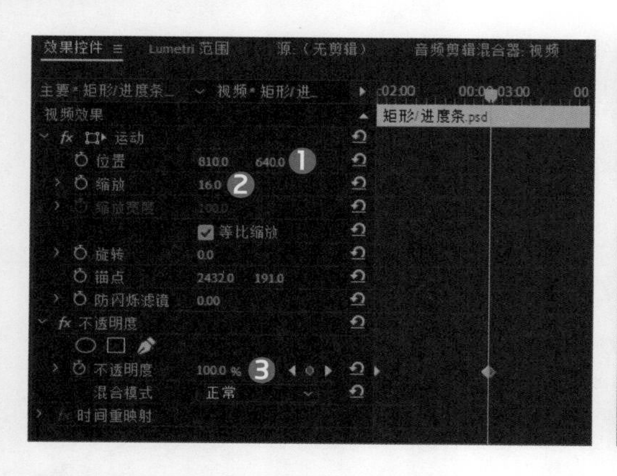

步骤 07 时间线定位00:00:02:00处，将“圆形/进度条.psd”素材拖放到视频轨道V4上，拉伸素材在时间轴上的长度，使其右端与“透明光盘.png”素材对齐，如下左图所示。

步骤 08 选中时间轴上的“圆形/进度条.psd”素材，打开“效果控件”面板，设置“缩放”参数为25❶。时间线定位00:00:02:00处，为“位置”参数添加关键帧动画，将“位置”参数修改为450、640；时间线定位至视频最后一帧，修改“位置”参数为1170、640❷，如下右图所示。

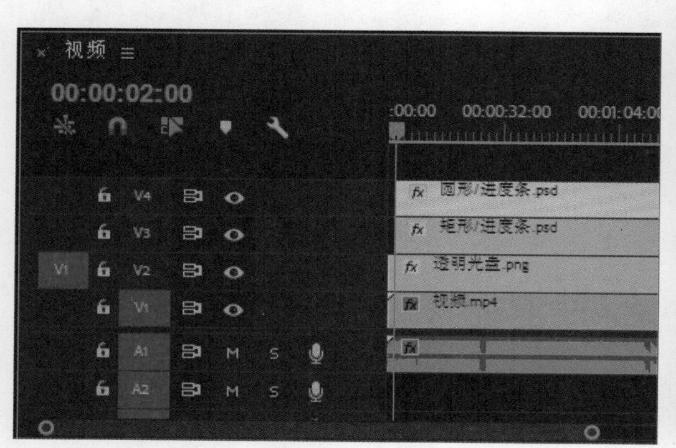

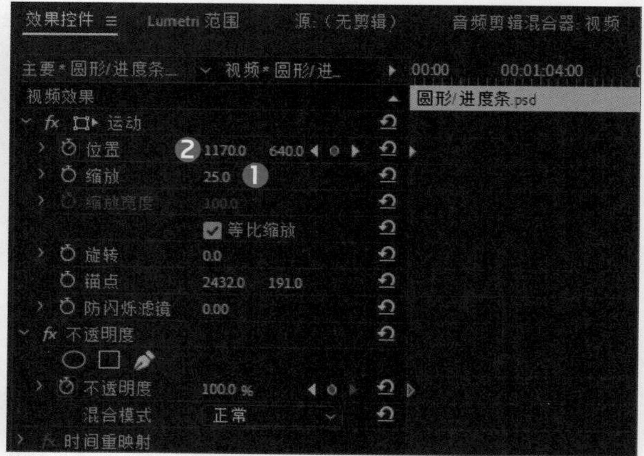

步骤 09 选中时间轴上的“圆形/进度条.psd”素材，时间线定位到00:00:02:00处，为“不透明度”参数添加关键帧动画，将“不透明度”参数修改为0%；时间线定位00:00:03:00处❶，将“不透明度”参数修改为100%❷，如下左图所示。

步骤 10 按空格键预览视频效果，可见圆形进度条随着时间的推移逐渐沿着矩形进度条向右移动。时间指示器定位00:01:00:00处，此时“节目”窗口如下右图所示。

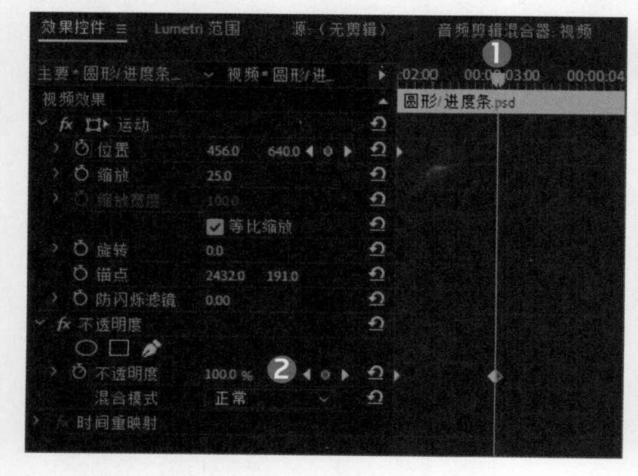

12.3 制作字幕效果

制作完光盘和进度条动画后，下面介绍制作海洋唱片视频字幕效果的操作方法，具体步骤如下。

步骤 01 执行“文件>新建>旧版标题”命令，在打开的“新建字幕”对话框中设置相关参数。在字幕窗口中输入Spring In My Step❶，并对字体样式进行设置，设置字体为微软雅黑❷、字体大小为70❸、字符间距为2❹，如下左图所示。

步骤 02 设置完成后关闭字幕窗口，在“项目”面板中显示添加的字幕，如下右图所示。

步骤 03 时间线定位00:00:02:00处，将字幕文件拖放到视频轨道V5上，拉伸素材在时间轴上的长度，使其右端与“透明光盘.png”素材对齐，如下左图所示。

步骤 04 选中时间轴上的字幕素材，时间定位00:00:02:00处，为其“不透明度”参数添加关键帧动画，将“不透明度”参数修改为0%；时间线定位00:00:03:00处❶，将“不透明度”参数修改为100%❷，如下右图所示。

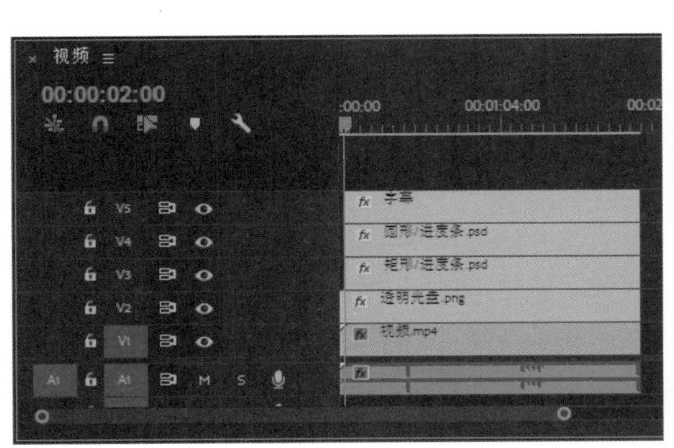

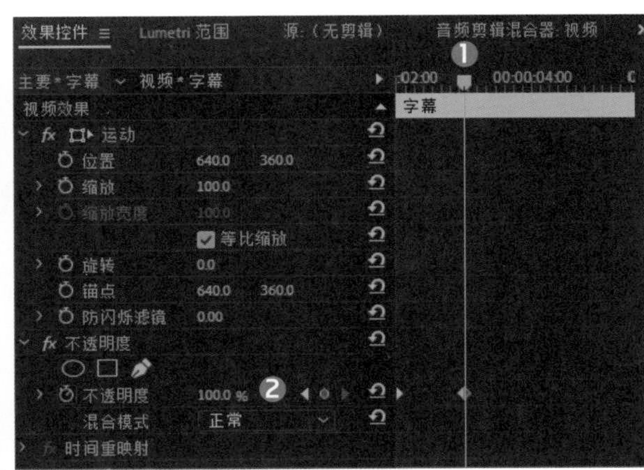

步骤 05 时间指示定位00:00:30:00处，在进度条上方显示字幕，效果如下左图所示。

步骤 06 选中时间轴上的“视频.mp4”素材，打开“效果控件”面板，修改其“不透明度”参数。时间线定位00:00:00:00处，将“不透明度”参数修改为15%；时间线定位00:00:02:00处❶，将“不透明度”参数修改为70%❷，如下右图所示。

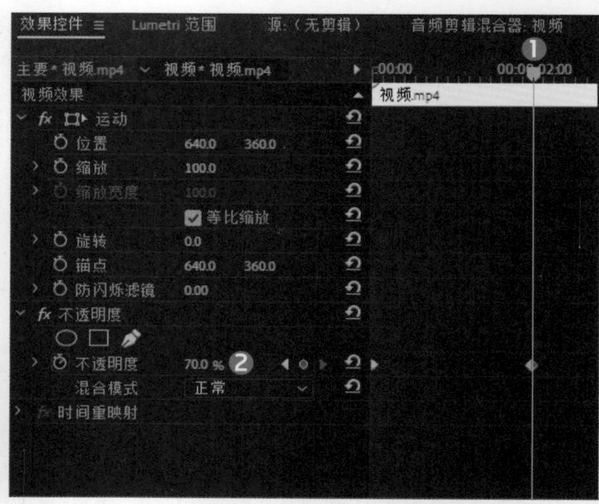

步骤 07 时间指示器定位00:00:02:00处，视频效果比较灰暗，如下左图所示。

步骤 08 选中时间轴音频轨道A1上的音频素材，打开“效果控件”面板，修改其“级别”参数。时间线定位00:00:00:00处，将“级别”参数修改为-60dB；时间线定位00:00:05:00处❶，将“级别”参数修改为0dB❷，制作出音频淡入效果，如下右图所示。

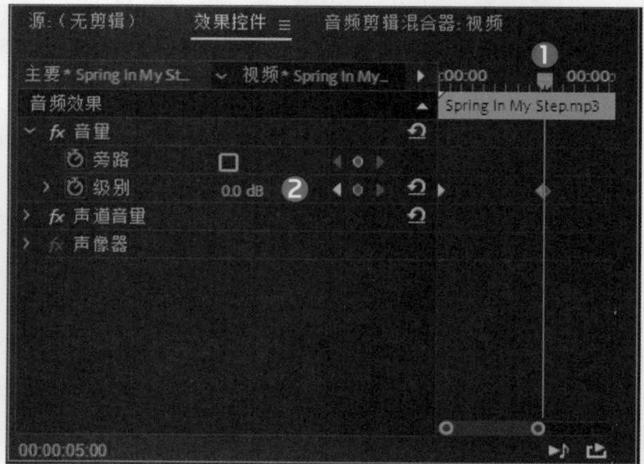

步骤 09 制作完成后，按空格键预览海洋唱片视频的效果。随着音乐和视频的播放，光盘和进度条逐渐运动，效果如下图所示。